The Best Way
to Savor Sichuan

一双筷子吃四川

九吃 —— 著

四川科学技术出版社

图书在版编目（CIP）数据

一双筷子吃四川 / 九吃著. -- 成都：四川科学技术出版社, 2023.10

ISBN 978-7-5727-1169-5

Ⅰ.①一… Ⅱ.①九… Ⅲ.①饮食—文化—四川 Ⅳ.①TS971.202.71

中国国家版本馆CIP数据核字(2023)第201760号

一双筷子吃四川

YI SHUANG KUAIZI CHI SICHUAN

著　者　九　吃

出 品 人　程佳月
责任编辑　张湉湉　王　川　吴　文
助理编辑　张雨欣
责任出版　欧晓春
封面设计　成都编悦文化传播有限公司
版式设计　成都华桐美术设计有限公司
出版发行　四川科学技术出版社
地　　址　四川省成都市锦江区三色路238号新华之星A座
　　　　　传真：028-86361756　邮政编码：610023
　　　　　官方微博 http://weibo.com/sckjcbs
　　　　　官方微信公众号 sckjcbs
成品尺寸　210mm × 285mm
印　　张　22.5　字　数　450 千
印　　刷　成都市金雅迪彩色印刷有限公司
版　　次　2023年10月第 1 版
印　　次　2024年1月第 1 次印刷
定　　价　198.00元
ISBN 978-7-5727-1169-5

邮购：四川省成都市锦江区三色路238号新华之星A座25楼
邮购电话：86361770　邮政编码：610023

用脚步丈量美食距离　用舌尖品味餐桌风景

2015年，我写了一本介绍成都特色餐馆的书——《一双筷子吃成都》，都市餐饮更新变化快，开开关关是常事，因此2017年又出了修订本，增删了部分店铺。

《一双筷子吃成都》侧重介绍餐馆特色菜，算是美食指南。第一本完稿后，我打算接着写一本《一双筷子吃四川》，重点介绍四川各地的特色美食和饮食习惯，让大家对四川美食、对川菜全貌有更多了解。然而，尽管各种文字、图片素材逐渐齐备，却一直没进行系统整理。

从1994年进入四川烹饪高等专科学校（简称烹专，后升为四川旅游学院）算起，我接触烹饪快30年了。2003—2019年，我在四川烹饪杂志社工作的这16年里，去了川内很多地方。一般人都是去景点打卡，而我却是用脚步丈量美食距离，用舌尖品味餐桌风景——各地市有名的餐馆当然要吃，边远乡镇小店也不错过。为一道特色菜，驱车几十百上千米是常事。感谢杂志社这个平台，让我有此机会能到各地跟老板大厨面对面交流，能深入厨房了解详细制作过程。通过文字和图片，我也率先在《四川烹饪》杂志上把一些鲜为人知的乡间美食推荐给全国的读者。整个四川，除了阿坝和广安去得较少，其他大部分地方都是反复前往，因此，这本书是我对自己20多年吃遍四川的记录，是给自己的一份礼物，也是给热爱美食的餐饮同行的一份礼物。

有一次跟四川旅游学院的尹敏教授聊天，他说四川是一座美食宝库，真值得深入挖掘，有些菜品和教科书上差别很大，但不能指责其"乱弄"，这些乡间美食正好验证了川菜的内核：就地取材，随机应变，味型多样。正宗本来就是相对概念，我们不能被其束缚。就拿最常见的回锅肉来说，一千个家庭就能炒出一千种味道，广汉连山回锅肉以张片大闻名，眉山爱吃排骨回锅肉；简阳做回锅肉习惯加苕皮，宜宾一带则喜欢加麦粑；川西喜欢加盐白菜，川南则爱加泡菜……

　　川西高原看美景，川西坝子品美食，常年在川内游吃，我也长了见识、开了眼界，积累了大量的美食信息。每个成都人心里都有一家珍藏的苍蝇馆子，每个四川人心里都有一道心心念念的家常菜。县县有乡音，镇镇出美食。乐山苏稽的跷脚牛肉、夹江木城的甜皮鸭、巴中的枣林鱼、达州石梯镇的粉蒸鱼、泸州江阳镇的酸辣鸡、渠县三汇镇的八大块、资中球溪河的鲇鱼、内江椑木镇的血旺、自贡牛佛镇的烘肘、自贡桥头镇的三嫩、富顺怀德镇的鲊鱼、代寺镇的软鲊肉丝、宜宾李庄的大刀白肉、高县的土火锅、兴文大坝镇的裹脚肉、泸州合江的豆花、青神的汉阳第一鸡、马边的马鸡肉、攀枝花的坨坨鸡和油底肉、会理的破酥包子……

　　现如今，都市餐饮日趋大同，地方美食的特色反而更为个性分明，川内各地美食不光吸引成都、重庆两地的餐饮人，就连北、上、广、深的同行也纷至沓来，随时有外地朋友向我索要川内美食考察路线图。仅按都市经验去查看点评类平台的分数等级，好多别具特色的小店会失之交臂，这些老板不重视网络平台，甚至部分点评店铺都是吃客上传的，不会开商户通，更不会上推广通。

　　网上得来终觉浅，绝知此味须亲尝。身临其境，亲尝其味，才可能找到更多灵感。前些年，我多次组织通吃活动，带着餐饮企业的老板和厨房团队在川内寻食觅味、帮助他们开发新菜。熊总的"田园印象"以民间菜为卖点，我们就组织了乐山、自贡、雅安、达州、西昌、攀枝花等多条线路，帮他从马边学到了干酸菜洋芋炖鸡、从渠县学到了一品酒米、从荥经学到了棒棒鸡、从自贡学到了子姜牛肉……2017年"烤匠"升级产品，我两次同冷总和张总前往自贡、泸州学习，最终升级出豆花烤鱼这一新品。

　　吹着当地的风，喝着当地的水，听着当地的方言，吃当地的特色美食，只有身临其境才能体会它们的奇妙之处。这也正是餐饮同行热衷于去四川各地找寻灵感的重要原因。正因为餐饮同行的大力挖掘，一些以前只在当地流行的特色美食，而今不但在成都流行，还火到了外地，比如乐山的跷脚牛肉、钵钵鸡等，这两年在上海和北京都非常火。

九吃

2023年9月

目 录

CONTENTS

麻辣四川，百变川菜

川菜能稳居中国四大菜系之首，成为最受欢迎的百姓菜，跟其平民性和口味多变有关系。

先秦萌芽、秦汉初成、唐宋发展、明清成型、近代繁荣，追溯川菜的历史，可谓源远流长。不过，我们现在吃到的这些川菜，也就一两百年历史。

天府之国，物产丰富，这是川菜发展的物质基础。几次大的人口迁移，是川菜发展史上重要的里程碑，尤其是"湖广填四川"、抗日战争时期的外省同胞内迁，以及改革开放后大量粤厨入川，对川菜影响特别大。人口的迁移带来了各种烹调技法和当地的饮食风味，在巴山蜀水特殊地理环境和物产条件下，融合发酵，让现代川菜焕发荣光。

川菜能稳居中国四大菜系之首，成为最受欢迎的百姓菜，跟其平民性和口味多变有关系。"菜系"一词，源于帮口，最初以川、鲁、粤、淮扬四大菜系为主，而各菜系内部又有不同的风味流派。上河帮、下河帮、大河帮、小河帮，一度是现代川菜的主流划分法。近年来，有人对这种分法质疑，于是川东、川南、川西、川北四种风味又应时而生。我根据多年游吃四川的经历发现，同样地处川南，乐山菜甜口较重、自贡菜鲜辣刺激、宜宾菜辣度适中，其实也是特点鲜明。正因变化多端，川菜才能让人常吃常新。流派划分非常主观，难免顾此失彼。1997年，重庆升为直辖市，从四川划了出去，行政区域变更，能割断其川菜血脉？

1909年出版的《成都通览》中记载的川菜就多达1 328道。川菜真正的大爆发是在改革开放以后，思想的解放、交通的便捷、物资的丰富，释放了人们的创新热情，酸菜鱼、毛血旺、辣子鸡、烧鸡公、璧山兔、球溪河鲇鱼、来凤鱼、鲜锅兔等江湖菜层出不穷，它们不讲章法，大开大阖，以辣风麻雨打破了川菜原有的平和，掀起一波传播热潮，是功，是过？各说各有理。这些年，自贡菜、宜宾菜、乐山菜、内江菜、攀西菜、达州菜等个性突出的地方菜进入成都餐饮市场，让人们对川菜的丰富度有了更深刻的认识，进一步加深了外地人对川菜麻辣重口的印象。

（二）

一个地区的口味习惯和饮食结构，受当地的物产、气候等因素影响较大，不管朝代怎样更迭，人口怎样变化，在同一个地区，人们的口味是最不容易改变的。"尚滋味，好辛香"，早在一千五百多年前，东晋史学家常璩在《华阳国志》中就总结了四川人的口味喜好。

辣椒进入中国的时间不过四百多年，进入四川盆地的时间更短。漂洋过海的辣椒首先在沿海地区登陆，经过若干年才翻山越岭由贵州进入巴蜀。在辣椒进入巴蜀以前，提供辛辣香味的主要是食茱萸、花椒、姜、胡椒等，当辣椒与花椒"金风玉露一相逢"，从此"便胜却人间无数"。

为什么辣椒在这里被发挥到了极致，重要原因在于：巴蜀人的口味仍然是"尚滋味，好辛香"。川菜辛辣刺激，川人无辣不欢。到四川之前，多数外地人对川菜是畏惧的，但吃了以后，却从此离不开，"原来川菜并不是那般麻辣，原来川菜并不是只有麻辣"。

麻辣是现代川菜最显著的特点，但不是其核心，比川菜辣的菜系不少，比巴蜀人吃得辣的人更多。川菜真正的诱惑之处是它的复合味，提炼出来就是一个"香"字，不管加多少辣椒和花椒，不只是为了麻辣刺激，更重要的是突出勾魂摄魄的香。巴蜀人不会自诩有多能吃辣，而在意有多会吃辣。就算同一品种的辣椒，鲜品和干品的辣味不同，剪成辣椒节、打成辣椒粉、舂成糍粑辣椒、铡成刀口辣椒、炼成红油辣子……不同的加工方法，其辣味与香味也迥异。

料为菜之本，味为菜之魂。人的味蕾细胞能感受到咸、甜、酸、苦、鲜等几种味道。它们只是单一味，其中只有咸和甜能单独为大家所接受，像酸、苦等味道，都需要与咸、鲜等味结合，才能形成让人愉悦的味道。"盐为百味之首"，古人总结的这句话，就已说明底味的重要性。我们在品鉴川菜时，底味是一个重要的评判标准，而饱满丰富的底味基础，除了咸，还应该有鲜。川菜以善调麻辣著称，而在一些人眼里，麻辣就是大量地放辣椒和花椒，这其实是一种天大的误解，其根源在于他们不了解川菜复合味的构成，不熟悉川菜制作的精妙之处。严格来说，辣不是味蕾所感受到的味觉，而是辣椒素等刺激人体细胞，在大脑中形成类似于灼烧的轻微刺激感，是一种触觉。川菜之辣，并不单纯是强调这种刺激程度的强弱，而是要达到辣中带香、以辣促鲜的效果，一定要辣得有层次感和韵律感，而这些都是建立在饱满的底味基础上的。

几年前，豪吉食品公司就提出过味型金字塔理论，我也曾经在2015和2017年帮着写过这方面的分析文章。充分理解味型金字塔结构，有助于我们理解川菜、品鉴川味，以及烹制川菜，调出有层次感和韵律感的川菜复合味，避免干辣巨麻。此理论是用金字塔来比喻味型结构，复合饱满的味道是由香味、风味、底味构成的。花椒、辣椒及其他香辛料构成的麻辣、香辣等显著香味为塔尖，这是菜肴进口的第一感觉，能让人记忆深刻，过口难忘；姜、葱、蒜等辅料跟各种酱料、调味料的融合风味居中，能让人口留回味；而稳固的塔底则是咸与鲜，它们是支撑整个复合味型的基础。如果没有恰到好处的咸味与饱满丰富的鲜味，整道菜就缺乏厚重感和层次感，其味感就呈柱状或倒金字塔状，入口辣只是干辣，酸就只能是尖酸。再形象一点说吧，咸和鲜就如同水泥，能将诸种滋味强有力地黏在一起，使之浑然一体。

四

川菜之所以入口难忘，受众广泛，在于它味型多变，重在复合，光基础复合味型就有24种之多，由此衍生变化出来的味道就更多了。直接和辣相关的就有麻辣、香辣、糊辣、糟辣、鲜辣、酸辣等，而鱼香、家常、怪味、红油、蒜泥、泡椒等，也各有轻重缓急的辣，这些都和"尚滋味，好辛香"一脉相承，这跟多数地方以咸鲜为主的口味形成了强烈反差。粤菜吃原料，川菜吃味道。沿海一带请人吃饭，常说的是去某店吃龙虾还是东星斑，四川人选馆子吃饭，更多是因为某种味道做得到位。

已故川菜烹饪大师史正良也总结过：清鲜为底、麻辣见长、重在味变，这是川菜的味型特征，也是巴蜀人的口味嗜好，一直没变，又一直在变。没变的是对汁浓味厚和香味的基本要求，变的是对新味道孜孜不倦的追求，而这也恰好是川菜生生不息、活力无限的内因。

有人经常感叹川菜厨师今不如昔，说现在的川菜馆味道不正宗、缺少传统。事实上，正宗和传统是相对概念，现在的鱼香肉丝、宫保鸡丁、麻婆豆腐是传统菜，而面世之初又何尝不是创新？现在被斥为"离经叛道"的一些新菜，再过百年未必就不是川菜经典。发出这类感叹，有时不过是一种"九斤老太"似的怀旧心态，但嘴巴是诚实的，天天吃回锅肉，还是想换换口味，况且，吐槽根本阻挡不了市场上新菜迭出、花样翻新。

抱残守缺和无视传承都太激进，于是，平和之士提出"传承不守旧，创新不忘本"。创新的前提是对传统的深度了解，同时还需扎实的基本功做保障，并不是异想天开。从发展的角度来看，也是宁愿多些创新，而不是一头扎进故纸堆循旧遵古。部分菜失传的另一个原因，也有可能是已经不合时宜，被市场所淘汰。在越来越重视健康营养的现代人眼里，一些重油重糖的传统菜品已经没市场了。如此这般，你还会执念于哪家正宗吗？

历史车轮总是向前的，饮食更是动态变化的：环境变了、原料变了、灶具变了、燃料变了、餐具变了、调料变了、技法变了，做的人变了，吃的人也变了，既然回不到过去，那就往前吃吧。

·花胶鸡牛汤·

五

　　坊间曾有一句戏言：川菜无所谓正宗，好吃全靠乱弄。这当然是玩笑话，大多时候，创新还是有章可循、有源可究。成都九眼桥边旁的"许家菜"，老板许凡是厨师出身，他做的樱桃鹅肝脆皮鸡，其实是把传统的椒麻鸡和分子料理的樱桃鹅肝结合在一起。鸡煮制得法，皮脆肉嫩，把皮和肉分别加刀工，鸡肉摆在内，鸡皮围于外，造型立体，周边还摆上桃状的鹅肝，配调好的椒麻糊上桌，或淋或蘸。此菜既有传统，又融合了现代的时尚元素，你说它是传统，还是创新？

　　我还在一家新派川菜馆吃过椒麻牛排，牛排按西餐之法煎熟后，既没浇黑椒汁，也不撒海盐，而是淋青幽幽、麻酥酥的川式椒麻糊，你说它是川菜，还是西餐？

　　老婆饼里面不会有老婆，鱼香肉丝也没有鱼。鱼香是川菜的代表味型，经典的除了鱼香肉丝，还有鱼香茄子，可"南堂听香"的王正金却创出一道"有

鱼的鱼香茄子",用鱼香味汁把炸好的茄饼和烧好的江团组合在一起,再以每人一份的方式上桌,味道传统,形式新颖。这样的创新,有没有道理?

物流的便捷,打破了盆地的地理阻隔,对川厨来说,现今全球的食材都简便易得,于是麻婆豆腐能跟尺长龙虾下锅,红苕凉粉可与深海鲍鱼同烧,辣椒花椒可配肉蟹炝炒。宫保鸡丁是川菜的经典,这些年我吃过数十种宫保菜,荤的鹅肝、银鳕鱼、鲍鱼、雪花牛肉、羊肉、虾仁、大虾、扇贝、牛蛙、鳗鱼,素的杏鲍菇、山药、豆腐,似乎一切皆可宫保。我甚至还在"卞氏菜根香"吃过宫保鸡丁比萨。

对有匠心的厨师来说,"滋味"和"辛香"是孜孜不倦追求的目标,对大众吃客来说,则简化为"好吃"二字。追求创新并不是为了否认传统,以各种宫保菜来说,不管主料配料怎么变,只要保持其煳辣开头、酸甜收口的味道,就是在继承传统。主料变化不过是消费升级的需求,如鸡丁变成了鹅肝、龙虾、鲍鱼,也是特定人群的需求,比如宫保山药、宫保豆腐让素食者欢天喜地。

标榜传统也好,立意创新也罢,这只是川菜馆各自定位不同,不可能将两者彻底割裂开来。

滋味成都，赏味天堂

成都是座大茶馆，茶馆是个小成都。同样，成都是家大饭馆，饭馆是个小成都。成都人聊天谈事，习惯选择茶馆或饭馆。

　　经常有外地朋友问：成都有哪些美食街？我笑答：没有，整个成都就是一座美食城。不光热闹的商业街区餐厅云集，就连普通小区周边也有好几十家馆子。不管是深夜十二点，还是清早六七点，总有一根炖蹄花、一碗肥肠粉在等着你，甚至还有24小时营业的火锅店。

　　作为四川的行政中心，成都是当之无愧的川菜中心，川内各地方菜在此落脚，国内的各地风味美食和国外的异域美食也多不胜数。餐馆数量逐年递增，尤其是2000年以后，各类新店层出不穷，餐馆数量在全球也是排名前列。除了"陈麻婆豆腐""龙抄手""盘飧市""夫妻肺片"这类老字号，近30年来，每个时期都有代表性的馆子，比如20世纪90年代挑起川菜中兴大梁的"巴国布衣""卞氏菜根香""乡老坎"，2000年前后的"红杏酒家""大蓉和""成都映象""芙蓉凰""张烤鸭"，以及成都第一批著名苍蝇馆子"巴蜀味苑""明婷""国土宾馆""永乐饭店""三哥田螺"等。

　　2010年以后，是成都餐饮大爆发时期，跨行业投资餐饮的人增多，品类增多，经营和宣传方式多变，诞生了许多新的品牌店，比如以小龙虾为主打的"霸王虾""小红袍"，以创新融合菜为代表的"成都吃客"，以烤鱼为主题的时尚店"烤匠"等。

　　近十年，成都的高档餐馆数量增多，有表达个人烹饪理念的私房菜"玉芝兰"，还原传统的"松云泽""有云"，打文化主题牌的"子非"，以高档鱼鲜为特色的"雍雅合鲜"和"柴门"，老房子旗下的"金沙元年""华粹元年""水墨红""青竹花溪"等，南堂旗下的"南堂馆""南堂茶事""南堂含翠"等，以及"漾19""银滩""银锅""银庐""银芭""芳香景""麓轩""南贝""南汇57""柴门荟""许家菜""翠玲珑""成都宴""廊桥""唐宫""圖宴"等等。这些馆子人均消费从几百元到一千多元不等，有传统川菜，也有创新融合菜，还有新派粤菜。

　　各地方风味菜也纷纷入驻成都，比如"传传会"（乐山风味）、"大千小馆"（内江风味）、"蜀中李记老味道"（达州风味）、"凉山好汉"（西昌风味）、"拈一筷子"（宜宾风味）、"焱味·邱金"（自贡风味）、"泸贰馆子"（泸州风味）、"坐井"（川东风味）、"马旺子"（眉山风味），等等。

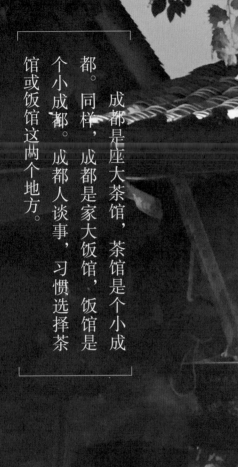

成都是座大茶馆，茶馆是个小成都。同样，成都是家大饭馆，饭馆是个小成都。成都人谈事，习惯选择茶馆或饭馆这两个地方。

小吃也是成都餐饮的重头戏，以前街头随处可见的蛋烘糕、糖油果子、牛肉焦饼、豆花、凉面，是很多人儿时的味觉记忆。"小谭豆花""洞子口张老二凉粉""邱二哥锅魁""甘记肥肠粉""老成都巷巷面""纯阳馆鱼香排骨面""肖家河家常面""华兴煎蛋面"等，都是有名气的老店。

火锅，以前在成都餐饮市场的份额不算高，存活15年以上的知名品牌有"皇城老妈""龙森园""蜀九香""麻辣空间""巴蜀大宅门""香天下"等。2013年以后，火锅品牌爆发性增长，从数量到热度都超过中餐，成为竞争最激烈的品类。这些年随时有新品牌冒出来，"大妙""川西坝子""锦城印象""大龙燚""小龙坎""蜀大侠""园里""电台巷""谭鸭血""吼堂""五里关"……既有"周老二""洪岩巷"这样人均消费几十元的社区小店，也有像"盛隆街"这种人均消费四五百元的新派火锅，还有像"8号"这种人均消费五百六元的酒店火锅，更有"贵仕"这种人均消费高达一千五百元的高档甲鱼火锅。成都周边区县，占地面积大的园林火锅，也是近年火锅江湖的一道风景线，比如双流的"楠柏湾"、新都的"玛歌庄园"、三圣花乡的"马帮寨"、温江的"茅歌水韵"和"龙腾梵谷"。

串串香也伴随火锅一路成长，从最早街头流动售卖的手提串串，到火爆的玉林串串香。从"康二姐""瓜串串""花串串""冒椒火辣"等冷锅串串，到"钢五厂小郡肝""马路边边"等热锅串串，各领风骚三五年。

随便放点料掺点水煮开就叫火锅？不！火锅真是千锅一味？不！这些年火锅市场可谓日新月异，不管是经营模式，还是装修环境、锅底菜品、营销宣传，总是不断突破大众认知界限。就现在的市场竞争状况，特别难吃的火锅，不多见。让人惊艳的火锅，也不多见。

放眼全国，甚至在海外，火锅也很受欢迎。麻辣之味非常强势霸道，你的味觉一旦被攻占，就会深陷其中，而且还不可逆转。

·红杏酒家后厨·

　　为什么这几年火锅江湖会如此热闹？原因很多。第一，市场的现象级效应引发大家跟风。不但跨界投资者首选火锅，连一些传统中餐企业也会新增火锅业务，而由火锅转中餐的则屈指可数。第二，跟经营中餐馆相比，火锅有很多优势。标准化程度高，容易复制。一个新品牌，一年半载开上几十上百家，都不是啥难事。第三，食客喜闻乐见。现在不只是川渝地区，放眼全国，甚至在海外，火锅也很受欢迎。麻辣之味非常强势霸道，你的味觉一旦被攻占，就会深陷其中，而且还不可逆转。

·成都宽三堂·

川西

广元
巴中
德阳
绵阳
达州
成都
雅安
眉山
资阳
遂宁
南充
内江
自贡
泸州
乐山
宜宾

成都

成都，以"一年成聚，二年成邑，三年成都"而得名，二千多年未改名、未迁址。地处四川盆地西部、成都平原腹地，境内地势平坦、河网纵横、物产丰富。截至2022年，成都下辖12个市辖区、5个县级市、3个县，另有3个城市功能区。中心城区有青羊、武侯、金牛、锦江、成华、天府、高新等，是商业和餐饮最发达的地方，而周边双流、温江、郫都、龙泉驿、新都的餐饮也相当繁荣。

前些年我去成都周边的温江、崇州、大邑、双流等地的餐饮店采访，感觉老板们的幸福指数特别高。小城市的房租和人工成本相对便宜，顾客群体稳定，竞争小，有一两道特色菜就能把生意做得红火，二三十年的老店比比皆是。这些店以本地人消费为主，时间一长，就有口皆碑。

· 天鹅蛋 ·

饮食风俗的形成有其偶然性，没法深究，反正时间一久就成了传统。成都周边区县都有突出的特色美食，简阳人一年四季都要喝羊肉汤，可是翻过龙泉山，这边的人只在秋冬季才吃羊肉。双流城区的蘸水肥肠和肥肠粉很有名，小吃店多不胜数，相邻的温江却是以猪耳朵和抄手取胜，少有专售肥肠的餐馆。

· 龙泉驿 ·

龙泉驿是全国著名的水果之乡，以盛产枇杷和水蜜桃闻名。"桃之夭夭，灼灼其华"，阳春三月，满山桃花如霞，万亩*梨花胜雪，一年一度的桃花盛会，带动了当地的农家乐经济，并逐渐形成以书房村、桃花故里、枇杷沟、柏合万亩梨园为代表的农家乐集中地。

大面镇、洛带镇、柏合镇曾是龙泉驿客家人聚居之地，名气最大的是洛带古镇，成都市民近郊游常去之地。镇上的油烫鹅就是典型的客家美食。整鹅先卤再熏，最后以热油淋烫至表皮酥香，成品香味浓烈。洛带还有天鹅蛋、伤心凉粉等知名小吃。天鹅蛋和糖油果子做法类似，但外形有别，个头更大，椭圆似鹅蛋。

· 姜汁鸡 ·

近代川菜不过百多年历史，各地移民的家乡风味集合到了四川盆地这个大池子里，融合发酵，才形成了味型丰富、技法多变的近现代川菜，其中就有客家菜的功劳。我有两位姑父就是龙泉驿大面镇人，他们以前说的是土广东话，好些家常菜也源于客家，比如四姑父最拿手的姜汁热窝鸡（简称姜汁鸡）。这道菜由客家过年鸡演变而来。客家人过年时都要杀一只公鸡，煮熟用于祭祖。祭祀完毕，把鸡斩成块，要么做成白切鸡，要么装在碗里加姜汁蒸透，倒扣在盘里，原汤入锅，加盐、醋等调味，再勾芡淋在鸡肉上面。后一种做法不断演变，由蒸变为先炒后烧，后来加入郫县豆瓣，发现色泽更红亮、味道更浓郁，这做法就流传至今。现在馆派的姜汁鸡，大都沿袭先炒姜米，再烧制加醋的做法，姜味突出，酸香味浓。家庭做法则追求汁浓味厚，先爆炒姜米，再放入郫县豆瓣炒出颜色，下豆豉和花椒炒出味道，倒入煮熟的鸡块炒匀，舀入鸡汤半淹鸡块，加适量的料酒和保宁醋，转小火加盖焖约10分钟。揭盖，开大火收汁，放入葱弹子，加盐、白糖、味精和鸡精调味，分次勾芡，最后淋入保宁醋、花椒油和香油。成菜姜味突出、家常味浓、酸甜适口。

*1亩约为666.67平方米

·龙泉驿柏合钟家大瓦房·

·柏合豆腐皮·

　　成都市区东北方向的龙潭寺靠近洛带，那里有家"老刘姜汁鸡"，老板是客家人，他以客家文化和客家姜汁鸡为卖点，做法更为粗犷。

　　柏合镇于清代建场，成都著名东山五场之一，因当地古庙延寿寺中有连理柏树而得名。如今的柏合镇仍有两条老街，街道两旁还保存有下店上宅的木质吊脚楼。镇边的钟家大瓦房是客家建筑代表之一，坐北朝南，中间是正大门，与正堂屋相通，正堂屋东西南各设了三道大门，均为一进。

　　成都周边的人只要一提到柏合，总会联想到梨花、草帽、豆腐皮等关键词。据说柏合豆腐皮是一位姓范的老爷子最早卖出名的。其可以烹制咸鲜和麻辣两种味道，后者跟麻婆豆腐相近。心急吃不了热豆腐，心急同样吃不了柏合豆腐皮。出锅前，要勾很浓的芡汁，表面看似风平浪静，其实鲜烫无比。你不能像吃其他菜一样大快朵颐，只能用筷子挑起少许，细嚼慢咽，尽情感受豆腐皮的柔软细滑，以及辣而不燥、麻而不烈、鲜而不腻的味道。

　　烹制豆腐皮在当地不是啥秘密，把数张薄豆腐皮叠在一起卷紧，用锋利快刀擦手切成细丝，然后放开水锅里汆一水，去除豆腥味。锅里放少许色拉油烧热，下郫县豆瓣炒香出色，再放入辣椒面和豆豉炒香，掺鲜汤并倒入豆腐皮丝烧制，放盐、味精、鸡精调味。淋入湿淀粉勾第一次芡，用勺子舀起检查其浓稠度，如此反复两三次，直至芡汁紧紧黏附在豆腐皮丝上，最后淋入少许鸡油搅匀。

　　除了洛带和柏合两镇的特色美食，龙泉驿还有一些特色餐馆值得前往。从成渝高速路阳光城出高速路，右转直行约500米就到了"龙泉山庄"。整个山庄依山傍水而建，山清水秀，空气清新，春可赏花、夏可避暑、秋可吃果、冬可品梅。其内的人工湖微波荡漾，鸭鹅嬉戏其中，沿水而建的长廊，是垂钓品名的好地方。进入山庄，顺着蜿蜒的青石台阶而上，又有不一样的感受，路边随意摆着各式石磨，展示的榨油坊、烤酒坊，以及制作客家叫花鸡的土烤炉，既有实际运用的功能，又是山庄一景。坐在仿吊脚楼样式的茶楼餐厅里品茗用餐，俯瞰亭台水榭，远眺漫山桃花，听流水潺潺，观草绿花艳，更多了几分味外之味。

占地宽、建筑多，厨房也分了几个功能区，既有江西瓦缸煨汤，也有农家土碗蒸菜，还可以在露天烧烤区自己动手烤兔、做叫花鸡。菜品以混搭为主，雪山牦牛掌成菜大气，红亮滋润，口感软糯。黑椒香芋必尝，香芋蒸熟了切成丁，裹粉后油炸过，外酥内粉。盛装的石锅烧得滚烫，底部垫了洋葱丝，一路吱吱作响地端上桌，还没有动筷，浓郁的黑椒味和洋葱味就让人按捺不住了。

从龙泉驿城区出发，沿老成渝路向龙泉山方向前进，过了龙泉驿区第一人民医院能看到一块"河边土菜馆"的招牌。这是一家小型农家乐，门口有条小溪，流水潺潺、鱼翔浅底。沿河的屋檐下挂着一排红灯笼和一排撑开的腊鸭，特别醒目。

屋外就餐区特别惬意，木结构的凉棚，周围是各种果树，触手可及。鱼鲜是一大特色，老板专门在屋后土坡上放置泡菜坛泡了许多的泡菜，每年夏秋时节，他还要自制够剁椒酱。剁椒裸斑就是用这种酱烧制的，鱼肉肥美软嫩，鲜辣爽口。

· 黑椒香芋 ·

回锅厚皮菜是资格的农家味，小时候，老家种这种蔬菜主要是用于喂猪，在缺油少肉年代，因它刮油瘠人，吃完清口水长流，少有人去吃，现在却成了餐桌上的稀罕物。先把厚皮菜和嫩胡豆下锅煮熟，再回锅与姜、蒜、泡椒节等调辅料一起烩制，起锅前还要加点蒜苗。酸甜微辣，厚皮菜清香软滑，与粉面的胡豆很合拍。

· 简 阳 ·

简阳位于龙泉山东麓，沱江中游，境内有龙泉湖、三岔湖等景点，为成都代管市。简阳美食名片，非羊肉汤莫属。

据说当年宋美龄从美国引入了努比羊，与简阳的山羊杂交后，形成了新的品种大耳朵羊（俗称火疙瘩羊）。这种羊个头矮小，生命力旺盛，是制作简阳羊肉汤的物质基础。

简阳羊肉汤的制法与川内其他地方不同，熬汤时，除了用到羊肉、羊杂和羊骨，还要加猪棒骨和煎过的鲫鱼，有的还要加入搅碎的羊脑，以大火冲煮，

·简阳羊肉汤·

使蛋白质乳化，达到浓白鲜香的效果。羊肉和羊杂煮至软熟后捞出来，分别切成片和条，原汤和骨头继续小火熬煮。重点还在后面，肉和杂按干重出售，称取相应量后，再和姜米一起下入加了羊油的铁锅里爆炒，掺入原汤，烧开后装盆上桌。

　　传统的简阳羊肉汤，上桌后不用点火，直接喝汤吃肉。汤里可以加香菜和葱花，肉可以配辣椒面碟子蘸食。汤味浓酽，鲜香，油气重，秋冬时节几碗下肚，浑身暖洋洋的。后来演变为点火边煮边吃，蘸碟离不开腐乳、鲜小米辣碎、葱花和香菜。吃完可以继续加肉和杂，煮粉丝、白菜、豆腐是常规，最后烫一盘豌豆尖才算完美收官。这种吃法在成都市区尤其盛行。早些年，在成都市区的小关庙、三官堂就自发形成了简阳羊肉汤聚集地。冬至节前后，火爆到交通堵塞，各种仙字牌（"肖仙仙""肖神仙""肖半仙"）羊肉汤馆在三官堂火了多年。后来因为拆迁，这些"神仙"馆子飘落各处。每年冬季，简阳羊肉汤仍是成都餐饮的重头戏，但春节过后，这些馆子又纷纷改头换面，等待下一季轮回。

　　简阳的城区及各乡镇的羊肉馆多不胜数，大都是以姓氏打头，如"付氏""赖氏"等，也有"野狗"和"狗夫人"这类另类招牌。当地人四季爱吃，各有各的心头好，很难有公认的头牌。话说回来，只要羊肉新鲜地道，遵循传统熬汤和爆炒的方法，味道八九不离十。除了羊肉汤，各家馆子基本还有搭配有羊肉香肠、火爆羊肝、麻辣羊血、葱爆羊肉等关联菜。

·双流·

双流古称广都，后以《蜀都赋》中"带二江之双流"命名。在天府机场通航前，乘飞机来成都，第一站到达的是双流，因此当地美食更容易让外面人关注，黄甲的麻羊、"乔一乔怪味餐厅"的特色干锅、"麒麟胖哥"的火锅、"双流老妈"的兔头……好多店都是行业传奇。

兔头骨多肉少，腥异味重，多数地方都弃用，可是在成都的街头巷尾，大小冷啖杯摊档和宵夜店，兔头必不可缺，五香、麻辣、怪味、香辣，总有一种味道合你的胃口。追溯吃兔头的源头，不得不说"双流老妈"。30多年前，双流一位妈妈开了家麻辣烫小店，因儿子爱吃兔头，她便把兔头放进底汤煮给他解馋。结果儿子越吃越上瘾，每天在门口啃兔头也成了活招牌，引得客人也纷纷买来尝。后来这位妈妈索性把小店改为专卖兔头，在最兴旺的时候，每天能卖掉近万只兔头，简直可以组建一个兔头师！

一些人排斥兔头是心理原因，一排排卤好的兔头摆在平盘里，看上去特别科幻：门牙前呲、眼眶内陷。不过，在品尝之后却是让人啃之不疲。啃兔儿脑壳，在成都是一语双关，也指亲吻。长期的啃食让人们还吃出了技巧：先把兔头掰成两半，再啃食兔脸颊，吃兔舌头和下颚的肉，然后吸吮兔脑花，跟吃大闸蟹有一拼。

因为"双流老妈"不能注册，所以成都打此招牌的店多不胜数，可就近品尝。有正宗情结的，可去双流清泰街那家店。不难辨别，店门口随时停有顺丰的转运车，迈进大门，门厅处就有顺丰的工作人员做专项服务。面积大，生意好，外卖甚至好过堂食。菜不多，兔头有五香和麻辣两种，另外就只有一些冒菜，味道比较重，我有些招架不住，不合我胃。抛开知识产权不说，把一家店（或一道菜）做成大众品类，并得到市场认可的，成都就有两个：老妈兔头和老妈蹄花。老妈威武！

双流的"天府风味庄""大竹林"的兔头也很出名，前者为五香麻辣做法，后者为红烧火锅味，各有特色。

成都市区除了各种老妈兔头店，一些干锅店、串串香也把兔头作为卖点。我比较喜欢"冒椒火辣"的兔头，不管是麻辣味还是五香味，表面都裹了一层酥花生米碎，味道层次更协调，更香。

· 蘸水肥肠 ·

双流美食的另一绝是肥肠。我的朋友竹子大魔王曾写过一篇文章，讲述她对肥肠的热爱，可见其痴迷程度。双流白家的肥肠粉源于清末，已经有一百多年历史。双流九江，随处可见蘸水肥肠，双流城边，甚至还有一家专卖肥肠的"茅草屋大酒店"，蒸、烧、卤、拌、爆，做法不一而足。

我吃过最好吃的蘸水肥肠不在九江，而是双流城里城北中街的"无名蘸水肥肠"。第二次去吃，已经间隔了七年，环境没变，菜品没变，品质没变，店员似乎也没变。有的苍蝇馆子，饭菜端出来总是流汤滴水、邋遢难忍。这家能做到清爽整洁，油红色亮，看着就舒适愉悦。除了蘸水肥肠，另外还有拌肠头、拌拐肉、肥肠粉等几个品种。

餐饮江湖和武侠江湖，似乎有相通之处。一类如梁羽生笔下的名门正派，讲师承，溯正统，内外兼修，有板有眼。一类就如古龙笔下的独行侠客，无门无派，却能凭一招两式克敌制胜。"无名蘸水肥肠"就是后者，凭一道特色菜就能笑傲江湖。店堂朴素陈旧，招牌顺意，就像古龙笔下的阿飞。阿飞被称为天下第一快剑，其武器只是一条三尺多长的铁片，既没有剑锋，也没有剑鄂，甚至连剑柄都没有，只用两片软木钉在上面。"无名蘸水肥肠"跟阿飞一样，藏巧于拙，化繁为简。

一钵清煮肥肠，配一碗蘸水，再搭配甑子饭和醪米汤，简直控制不住自己，吃到中途，哪怕碳水超标，忍不住还要添一碗饭。越简单，越不容易出彩，能做到人人称绝，就是不凡。不管是肥肠的预处理、煮制火候，还是打的蘸水，都无可挑剔。肥肠不腥不臭，不软不硬。蘸水诸味协调，酱香突出。垫底的莲花白清香回甜，跟肥肠也是绝配，换其他蔬菜就不是那味。

·天府新区·

天府新区的部分区域原属双流，这几年发展特快，麓湖和兴隆湖一带已形成新兴的高档美食区，市区的不少高端品牌都入驻其间，也有数十年如一日的原生特色店，比如"小平肥肠粉"。

由笔直宽敞的天府大道一路向南，到达正兴后，下大道，转小路，看到一条挂满红灯笼的小街，就到了。这里原属双流正兴镇，有家"正兴泥鳅"非常有名。

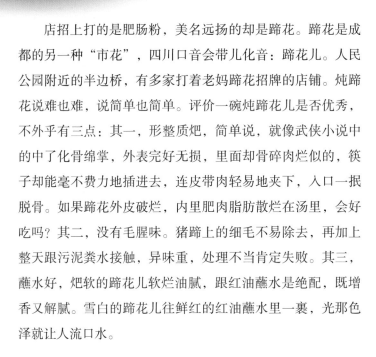

· 蹄花蘸碟 ·

　　店招上打的是肥肠粉，美名远扬的却是蹄花。蹄花是成都的另一种"市花"，四川口音会带儿化音：蹄花儿。人民公园附近的半边桥，有多家打着老妈蹄花招牌的店铺。炖蹄花说难也难，说简单也简单。评价一碗炖蹄花儿是否优秀，不外乎有三点：其一，形整质粑，简单说，就像武侠小说中的中了化骨绵掌，外表完好无损，里面却骨碎肉烂似的，筷子却能毫不费力地插进去，连皮带肉轻易地夹下，入口一抿脱骨。如果蹄花外皮破烂，内里肥肉脂肪散烂在汤里，会好吃吗？其二，没有毛腥味。猪蹄上的细毛不易除去，再加上整天跟污泥粪水接触，异味重，处理不当肯定失败。其三，蘸水好，粑软的蹄花儿软烂油腻，跟红油蘸水是绝配，既增香又解腻。雪白的蹄花儿往鲜红的红油蘸水里一裹，光那色泽就让人流口水。

· 热拌拐肉 ·

红油，四川人又叫熟油辣子，不是以辣见长，突出的是香。讲究的厨师炼红油，除了必须用菜籽油，一般还会选用三种辣椒组合，一出香，二增色，三添辣。香是核心，很多小店靠一锅红油，就能征服一方饕客。炼红油时，油温过低，色泽较好，但香味不够；火候过高，则色败味苦，只有控制好两者之间的平衡点，方能炼成红亮且香辣的上品。

"小平肥肠粉"店里用红油拌的拐肉也好吃，热拌，搭配的是清脆的绿豆芽，下饭佐酒皆宜。有些店的猪耳朵、拐肉是晾凉了再拌，甚至有的还是直接从保鲜柜里拿出来拌，一股子冰箱味，尤其是冬季，体验极差。

厨房里是三员女将在忙活，老板娘是主心骨，老板则在前厅端菜打杂招徕生意。据说猪蹄都是老板每天去附近市场收的鲜货，数量有限，每天只卖早上和中午，两点打烊，下午喝茶打麻将，不去想啥品牌战略、加盟连锁，小日子过得潇洒自在。

烹制河鲜的调料

· 新 津 ·

新津位于成都南郊、岷江之滨，古蜀文明发祥地之一，自北周定名，沿用至今。新津水系发达，盛产鱼鲜，其中又以黄辣丁（黄颡鱼的俗称）为代表，是成都周边最出名的品鱼胜地。每个新津人心里，都有自己认可的一家鱼馆，城区和乡镇，有众多餐馆都是以黄辣丁为招牌。

"活恬饭店"开在新津斑竹林景区旁边，店招上有"30年老店"的字样，招牌上的字，很容易被误读为"活活"。据当地朋友说，这家店中途换过老板，原名确实叫"活活"，接手者想换名字，但又怕变化大了，不被老顾客认可，于是取了相近的"活恬"。吃这家之前，本来我们是要去吃"鱼歌子"，结果到了才发现正歇业重装，正准备转身去备选的"鱼儿香"，老板出门招呼，推荐了"活恬"。同行相荐，应该错不了。到店门前一看，生意确实好，上桌刚吃完起身，还没等收拾干净，后面排队的食客就赶快去占位子。

·新津活恬饭店·

去洗手间时路过厨房，透过开着的门，见里面忙得不可开交，两位大姐正在杀鱼，左手一把短夹子，右手一把稍长的夹子，短夹子夹头，长夹子从头下方撕开一道口子，夹去内脏，动作娴熟，这就是劳动人民的智慧。

黄辣丁，黄颡鱼属，国内常见的一种淡水鱼，各地叫法不一，长江下游习惯称昂刺鱼，珠三角地区爱叫黄骨鱼。体态小，细长，体表无鳞，光滑多黏液，背部有骨质硬刺，扎入皮肤痒痛难忍，常规的徒手宰杀方法不易处理，用两把钢夹子配合去内脏，快捷且安全。

新津黄辣丁做法多样，红汤、家常、香辣，不一而足。不管哪种味道，几乎都要用到泡菜。在四川，不管是家庭日常煮鱼，还是特色鱼馆烹鱼，泡菜都

· 半埋在土里的泡菜坛 ·

是压舱石，再配合姜、葱、蒜、豆瓣、辣椒、花椒，以及盐、糖、醋的不同用量，就能演变出不同的味型。"活恬饭店"的红汤和家常做法不错，整体味道协调，吃完鱼肉，剩下的汤汁拌份白水面条，这是每桌客人的基本操作。不管啥味道，每盘鱼都加了藿香碎，用量比乐山、宜宾等地少，隐约能吃出一股异香，这也许是新津烹鱼的独特之处吧。

离"活恬饭店"200米处，就是新津有名的休闲公园"斑竹林"，里面有多种竹子，竹林下还有大片的鸢尾，春季盛开时节，雪白中有斑斑点点的蓝，壮观。

· 蒲 江 ·

蒲江地处成都平原西南边缘，属成都半小时经济圈，进藏入滇要道。境内有石象湖等景点，猕猴桃、米花糖等特产，以及成佳六合鱼、噜嗦血旺等美食。

六合鱼，现在已经成了蒲江最有名的美食名片，有上百家打此招牌的馆子，大部分集中在成佳镇。成佳六合鱼一味成名，跟陈东山有关。陈东山是成佳人，他在成都华阳某家餐馆打工时从一位重庆师傅那里学到了做鱼绝技。

六合鱼真正名气远扬，得从陈东山2004年回家乡开"陈氏六合鱼"说起。他在重庆师傅的做法基础上做了些改进，尤其是在刀工、腌渍等环节。六合鱼烹好之后，以特大号的不锈钢盆上菜，色泽红亮、豪放大气，特别诱人。

成佳镇位于成都到蒲江的大件路上，借鱼味之鲜、占地利之便，没用多长时间，六合鱼的品牌就传播出去了。生意火爆后，跟风开店的越来越多。现在该店仍然是镇上生意最好的餐馆，周末经常人满为患，最多一天要卖出近一吨的花鲢。

六合鱼其实算酸菜鱼的衍生品种，只不过做成了红味，为什么这么多年仍火爆呢？有一年，我曾深入后厨寻找答案。

大大的鱼池里养的都是花鲢，小的有四五斤*，大的有八九斤。鱼选好并称重，再送往预处理间，由专人负责杀鱼、片鱼和腌味。花鲢宰杀治净后，取下两扇净肉，鱼头和鱼骨斩成块放盆里待用。鱼肉片成比巴掌还宽大的薄片，放入加有盐和白酒的清水盆里，腌渍几分钟，再捞入筲箕沥水，随后双手握着筲箕的两侧，上下扬动并在案板上挞制，随后放盆里，加盐、红苕淀粉和鸡蛋清（以每2斤鱼肉加1个鸡蛋清的比例添加），充分拌匀。

大铁锅里放化猪油烧热，下泡椒碎、泡姜粒、姜粒和独蒜，炒香后，掺清水烧开，放入鱼头、鱼骨和酸菜块，大火煮熟，加盐、味精、胡椒粉和鸡精调味，再用漏勺舀进直径约半米的大不锈钢盆。然后再将大铁锅拖

*1斤为500克

· 下鱼片 ·

离火口，把鱼片抖散下锅，浸至刚熟并浮起时，用瓢舀入装鱼头和鱼骨的盆里。另锅放化猪油烧热，下泡椒碎、泡姜粒、姜粒和蒜粒，小火炒香后舀在盆中鱼片上，撒上葱花即成。

陈东山曾告诉我，他制作的六合鱼的显著特点是鱼片浮在汤面不沉。要达到这一效果，首先，鱼片要片得大而薄；其次，必须用盐水和白酒腌渍；第三，鱼片要在筲箕里挞制，让其肌肉组织断裂，以达到致嫩的目的；第四，下锅前，要加较多的鸡蛋清和少许的红苕淀粉拌匀；第五，一定要把锅拖离火口再下鱼片，利用锅里滚烫的汤汁将其烫熟，切忌大火久煮。烹饪门道，全在细节。

·温江程抄手·

·木盒扣肉·

·温江·

温江位于成都市西面，素有"金温江"的美誉，境内无山无丘，气候温和，河流纵横，雨量充沛。温江是川西平原最大的花木种植区，因此有成都后花园之称。名胜古迹有古蜀国两代开国蜀王柏灌和鱼凫的王墓，以及温江文庙、陈家桅杆、大乘院等景点。温江还有国色天乡、金马赛马场这类集运动、休闲、娱乐于一体的设施场所，成都市民周末常去休闲度假，这也带动了沿线生态农家乐的餐饮消费。早在十多年前，温江的星级农家乐和休闲庄的数量就接近400家。

温江餐饮多传奇，当年"舒肘子"以一道青蒿肘子独闯江湖，"蒙氏食府"凭一只叫花鸡红火十余年。靠普通的猪耳朵，高家兄弟发家致富，三十年风雨不改，"月圆霖"凭白果炖鸡、藿香鲫鱼这几道招牌菜，现在升级为超大型餐饮企业，"明芳居"的升级版农家乐环境在十年前就出类拔萃，其卤菜和兔头是双绝。"裕昌""龙腾"等老牌火锅，"龙腾梵谷""茅歌水韵"这类新型园林式火锅，"五味鲜肉抄手""牟抄手""程抄手"等知名小吃店，以及公平的红烧兔、万春的卤菜、永盛的九斗碗……温江美食就如当地的花木一般绚丽多彩。

40年前，舒永建和他父亲舒国均开的"舒炖肉"只是温江公平镇的普通路边小店，凭借烂而不烂、肥而不腻的炖肉，在当年颇受好评。1989年，结婚后的舒永建自立门户，在父亲炖肉的基础上，创新出青蒿肘子。2005年开在光华大道上的"舒肘子"已经是一家大型酒楼，可以同时容纳上千人就餐。升级

·八宝葫芦鸭·

·白果炖鸡·

·万春囟菜·

为综合性酒楼后，肘子仍然是主打菜，增加了白果肘子、茄汁肘子、脆皮肘子、鲜椒肘子、热拌肘子、鲜人参肘子、当归肘子、干煸肘子、干锅牛鞭肘、宫廷肘子等30多种新品，炖、烧、煸、拌、炸，一应俱全。

"蒙氏食府"当初也是以一道单品叫花鸡扬名立万。仔鸡提前腌味，包荷叶后裹以黄泥，再经长时间烤制，上桌前还保持原状。服务员当场敲碎黄泥，揭开荷叶，金黄且泛着油光的烤鸡才显露出来。鸡皮糯软鲜香，鸡肉入味耐嚼，但又不至于干硬如柴。熟悉的朋友聚餐，不用改刀，直接戴上手套撕扯着

·温江蒙氏叫花鸡·

吃，更有洪七公大快朵颐的江湖豪迈气。

到了双流，在某搜索平台上键入"肥肠"，会跳出几十家店，而在温江搜"猪耳朵"，同样如此。猪耳朵不过是川菜家常馆子的常见菜，温江的高家兄弟却把它做成了招牌，而且一做就是30多年。20世纪80年代，高家三兄弟都在文家场附近开店，主卖猪耳朵，后因修成温邛高速路，"高大哥"搬到了国色天乡，"高二哥"搬到了两河路，"高三哥"留守原地。高家兄弟的猪耳朵主要有三种做法，红油拌猪耳、五香卤猪耳和山椒泡猪耳。当年采访时，高二嫂告诉我：猪耳朵要选没有淤血和破损的；刀工要好，切出来的片薄可透光；红油一定要炼到位，香辣不燥，达到这三点，想不好吃都难。外地朋友可能难得吃到泡猪耳。四川人无所不泡，除了素菜，还有荤菜。高家按洗澡泡菜的做法，把野山椒、老盐水调匀，放入煮熟并切成薄片的猪耳，泡几小时就可以吃，其酸辣脆爽，佐酒下饭皆宜。

温江鱼凫路还有一家"赵姐猪耳朵饭店"，人气爆棚。上一桌刚吃完起身，后面的已经开始抢凳子占位了，排队端拌菜、排队端烧菜、排队掭饭……大份的拌菜27元，比好多凉菜摊还便宜。红油炼得好，香而不辣，浓酽巴味。性价比极高，人均消费三四十元，翻台极快，一般20分钟就吃完走人。据说只卖中午，这生意才叫做得潇洒自在。

·鱼凫泡菜·

·温江高二哥猪耳朵·

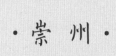

·崇州周荞面·

·崇州月儿池凉白肉·

崇州距成都不到40千米，经成温邛高速公路前往，耗时仅1小时。当地的怀远三绝、天主堂鸡片、荞面、查渣面等，早年间就是川西坝子的知名美食。

崇州并不产荞麦，荞面的起源得追溯至清末民初，有崇州人从西昌贩回荞麦，打成粉，揉成团，用木制的榨面器手工压成面条，慢慢做成了当地的名小吃。学府街的"周荞面"是崇州的老牌小吃店，木桌条凳和调料壶刻满了岁月痕迹。现在这家店由周年春和周年国两兄弟共同经营，一个在灶前压面条，一个打调料兼跑堂。

卖荞面非常辛苦，每天清晨五六点钟就得起床，和面团、熬汤、炒臊子……店主介绍：和荞面没有啥秘诀，关键在于加石灰水，荞麦面粉筋性不如小麦面粉，碱性水能够让其口感变得更滑韧。荞面都是现榨现煮，机器就架在锅的上方，榨出的面条落入开水锅煮熟后捞进碗里并舀入调料。荞面有热吃、凉吃等不同的吃法，如跟红苕粉条混在一起，则称为"鸳鸯"。臊子里面还加有脆爽的笋丁，与口感滑溜的荞面可谓相得益彰。

西前街的"一枝花面店"，是由以前的集体制饮食店转来的，那时餐馆都是男性员工，面店则由女性主理，所以有了此名。此店简陋狭窄，但颇受当地人好评。面条全是手工制作的韭菜叶子面，和成都市区常见的棍棍面（粗而圆，形如毛线签）相比，这种宽而薄的面条更入味。招牌的杂酱面油气足，入口润滑却不失筋道。

文庙街月儿池的"凉白肉"开了二十多年，老板陈家喜以前在国营家禽店上班，主要做板鸭等腌腊制品。凉白肉，即凉拌蒜泥白肉的简称，有两样调料是陈家喜独门技艺

炼制的。第一是香辣不燥的红油，第二是香而不闷的香油。询问红油的制法，
陈家喜顾左右而言他，不肯透露。他倒是说了香油的制法，那是自己用菜油和
白芝麻炼制的，没有成品香油那么闷人，又有几许菜油的香味。白肉不是按份
卖，而是按重量计价，十元钱起拌。把煮熟并切成薄片的二刀肉抓到盘里，先
撒一大把葱花，再舀两勺红油、一勺麻油和一勺蒜泥，舀一小勺白糖和适量味
精，再快速拌匀。陈家喜动作娴熟，加调料的动作一气呵成，蒜泥味不算突
出，回甜味较重，香味浓郁。

　　开在早觉西街的"江师炒菜"，店堂跟店名一样显得简陋质朴。这家店是
由江伯和开创，也开了二十多年，他现在已经退居二线，由女婿掌勺。很普通
的家常小馆子，平常卖的是青椒肉丝、盐煎肉之类的菜，没啥新意，可因为火
候拿捏到位，价格实惠，当地人一样视为食堂。我个人喜欢的是豆腐脑花和鱼
香拐肉，前者是在麻婆豆腐的基础上加了猪脑，豆腐因猪脑而添了脂香，猪脑
又因豆腐而减轻了腻味，特别下饭。鱼香拐肉则是把熟猪肘切成条，再回锅炒
成鱼香味，同样是下饭利器。

　　开在西苑路的"骆豆花"，因店主叫骆玉芳而得名，位置虽偏，生意却不
错。该店的特色不是豆花，而是卤肉。这卤肉按重量出售，切成薄片还要放卤

· 米汤苕菜 ·

· 红油帘丝 ·

水锅里冒几下才给食客。初入口时不觉得惊艳，多吃上几片，却越嚼越有味，没有明显的香料味，诸味协调均衡。

白头镇白头东街的"女厨家常菜"是典型的路边店，开在成温邛高速路的旁边，也有近二十年历史。原来开在前方桥边的两间旧屋内，现在搬到自建的两层楼房里面。这家店连张正式的菜单都没有，食客自己去菜架上看料点菜。女主人邵丽蓉面对我的镜头，显得很腼腆，她对自己的创业经历不愿意多提，连声说自己不是专业厨师，做的都是些乡间土菜，上不到台面。这家店让我现在仍怀念的是米汤苕菜。苕菜，又称巢菜，俗称野豌豆，是豆科草本植物硬毛果野豌豆的嫩茎叶，鲜品可入馔，原来都是野外生长，现在已有人工栽培。四川人吃苕菜已经有上千年历史，民间常用米汤来煮苕菜，因此川西流传着这样的民谣：娃娃服妈诓，苕菜服米汤。苕菜表面有茸毛，加米汤和猪油，入口才顺滑。不要看邵丽蓉话少腼腆，在灶前挥勺颠锅却相当熟练。她先把猪油放锅里烧热，下郫县豆瓣酱、蒜米、姜米等炒香，掺米汤烧开，再放入苕菜煮熟，接着加入猪油渣、蒜苗花和芹菜花，最后勾薄芡出锅。卖相不怎么好，但苕菜的清香、米汤的米香和猪油渣的脂香结合在一起，非常好吃。

怀远三绝是崇州最有名的小吃，据说有两个版本，老版本是冻粑、叶儿粑和三大炮，而现在流行的版本则是冻粑、叶儿粑和豆腐帘子。冻粑和广东的伦教糕类似，也是用米浆发酵蒸制而成的。冻粑是把发酵的米浆加入适量糖，包入玉米壳里蒸制而成。加白糖的洁白，加红糖的褐色。叶儿粑和川南的猪儿粑制法差不多，只不过叶儿粑是用柑子叶包裹，成品有一股独特的清香味。

豆腐帘子是怀远镇独有的品种，据说历史最早可追溯到明成化年间。它对水质的要求很高，据说只在怀远镇方圆5千米的范围内才能制作成功。崇州城区也有不少打着"怀远三绝"招牌的餐馆，但大都只卖冻粑和叶儿粑，要吃豆腐帘子，还得去怀远镇。开在怀远镇光明路67号的"大千食府"，揽客的招牌就是豆腐帘子。老板杨柳是厨师出身，现在还在上灶炒菜。他分享了豆腐帘子的制作详情：选用上等黄豆，泡涨后磨成浆，用细纱布沥出豆浆，豆浆倒进大锅烧开，加入适量盐卤水搅匀，使其凝结成棉絮状，随后舀入垫有湿纱布的长方形木匣内。舀一层浆垫一层纱布，如此反复几次后，用重物榨去水分，取出来去掉纱布，便得到豆腐皮初坯。这种初坯可以直接拿来做菜，先切成二粗丝，用加了适量食用碱的开水泡十分钟，再用流动水冲去碱味，再用它来做红味的红油帘丝、白味的白油帘丝。

·崇州道明腌肉·

把豆腐皮卷成长条，再逐条挨着放入特制的密闭容器，让其自然接种发酵，等表面生成一层毛绒状真菌，即为豆腐帘子成品。做菜时掰下来，斜刀切成薄片，经油炸后，可做成鱼香帘子、家常帘子。

"独一家饭店"位于道明镇白塔路，已经开了四十多年，以前道明街上真的只有它一家馆子。主人姓倪，平时卖红烧鳝鱼、藿香鲫鱼、砂锅鲫鱼、熊掌豆腐之类传统菜。这家的腌肉才是招牌，据说是祖传三代的独门技术，综合了四川民间腊肉和卤肉的制法，需经过腌、熏、卤三个步骤。把带皮猪肉划成大块，抹匀炒过的花椒盐，夏天腌一天，冬天腌两三天。用绳子把腌好的肉挂起来，晾干表面水分；点燃稻草和玉米芯，压熄明火使之冒烟，再把肉挂在上方熏。最后，熏好的肉清洗干净，放进卤水锅里卤熟。成品有轻微的烟熏味，又有淡淡的卤香味，的确称得上是独一门。

崇州旅游资源丰富，街子、怀远、元通等古镇，是成都市民周末常去的地方。凡是旅游业发达的地方，餐饮的生意都不会差。

"唐公别院"是街子古镇规模最大的店，集餐饮、住宿于一体，仿古式的建筑别有一番韵味。店名是为了纪念唐代诗人唐求而

·鱼香土鳝鱼·

·崇州街子古镇·

取，据说现在店门前的那四棵参天银杏就是他当年栽种的。唐求是唐代一位有气节的诗人，曾辞官退隐家乡蜀州青城县味江镇（即现在的街子镇），当地人尊称其为"唐公"。唐求不但擅长写诗，对饮食之道也颇有研究，现在街子古镇的一些名食跟他有些渊源。而今这家店主打菜有手撕山鸡、土坛泡菜等。该店院内专门辟有地方制作泡菜、腌菜等，那些泡泡菜的土坛半埋于泥土，以此来稳定坛内的温度和湿度，泡出来的泡菜别有风味。该店还有存放时间长达六年的豆腐乳，不少食客吃过后还会打包带走。

"叠翠园"位于崇州旅游环线，川西民居院落风格，青砖灰瓦、方桌条凳，随处可见20世纪七八十年代的物件。园主周彬热爱美食，向往田园生活，才在此地修了这家农家乐。这里的主菜有红烧兔、酸菜鱼、豆汤江团等。菜名普通平常，做法却有不同之处，

『隆中对』

再加上甑子饭、酽米汤、蘸水豆花等民间饮食，跟在城里吃的感受是不同的。最扯眼球的菜是"隆中对"，直径七八十厘米的大竹笼，里面装满热气腾腾的蒸菜，由两人抬上桌，够霸气。其制作时，在大竹笼里以土豆块和红苕块垫底，上面分别摆放码好料的排骨、肥肠、牛肉和五花肉，中间放一个小笼，摆上芋头、山药、花生等素料。蒸熟后，一份极具气势的粉蒸菜就此诞生。

现如今，餐饮创新特别困难，业内人士绞尽脑汁，就为了能弄出点新颖菜品。技法的创新有度，新原料的挖掘有限，口味的组合也难出彩。换个思维，对常规菜品进行缩放，要么做成精致袖珍版，要么做成巨无霸版，有时也能吸引大众的眼球。"隆中对"就是典型的放大，此菜上桌时能让人眼前一亮，主动掏出手机拍照发社交平台。

酸菜鱼

安仁老街的原貌保存完好，少了某些古镇的喧嚣和浮躁，多了几分古朴和静谧。

大邑，地处成都平原向川西北高原的过渡地带，与邛崃山脉接壤，依次有山区、丘陵和平原三大地形区，呈现七山一水二分田之地貌结构。境内有西岭雪山、鹤鸣山、刘氏庄院、安仁古镇等景点，肥肠血旺等特色美食。

安仁古镇从唐武德三年（620年）以"仁者安仁"得名开始，一直沿用至今。这是一个传奇小镇，民国时期出了几十名叱咤风云的将领，号称"三军九旅十八团"。近代的安仁和刘氏家族密不可分，带领川军出川抗日的刘湘，1949年底率部起义的刘文辉，大地主刘文彩，都是土生土长的安仁人。民国时期，刘氏家族及其他地方官绅在安仁修建了多达27座各式中西结合的院落，这就形成了今天当地独一无二的公馆文化。如今的安仁，还因新建数量众多的民间博物馆而蜚声海内外，有中国博物馆小镇之称。

· 肥肠血旺 ·

　　安仁老街的原貌保存完好，少了某些古镇的喧嚣和浮躁，多了几分古朴和静谧。树人街、裕民街和红星街仍保持着民国川西小镇特色，外墙上张贴着旧时老广告，还有保存完好的八家老公馆。

　　老街上餐馆众多，差不多每家都卖地主排骨这道菜，老板们借刘文彩的地主名头制造噱头揽客罢了。这道菜的做法倒是有些创意。排骨先卤后炸，再回锅与泡豇豆、小米辣、青尖椒等炒制，成菜干香酸辣。

　　肥肠血旺是大邑公认的美食名片，经此必吃，差不多各镇都有血旺名店，新场镇的"周血旺"，王泗镇的"庹血旺"，安仁镇则有"刘血旺"和"游血旺"。"游血旺"的屋檐下挂着一排木质菜牌，屋内墙上张贴有老板跟众多明星的合照。老板姓游名桃，其父辈就在安仁开馆子。除了招牌菜肥肠血旺，也卖豆腐烧脑花、焦皮肘子、石磨豆花等特色菜。

　　跟豆花店一样，肥肠血旺店也大都是临街设灶，那口煮血旺的大铁锅就是活招牌。煨在大锅里的血旺极其软嫩，舀在大碗里面，加入少许原汤和熟

肥肠，再加入红油、花椒面、葱花、盐、味精、油酥黄豆等调辅料味道真绝了，其秘密就在那盆红油里面。秋冬季节，不管走进哪家肥肠血旺店，你会发现浸血旺的大铁锅里都漂着一个小盆，里面装的就是秘制红油，放在热锅里是为了防凝结。它不是全用菜油炼的，而是加了猪油，而且是用边油炼的为最好，板油就少了那股特殊的脂香味。

黄豆酥脆、肥肠软韧、血旺滑嫩，各种口感在口腔里交替，再加上红油的辣香、猪油的脂香、葱花的辛香，吃起来的确过瘾。血旺入口滑嫩，据说要做出如此口感，除了猪血要新鲜，煮的时候锅里还需加猪油和米汤。任何美食，背后都有鲜为人知的制作细节。

·邛 崃·

邛崃位于成都平原西部，曾一度为川滇、川藏公路要塞。四川最早的四大古城之一，号称天府南来第一州，西汉著名才女卓文君的故乡，还是中国著名的白酒基地。当然，有好酒自然少不了好菜。

川味面条，重在复合味的臊子，不管是红烧牛肉，还是杂酱脆臊，而邛崃最出名的一道面条，却是以奶白咸鲜的汤为特色。邛崃奶汤面靠汤提鲜，仅以盐调底味。此汤是用猪蹄、猪骨、土鸡等主要原料，大火熬至浓白鲜香，偷不了工，也减不得料。邛崃卖奶汤面的小吃店数量众多，其中以"艾麻子"的名气最大。

川内各地的羊肉，以清汤为主，而邛崃却反其道而行之，做的却是红汤羊肉。红汤羊肉的源头在邛崃道佐，路边随处可见打着羊肉招牌的餐馆。选用的都是邛崃当地产的山羊，烫毛留皮，分解成大块，先入冷水锅汆去血水，再放进加了姜、葱、香料、药材等料的大锅里煮至软熟，捞出来晾凉，切成片。售卖时，再放进原汤锅里冒热。我吃过一家叫"荣芳羊肉"的老店，据说已经开了三十多年。门面不大，大锅当街而设，里面红浪翻滚，飘散出来的香味就是活招

牌。切好的羊肉、羊杂都按碗售卖，又称为碗碗羊肉。我曾在其他地方吃过碗碗羊肉，用的都是装米饭的小碗，而这里用的却是中大碗（中碗30元、大碗40元），分量足，并不算贵。碗底事先放了泡椒节、芹菜碎和花椒面，羊肉、羊杂在大锅里冒热再舀进去，最后掠点表面的油。端出来的羊肉鲜亮红艳，看着似乎是重口味，入口却是微辣、微咸，诸味协调，只是牛油加得稍微有些重，汤汁滴在桌面上，很快就凝固了。羊肉不老不柴，鲜香软糯。下面的泡椒酸辣硬脆，堪称一绝。红汤羊肉最宜配米饭，我平时尽量控制碳水，那天有了它也连干了三碗饭。搭配的小菜当中，有一款是用山椒水泡的黄豆，这种做法也是第一次见到。

在道佐吃完羊肉以后，可驱车十余千米去夹关古镇闲逛消食。和邛崃最有名的平乐古镇比较，这里基本没有商业气息，幽静人少，没有啥商业氛围。去河边的茶摊点杯茶，看桥上人来车往，只需十块钱，就可以发一下午的呆。河两岸排列着的大树上寄生了两种蕨类，长势蓬勃，这在川西平原也算是一道独特的风景。

·郫都·

  郫县，因杜宇化鹃的传说而称鹃城，古蜀文明发祥地，2016年改为郫都区。地处都江堰自流灌区之首，成都上风上水之地。郫县在川菜行业中有重要地位，郫县豆瓣酱，被称为川菜之魂，对川菜蜚声海内外功不可没。1986年，郫县友爱镇农科村诞生了中国第一家农家乐。2007年，在古城镇开馆的川菜博物馆，是世界上唯一以菜系文化为陈列内容的活态主题博物馆。

  这些年，到郫县品尝过不少美食，比如三道堰的鱼鲜，"芙蓉蹄花"的招牌蹄花儿，以及"红星饭店""泰和园"等大店的美食。印象特别深刻的是犀浦石亭村方家桥的一家肥肠店。第一次去是2011年四川省商业服务学校（现四川省商务学校）的老师办招待，当时肥肠店开在田坝边的一幢自建楼里，连店招都没有，但已经是非常有名了。

  灶台就设在街沿上，装烧菜的几口大铝锅和卤菜的大桶摆在凉棚下边，烧好的菜都煨在锑锅里，现点现舀，卤好的原料全浸在不锈钢桶，现点现捞，称重再斩切装盘……饭点高峰时间，客人甚至要自己动手端菜舀饭才吃得到，店员只管数盘子收钱。

·干煸肥肠·

现从卤水桶里捞出来的卤肥肠呈浅金黄色，油光水亮，非常诱人。肠油扯得干净，入口不油腻，软糯中又微有一点脆感。味道正，既吃不到浓烈的香料味，也闻不出有什么异味。随配的干海椒面特别香，蘸着吃又多了一层香辣。

女主人姓范，1994年就在附近开店，其间因为修路拆迁搬过地方。掌勺代师傅是她老公，山西人，当年不知道是成都的美女还是成都的美食吸引了他，反正结婚后就定居在郫县，开了这家夫妻店。据范大姐说，刚开店时卤菜品种多，后来客人反映肥肠最好吃，才以肥肠作主打。他们每天从屠行采购鲜肥肠，撕去肠油，还要加适量的食用碱反复揉洗，这样既能除去肥肠的腥异味，还能改善口感……

代师傅炒菜动作极其娴熟，用的是单柄生铁小炒锅，一锅成菜，锅气十足。我曾看过他炒青椒肉丝，往烧烫的锅里舀一点油，再抓一点肉丝在碗里，先加盐、酱油、湿淀粉抓几下，这时锅里的油也烧烫了，顺势倒入肉丝，迅速用炒勺拨散，随后倒入青椒丝翻炒，右手的炒勺在旁边的调料缸随点了几下，放进锅里推颠几下，一盘鲜活的青椒肉丝就出锅了。

2018年左右，他们又搬到了附近的沱江路，取名"金香玉"。我在2022年曾专门寻味而去，向员工确认是不是原来田坝边的那家老店，范大姐听到马上出来证明。闲聊起以前的经营情况，她马上去吧台找出当时的杂志，上面正好有我写他们店的文章，证明没有走错地方。

新店仍以肥肠为主打，还多了凉拌肥肠、血旺肥肠、干煸肥肠、红烧肥肠等系列菜。卤肥肠已经卖到了100块一斤，全用的是肠头，也算合理。干煸肥肠用的是卤好的肥肠，不是小火煸炒的，而是高油温炸制，成品呈诱人的酱金色，外脆内软，里面的小青椒也炸出了虎皮效果，微辣，清香，跟卤好的肥肠非常搭。

·都江堰·

都江堰，因堰而起、因水而兴，原称灌县，四川省直辖，成都市代管。"水旱从人，不知饥馑。时无荒年，谓之天府"，两千多年前李冰父子在宝瓶口修建的水利工程，泽被后世，成都人的悠闲生活和闲适心态，跟它不无关系。"拜水都江堰，问道青城山"，都江堰是少有的"三遗"城市，是外地人到四川最常去的地方。拜水问山之余，一定得尝尝洞天乳酒、白果炖鸡、青城泡菜、老腊肉这四绝。

都江堰美食众多，城区有名的有"尤兔头""手掌鸡"，城外有"张醪糟"。说起当地的美食代表，离不开凉拌鸡。打开点评随便一搜，就会跳出无数鸡肉馆，它们大都以姓氏命名，"梁鸡肉""罗鸡肉""郭鸡肉""周鸡肉"……眼花缭乱。

"梁鸡肉"在众多鸡店中名气较大，2003年刚进杂志社时就听闻大名，最近一次去吃是2022年的暑假。带桥姐姐到熊猫谷看完熊猫，专程去了崇义镇圣庵村。跟着导航大路转小道，峰回路转，原以为是家小店，到地头颇为惊讶，只见大门气派，内里宽敞，俨然是家大型农家乐。光拌鸡就有三个品种，纯鸡肉、去骨鸡爪和鸡杂。明码标价，大份80元，500克，不算贵。四川拌鸡的关键是红油，"梁鸡肉"的红油炼得极香，微辣。拌味时应该还加了煮鸡的浓缩鸡汤，味汁浓酽，能很好附着在鸡肉上面，特别巴味。糖比雅安、乐山一带的拌鸡放得少，甜味若有若无。和成都的红油鸡块拌法不同，纯肉，没加葱白或花生米之类的配料，葱白虽有提味的作用，但其实有充数的嫌疑。这些鸡店对原料要求高，选的都是散养仔公鸡，敷衍只能砸自己招牌。鸡皮微脆，肉有嚼劲，吃起来又不费牙，几片下肚，不由得暗竖大拇指。去骨鸡爪的口感更佳，鸡杂则韧性十足，吃到最后，连汤带汁一起打包，回家再加点白肉和蔬菜进去，舍不得浪费。据当地朋友说，很多人从这家学技术，然后在青城山附近开枝散叶，开出了同名店，我没办法去查证是否属实。

除了鸡肉，都江堰的鳝鱼也必尝。2012年吃过柏条河附近一家"唐记田坝土鳝鱼"，招牌菜是干煸鳝鱼和冷锅鳝鱼。和冷锅鱼一样，冷锅鳝鱼一点不冷，上桌时，盆内滋滋作响，满堂飘香。鳝鱼脆爽鲜香，麻辣刺激，吃完额头冒汗，大呼过瘾。

后来想去重温旧味，发现已经关门。不必惋惜，当地卖鳝鱼的店多着呢，蒲阳河南路上段的"罗家小厨"就是其中之一。只看店名和店堂很容易失之交臂，太普通了，它却是一些当地饕客的隐藏店铺，不愿意公布，怕去的人多了

·都江堰梁鸡肉·

吃不上。这家的招牌菜也是土鳝鱼，98元一斤，一斤半起做。最拿手是水煮，其实跟冷锅鳝鱼做法一样。上桌时同样油水翻滚，花椒乱颤。这家的花椒用量比当年的"唐记"更猛，鳝鱼乍入口，舌头如遭电击，麻酥酥的，继而才感受到辣香及鳝鱼的脆爽。这家的肝腰合炒也可一尝，炒法跟其他馆子不太一样，汁芡多，黏糊糊的，卖相不怎么好，优点是入味。除了木耳，还加了脆爽的笋子，适合下饭。

川西平原做这类脆鳝的店还不少，有一年在成都静居寺路的"小师傅脆鳝

鱼"，我还进厨房采访过做法，它分了灶上操作和桌前堂烹两个步骤。剔骨鳝鱼剖成两半，不需要斩成小段。黄瓜条、土豆条、藕条等下锅加盐略炒，放窝盘里垫底。锅里另放适量的油烧热，下入鳝鱼生炒，边炒边加入预制酱料，炒至七八分熟，盛入垫有蔬菜的窝盘，撒入花椒和辣椒节。把提前炼好的香料油烧至八成热，倒入不锈钢瓢，同鳝鱼一起上桌，由服务员淋入滚油。瞬间油水翻腾、香味四溢，氛围感十足。待盆内风平浪静时，鳝鱼也熟透了，此时再动筷，鳝鱼的口感非常脆爽。

彭州位于成都北面，离主城区仅40千米，也是古蜀文化的发祥地之一，早年就有"天府金盆""蜀中膏腴"之美誉。据《元和郡县志》载："彭州以岷山导江，江出山处，两山相对，古谓之天彭门，因取以名。"彭州土壤适合种菜，号称成都人的菜园子。境内有众多的自然和人文景观，如隆丰镇的佛山古寺、关口的丹景山、新兴镇的海窝子古镇、白鹿的书院、白水河世界地质遗产、龙门山镇的回龙沟……

彭州闻名川西坝子的美食有两样，一是军乐镇的军屯锅魁，二是九尺镇的九尺板鸭。九尺镇的生抠鹅肠过去也很有名，因过程太血腥，这种吃法被越来越多的人拒绝。

彭州军屯得名，相传跟三国时诸葛亮命大将姜维率部在该处休养屯垦、牧马练兵有关，而锅魁就是从当年军中干粮逐渐演变而来的。因为跟新都区的军屯镇重名，20世纪90年代初地名普查时，彭州牟屯镇更名为军乐镇，一定要分清，以免闹笑话。

关于锅魁与锅盔，还有段故事，因为北方习惯称锅盔，而在四川民间则历来叫锅魁。从制法上看，北方的锅盔和四川的锅魁就有区别；从"魁"字本身来看，它在《汉典》中就有两种解释：一是为首的，居第一位的，二是高大。与糖油果子、三大炮、叶儿粑、汤圆等其他四川名小吃相比，锅魁的个头的确称得上魁首，所以在四川，大家称这一类面食为锅魁似乎更为合适。

锅魁的细分品种繁多，按做法分有白面锅魁、混糖锅魁、酥皮锅魁等，按口味分则有红糖锅魁、椒盐锅魁、鲜肉锅魁、葱油锅魁、牛肉锅魁等。锅魁不仅可以单独售卖，还是凉粉、肥肠粉、羊肉汤等品类的最佳拍档。

军屯锅魁为酥皮做法，特点是外表酥脆，内里松软，有椒盐猪肉和麻辣牛肉两种馅心，而做法也有两种，有的以油酥面团起酥，有的是直接用剁碎的猪板油起酥。

我曾在多家锅魁店采访过酥皮锅魁的制作过程，第一步是和面，中筋面粉放盆里，加适量热水，双手抄拌成雪花状，再加少许热水和菜油，反复揉成软硬适中的面团。面团放在案板上压平，加入10%的老面揉匀，再加少许食用碱粉中和酸味。面团需反复揉制，使其产生一定的筋力。在揉制过程中，还需用刀把面团划开，抹一些菜油后再继续揉，使之油润。

第二步是擀面，把揉好的面团搓成长条，摘成一两重的剂子，擀成长而

薄的牛舌片，抹上一层猪板油茸后，卷成卷，压成饼状，再擀成长薄片。四川人把做锅魁称为打锅魁，一定要发出声响，以此制造气氛招徕客人。师傅左手捏住面剂，右手执擀面杖，一边擀，一边急促地在案板上敲打，随后捏着擀薄的面片在擀面杖快速绕一圈，向内一翻，砰的一声摔在案板上，整套动作必须一气呵成。

第三步是加馅。鲜肉馅是将五花肉绞碎，加精盐、味精、鸡精和花椒面和匀；牛肉馅是把精牛肉剁碎，加豆瓣、姜米、花椒等调味。把馅心抹在面片上，卷成卷，稍压再擀成较厚的圆饼状，表面分别粘上黑芝麻和白芝麻以示区分。

第四步是煎制。在平锅上倒少许菜油烧热，把锅魁放上去煎烙至两面呈金黄色。

第五步是烤制。把煎好的锅魁竖着放在平锅下面的炉膛里烤制，其间要多次翻面，以防烤煳。其目的是把多余的油脂逼出来，让口感更酥脆。

做锅魁一般得两人配合，一人做，一人煎烤兼出售。打锅魁带有极强的表演性，吸引客人有三招，一是声，擀面时用擀面杖敲打案板，发出哒哒哒的声音；二是形，擀面片时的那一串花哨的动作让人眼花缭乱；三是香，在煎烤锅魁时，飘散在空气中的浓郁香味往往能吸引路人驻足购买。

·九尺板鸭·

九尺镇距离彭州城区约10千米，因板鸭而为外人熟知。刚走到镇口，就会为路边浩荡的板鸭长蛇阵吸引。每家餐馆前都挂了一排排的板鸭和其他腌腊制品，一眼望不到头。九尺镇的农贸市场同样让人震撼，其中卖鸭的摊档特别多，不只是成年鸭子，还有刚孵出来的雏鸭，甚至还专门开辟有上百平方米的宰鸭场所。

九尺附近的农户喜欢养鸭，这鸭子养多了，自然就有人研究各种吃法，在保鲜技术不发达的时代，制成腌熏板鸭更利于长期保存。在川西坝子，板鸭其实并不鲜见，为何独有九尺板鸭能成名呢？据说以前到彭州经商的人较多，九尺板鸭作为一种地方特色礼物，经他们的手飞向了四面八方，有了销路，自然会促使当地人更加用心去优化做法、改善风味，这样双向促进，成名也就是理所当然。据当地人说，每年腊月里，九尺镇每天售出的板鸭都数以万计。这些煮熟了的金黄板鸭，从九尺飞向祖国的大江南北。

九尺镇并不大，但餐馆数量却不少，家家都把板鸭作为重要的创收项目，而店名也大同小异，往往是在姓氏后面加上"板鸭"（或"鸭子"）二字。"刘板鸭"是众多板鸭店当中的一家，老板叫刘勇。在每年冬腊月的高峰期，光他店里就能卖出近万只板鸭。

九尺镇距离彭州城区约10千米，因板鸭而为外人熟知。刚走到镇口，就会为路边浩荡的板鸭长蛇阵吸引。

·彭州九尺镇刘鸭子·

板鸭的制作过程都一样，但每家的香料配方有所不同，所以味道稍有不同。制作板鸭，选用的都是当地产的土麻鸭，肉质紧实有嚼劲。麻鸭宰杀治净后，需用流动水反复冲洗，除去血污。沥干后，将香料粉、盐抹在鸭身表面和内腔，随后码放在瓦缸内腌味。腌味的时间比较长，冬季需要五六天时间（板鸭也主要是在冬季制作），每隔一天还需翻动鸭身，使其均匀入味。

鸭子腌入味后，从瓦缸内取出来，用削好的竹竿撑开，使之成为扁平状。这个过程看似简单，其实是有技巧的。先用力把鸭翅和鸭脚的关节扳断，这一步千万别手软，并且将鸭翅反转过来，这样成形美观，也利于翅膀贴近鸭身的部位能通风。

撑好的鸭坯要挂起来，晾晒至半干，才进行第三道工序：整形。撑形是粗暴活，整形就是细致活，用刀修去鸭坯四周的碎肉，使之呈较为规则的椭圆形。

第四道工序：烟熏，点燃花生壳、茶叶等料，捂熄明火，利用产生的浓烟熏鸭坯。

第五道工序：卤制，把熏透的鸭坯放入五香卤水卤熟，捞出来晾干。

卤好的板鸭色泽暗红透亮，香味扑鼻，这是一种综合的香味，有腌渍晾晒后产生的腊味香，也有烟熏后的烟味香，还有卤水的香料香。刚卤出的板鸭，味道最好。包装出售的成品，风味会有所降低，但这点差别可以忽略不计，远在异地他乡的游子，能尝到故乡熟悉的味道，就已经是最大的满足了。

·新 都·

新都，古时与成都、广都并称为古蜀三都。我在新都吃过"壹号大院""何香逸苑"之类的大店，也吃过"玛歌庄园"这样的大型生态火锅，对宝光寺素食，也是心向往之。印象最深的还是一些特色店，比如"森宏鱼庄"和"龙虎史黄鳝"。

"龙虎史黄鳝"开在蜀龙大道北段转盘处，店名玩了谐音梗，有传播元素，让人印象深刻。装修很普通的一家小店，但黄鳝真不是死的，都是现杀现做。整条去骨后，不再改刀，直接下锅烹煮。水煮黄鳝是招牌，跟常规的水煮菜做法不同，炒料时加了大量的泡酸菜，起锅后淋了一层炝香的干辣椒和花椒，粗犷豪放。鳝鱼脆爽，味道厚重，麻辣刺激。红烧鳝鱼跟一般加郫县豆瓣酱的红烧做法也不同，靠的是大量的泡子姜和泡椒提味。

· 水煮土鳝鱼 ·

·青白江·

青白江，因境内的清白江而得名，有"十河贯城、十湖润区"的水网体系。辖区内的弥牟镇，成都人更习惯叫它唐家寺，成都的鲜牛肉大都批发于此。有食材优势，自然少不了优秀的牛肉馆子。弥牟镇西南有八阵图遗址，相传为诸葛亮推演兵法、操练士卒所用。"有客骑马来新都，逢人指点说弥牟。森然魄动下马拜，武侯八阵遗荒墟。"陆游当年曾多次游历此地，留下不少诗篇。现遗址旁边有广场名八阵巷，附近就开了几家牛肉馆子，还有牛杂火锅店、毛肚火锅店。

　　"伊真轩"算八阵巷规模最大的中餐馆，招牌后缀为全牛宴，看菜单，品类和成都市区各家皇城坝牛肉馆类似，分为了蒸、烧、炖、拌、炒几类，也有牛杂火锅。店堂大，生意好，春日暖阳下，坐室外相当舒适。揽客的中年人非常热情，他说在此开店已经有二十多年。

　　川西平原的牛肉馆子，少不了拌的夫妻肺片，蒸的粉蒸牛肉，烧的红烧牛肉，炒的回锅牛肉，炖的番茄牛尾，炸的纸包牛肉。回锅牛肉选的是半肥瘦的牛脯部位，吃着不柴，里面还加了炸过的锅魁块，口感酥脆。红烧牛肉选的是牛膝带筋部位，软糯入味。

　　纸包牛肉，其实是用糯米纸包上生牛肉馅，粘面包糠，再下油锅炸至外表金黄。这家厨师技术不错，外表酥脆，而内里的牛肉馅又汁水丰腴、口感软嫩。臊子脊髓也是川西坝子牛肉馆的标配，做法大同小异，都是在麻婆豆腐的基础上加了牛脊髓，麻辣鲜香，特别下饭。脊髓软中带韧，口感特别，而且给豆腐增加了几分鲜味和香味，就着它忍不住会多吃一碗米饭。

·纸包牛肉·

·红烧牛肉·

· 金 堂 ·

金堂位于成都东北部，距离成都主城区不到40千米。境内跨川中和川西两大褶皱带，高山、丘陵、平坝皆有，明显的过渡性地貌特征。特殊的地理环境，使得当地的物产呈现出多样化的特征，黑山羊、脐橙和明参早已名声在外，近些年大搞菌类种植，以产羊肚菌、姬菇闻名。

金堂号称天府花园水城，境内河流纵横，中河、毗河、北河皆穿城而过，三河汇合之处，便是千里沱江的起源地，水产丰富。由于金堂经常遭遇水患，故当地的餐厅不管档次高低，在一楼的墙下方，都贴有一米多高的瓷砖，以防夏天涨水对墙面造成损伤。金堂是当年"湖广填四川"的主要移民地之一，故在饮食方面有不少客家味道，而且各乡镇都有代表性的菜点，如土桥的聪子糕、云合场的盘龙鳝鱼、杨柳场的腌熏鸭、云秀场的青椒鸡等。金堂城里的美食就更多了，吃川菜去"老地方"，吃卤菜去"老口岸"，吃火锅去"老朋友"，吃干锅去"香味掌"……

· 云合盘龙鳝 ·

　　"老地方"是老牌中餐馆,以当地各乡镇的名菜为主,同时引入了一些流行菜。"香味掌"主营干锅,靠着老板自制的干锅酱料和实惠的价格而广受好评。"老口岸"是金堂城里最有名的一家卤菜店,卤猪蹄名气最大,外卖窗口经常排班站队。"红旗餐厅"藏身于小巷,靠剁椒耗儿鱼、红旗脆鳝、白果炖鸡等招牌菜赢得回头客。"九里铺"是以《水浒传》为文化背景的主题餐厅,不管是店堂的环境装修、装饰,员工的服饰、服务,还是菜品的名字、装盘,无不透出豪迈之气。

　　除上面提到的这些热门餐馆,金堂城里的小吃也给我们留下了很深的印象,其中有街头流动售卖的蛋烘糕、鲜苕糕等;原57队车站对面的"张氏肥肠粉",现制的红苕粉柔滑筋道,冒节子更是成都市区餐馆的两三倍大,是金堂人最爱的小吃店之一。

　　文化街是一条老旧的街道,那里的"女儿食堂"同样陈旧。地面新换的几块地砖显得刺眼,每天进出的人太多了,导致釉面已经被磨光。

　　这家店早在20世纪50年代末就出了名,那时挂的招牌是"公私合营三八食堂"。如今服务还停留在20世纪七八十年代的水平,但生意很好,很多老年人

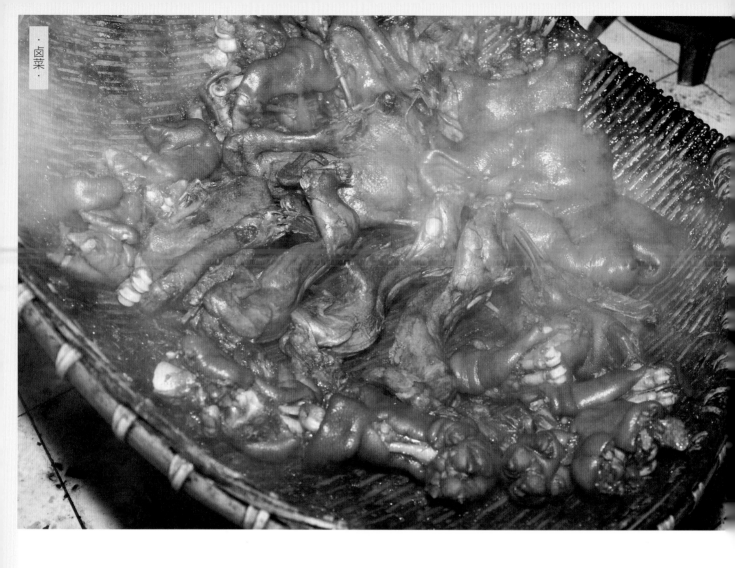

·卤菜·

带着孙儿孙女前去品尝。这些与亲情、乡情有关的民间美味记忆，就这么一代代传承下来。

甜水面、金丝面、馓子油茶是招牌。现在四川各地制作金丝面的餐馆已经不多了，厨师们也多把它当作一种特殊技艺在某些特定场合表演。不过在广汉、金堂等地的饮食业内，手工金丝面还没有完全消失。店里手工制作的金丝面色泽淡黄，薄而宽，外形不如厨师表演时做得那么精细，但口感也不错。甜水面硬挺粗壮，面条上浇了红油、酱油、芝麻酱、蒜泥、熟芝麻等调料，搅匀之后，吃起来咸、甜、辣皆备，口感筋道。

土桥位于金堂东南边，是距离县城最远的一个镇。那里除了生产优质的红苕粉条外，还有一道名气在外的小吃——聪子糕。"聪"是长辈对孩子的祝福，意指吃了这香甜的点心，孩子会变得更聪明。聪子糕色泽金黄，表面呈蜂窝状，入口软糯香

·聪子糕·

·豌豆粑·

·坛子烤肉·

甜，不像西式蛋糕那般柔软细腻，却另有一番风味。聪子糕的制法和四川传统的蒸蛋糕类似，原料只有三种：鸡蛋、面粉和化猪油，三者按1：1的比例放一起搅匀，舀入笼蒸熟而成。

蛋烘糕可以说是成都及周边各县市最知名的街头小吃。据说，蛋烘糕最早源于清道光年间，创始者为成都文庙街一位姓师的老汉，他从小孩办姑姑筵得到启发，先是取鸡蛋、面粉、红糖等调成面浆，面浆发酵后，再用小锅烘煎而成。

被金堂人奉为经典的是"兰烘糕"。在金堂城里，一对夫妻在街头流动摆摊。妻子收钱，丈夫独自执掌四口烘锅，舀浆、烘制、加馅、出锅，手脚麻利。馅心种类多，甜咸兼备，甚至还有青椒鸡、辣子鸡。四川人对于吃的创意，真是无所不在。

·金堂兰烘糕·

眉山

·东坡泡菜·

眉山，古称眉州，位于成都平原西南部，岷江中游。辖东坡、彭山二区，青神、洪雅、丹棱、仁寿四县。眉山素有千载诗书城、人文第一州之美誉，两宋期间共出过800多位进士。眉山是川内有名的美食之乡，我从2009年第一次采访眉山美食开始，基本每年都会去一两次。眉山名店多，能人也多，他们不但在本地做得风生水起，到了外地依然如鱼得水。

眉州东坡

　　说起眉山的文化和美食名人，苏轼肯定要排在第一位，既写得出"大江东去，浪淘尽，千古风流人物"这类豪迈词句，也有"慢着火，少着水，火候足时它自美"等烹饪心得，翻遍中国文学史也难找出第二人。现如今，"东坡"算是眉山最大IP，东坡肘子也是当地中餐馆必备之菜。

　　说到现在的眉山餐饮业，也绕不开一个人和一家店，那就是王刚和他创立的"眉州东坡"。"眉州天下佳肴，东坡千古风韵"，这算是王刚向家乡这位大文豪和美食家致敬吧。

·东坡肉·

　　王刚出生于眉山王家渡，16岁入京学习厨艺，1996年在北京开了第一家酒楼，以地道的川菜征服了食客。经过20多年的发展，现在分店已经超过百家。2010年，他在眉山三苏祠旁边开了分店。青砖灰瓦、飞檐翘角的仿古建筑，墙边摆放的酒坛、陶缸里晾晒的陈年豆瓣、写着眉山特色菜名的木牌子等，营造出了乡情乡味氛围。

　　主打菜都跟东坡有关系，东坡泡菜、东坡肉、东坡肘子、东坡豆腐、东坡竹笋、东坡大碗鹅等，另外还有排骨回锅肉、炝炒红苕尖、旱蒸老南瓜、糟香饼等当地乡土菜点。

　　眉山的泡菜有名，外地川菜馆的泡菜，大都出自此。"眉州东坡"包间的餐桌上都摆有一个玻璃泡菜坛子，里面泡着红彤彤的小米椒，赏心悦目。这坛泡菜是观赏用的，吃的洗澡泡菜是用玻璃碗装出来的。洗澡泡菜在四川极为常见，泡的时间短，就像夏天冲凉，故而得名。制法并不难，用冷开水、井盐、老坛泡菜水、小米椒、少许香料等调成泡菜水，再把洗净的子姜、红二荆条辣椒、藠头、青笋条、萝卜条等放进去，泡几个小时就能吃。

　　东坡豆腐，是从农家"二面黄"改进而来。东坡大碗鹅，源于农家稻草烧鹅，选用散养的老鹅，微火慢烧而成。排骨回锅肉，眉山流行最广的一道民间菜，在回锅肉制法基础上，加入了排骨，嚼着更香。

▌马旺子

　　一碗旺子饭，百年传奇史。2016年，我采访了眉山"马旺子"的第四代传人马龙禧女士。起于青萍之末，止于草莽之间，四川民间的特色馆子不胜枚举，有的风光一时，但很快就衰败消亡，其中有客观原因，但更多的是老板的主观因素。靠一碗旺子饭起家，"马旺子"能延续近百年，从路边摊发展到3000多平方米的大酒楼，从乡间小镇到眉山，现在又到成都、深圳，这一路的进化历程值得餐饮同行深思。

起于乡镇，扬名眉山

　　马世亨生于贫穷家庭，家里子女多，劳动力少，生活艰辛。有时靠帮人赶猪挣点钱，猪赶到屠场宰杀后，他顺带拿点血旺回家改善伙食。1923年，马世亨在眉山永寿的文昌宫前面支起一个小摊，开始卖旺子饭，百年传奇由此拉开序幕。

眉山一带习惯称猪血旺为"旺子",民间流行用煮熟的猪血旺配白米饭,俗称"旺子饭"。永寿邻水而建,文昌宫前面有一个水码头,是当时镇上最热闹的地方。以前,货运交通主要靠船只,因此水码头的人流量极大,南来北往的船家和旅客会上岸歇脚进食,搬运货物的工人也需要吃饭充饥,而快捷实惠的旺子饭正迎合了他们的需求。旺子饭的常规做法,是把猪血旺放大铁锅里煮熟,加盐调味,有人点就舀一碗,配白米饭上桌。马世亨在制作时,还要加一小勺"鸡冠油"(即用猪肠上面的网油炼出来的油脂),脂香味浓,广受好评。

1936年,马世亨在当时永寿最繁华的川彝庙租下间铺面,开了家叫"世亨饭店"的小店。仍然是以旺子饭为主,但做法又有创新,熟血旺放豆汤里煮制,再配味碟蘸食,这在当时也是一枝独秀。豆汤饭在四川民间很常见,其做法并不难,干豌豆用清水泡涨后,放清水锅里煮成炣豌豆,再与棒子骨一起熬汤,调味后加入熟肥肠、熟仔肺等,配米饭一起食用。炣豌豆能增加汤汁的稠度,又有粉面的口感和独特的香味,但和血旺搭配的却少见。

1947年,马世亨的两个儿子马玉元和马玉坤集资在永寿购置了一栋两层楼的房子,承办以旺子饭为主的乡村宴席。新中国成立后,"世亨饭店"与乡镇上的其他私营饭店合并,成立了"永乐食堂",马玉坤出任大厨。改革开放初期，"永乐食堂"解体，马玉坤之子马天才继承父业，在永寿新桥开了一家饭店，正式使用了"马旺子饭店"的招牌。马天才凭着过硬的厨艺，赢得了大量回头客，不少眉山城里的人也专程前往，还建议他到城里开店。1995年，马天才把店开到了眉山城里，2012年，因为旧城改造而搬至新城区环湖路，规模扩大，经营面积达3 000多平方米，员工超过百人，而接力棒也传到了第四代传人马龙禧手上。

"马旺子"历经波折却没有湮没在历史的尘埃里，从民国时期的小摊档到今天的大酒楼，从百年前的乡镇小馆子到现在的老字号，这也是四川近百年来餐饮发展的一个缩影。

升级迭代，走出眉山

接班人马龙禧是80后，大学读的是工商管理专业，年轻人有自己的梦想，那时她压根没想回眉山接手企业，因此2008年毕业后去了外企工作。后来在家族使命的感召下，才暂时答应先在成都的酒楼上班锻炼。她从迎宾员、服务员做起，逐步当上领班、经理，前厅的各个岗位都经历了。2012年才正式接手"马旺子"。

作为新生代餐饮人，马龙禧比父亲有更远大的雄心——让"马旺子"走出四川、走向全国，把区域性的品牌做成全国知名品牌。2015年初，她开始到成都选址，准备把成都作为"马旺子"向外发展的跳板。

·豆汤血旺·

马龙禧把成都新店取名为"马旺子川小馆"，定位于小而美的川菜馆子，这符合现在餐饮市场的主流趋势。"马旺子"川小馆以棕色和黑色为主色调，简洁又不失时尚，大厅与厨房以玻璃相隔，采用了现在流行的明档设计，客人可以直观地看到厨师的现场操作。装修当中有不少展现四川元素的细节，如大厅前面台子上放着的那一排铜壶和盖碗茶杯，墙上投影显示的四川传统菜点名……室内还用到了不少竹制品，比如屋顶的竹篾装饰，菜谱的封面也是用竹丝编织的。二楼座位之间的隔断，则是用新型材料仿竹编工艺制作而成，既保持了相对的独立空间，又不显得封闭沉闷。马龙禧告诉我们，店里80%的装饰品都是全手工制作，主要目的是表现百年老店的匠心和人文气质。店里的筷架直接用的是带壳花生，传递的是一种环保生态的理念。

血旺传家，弘扬川味

凭借一道旺子饭，就能传承近百年？显然不是。百年传承的核心是一个"变"字，是不墨守成规、不拘泥循旧。从第一代创始人马世亨开始，他们就对旺子饭的做法做了改进，在缺盐少油的年代，加猪油就比别家的更香，后来创新出豆汤旺子饭、豆汤血旺，也走到了同行前面。旺子饭传到第三代传人马天才手上时，他把猪血旺换成了鸡血旺，还用鸡肾和鸡血创新出鸡肾血旺。

马天才先后做了不少血旺菜，搬到眉山城里却只保留了四道。豆汤血旺是咸鲜味，蘸豆瓣吃；椒香血旺香辣微麻，用的是眉山特产的藤椒油调味，以炝香的干辣椒节增加香辣味；全家福血旺为麻辣味，做法和毛血旺相近；鸡肾血旺加了较多的泡姜、泡椒，家常味浓。

"马旺子川小馆"在成都开业，又对菜品做了系列改进，既保持乡土的风味，在菜名设计、装盘搭配等方面又有创新。碗碗血旺采用小砂煲盛装，里面加了五花肉和油渣，增加了脂香味。旺旺滚滚鸡为泡椒味，把鸡肉和鸡血旺一起烹饪，然后用小铁锅盛装，上桌后点火食用。用竹篮盛装的丹棱冻粑，用画板状盘子盛装的洗澡泡菜，让人眼前一亮。甜烧白是四川民间九大碗里的压轴菜，男女老幼都喜欢，但传统做法片厚油重，让人想吃又不敢举筷，而以"每人每"的形成，撒上糖桂花，这样吃起来就没有压力了。

·鸡肾血旺·

学街秀兰麻辣烫

麻辣烫又叫串串、串串香，是流行于民间的一种草根饮食。因用餐方式不同，可分为冷锅串串和热锅串串；按地域来分，又有乐山麻辣烫、成都串串、重庆串串等；眉山和乐山还有做法和味道都独特的油卤串串和油炸串串。

眉山青衣路的"学街秀兰麻辣烫"开店时间并不长，而在洪雅学街的老店，已经有30多年历史。川渝两地的各种串串，味道都是以麻和辣为主，只不过程度有所不同，但"学街秀兰麻辣烫"却不同，偏甜、微辣。当我第一次吃完在微博上发表感叹时，有人评论这是他吃过最难吃的串串，也有人回复这是他吃过最好吃的串串，还有人说这是他吃过最奇葩的味道，分歧特别大。店门口排队的热闹场景，说明喜欢的人不少。

"学街秀兰麻辣烫"的创始人叫张秀兰，曾在洪雅一家食品厂上班，她丈夫在水电站工作，在20世纪70年代，夫妻俩都是铁饭碗，让人羡慕。那时他们住在洪雅县城，但工作地点都在乡下，生下女儿后，张秀兰只好待在家里照顾孩子。女儿一岁多的时候，张秀兰想找点事做，赚钱补贴家用。她们住的那条街，有洪雅第一小学和洪雅中学，因此被当地人称为"学街"，她想到做点小

·麻辣烫·

食品卖给这些学生。1987年年初，张秀兰在路边摆了一个麻辣烫摊档，没有桌椅板凳，一个蜂窝煤炉子和一口锅就是全部家当。张秀兰最初做的是常规麻辣烫，但小学生不太接受大麻大辣，于是她凭借在食品厂工作的经验，在香肠配方基础上，结合眉山一带喜甜的口味偏好，创出了兼具卤香味和回甜味的麻辣烫。五分钱一串的价格，再加上独特的新口味，很快被学生接受。春去秋来，一拨拨学生来了又走，走了又来，不管走到哪里，"学街秀兰麻辣烫"都是洪雅学子心中不可磨灭的味道记忆。直到1992年，张秀兰才置办了几张小桌子和板凳。

乐山麻辣烫的锅底清淡，味道核心在于蘸碟；传统成都串串是清油锅底，味道醇厚；重庆串串跟火锅差不多，牛油锅底，麻辣浓烈。"学街秀兰麻辣烫"却以独特的卤香味和回甜味著称，张秀兰掌握的配方也成了洪雅秘不外传的三大神秘配方之一，到现在为止都只有她一个人知道。整个操作过程有两大秘诀。第一，锅底和熬卤水的方法相似，需用到40余味芳草类中药材（不需要加辣椒、花椒、胡椒之类的香辛料），经过烦琐复杂的处理工艺后，放汤桶里，加清水小火熬足5小时，每天现熬现用。第二，所有的烫涮的荤料，都需要用独特的配料腌渍，其中最重要的是糖。吃的时候，必须先烫荤料，后烫素料。在下入原料后，还必须现场加两勺卤油，那是用卤水上面那层油脂和自制香料粉调成的，这也是形成独特味道的核心。据说是因为香料的挥发性较强，必须在下料后加入。这种油卤麻辣烫还可搭配干碟吃，干碟由辣椒面、花椒面、花生粉和少许味精构成，也可以配香油碟蘸食。

腌好味的荤料，还可以放入烧热的卤油里炸熟了直接上桌，这就是眉山一带独有的油炸串串，甜味和卤香味突出，特色明显。

刘壳子鲜椒肥肠鱼

在四川方言里，"扯把子"是贬义词，通常是指某人爱编瞎话、说谎话；"冲壳子"相对比较中性，有盐有味的闲谈、幽默诙谐的聊天、不伤大雅的吹牛，都属于"冲壳子"范畴。不管是露天茶馆，还是吃冷啖杯、串串香的路边摊，都是四川人"冲壳子"的舞台。

2011年，我第一次到眉山采访，有人带我们去了赤壁东路一家叫"刘壳子

眉山下辖的洪雅盛产藤椒，虽然市场上有成品藤椒油，但是很多老板仍喜欢自己收购鲜藤椒来炼油，它俨然成了众多餐馆的调味法宝。

鲜椒肥肠鱼"的店。据带路的朋友说，这家店是由几个朋友搭伙开的，其中一位姓刘，他平时喜欢吹牛，被人冠以绰号"刘壳子"，一来二去叫顺了口，大名反倒被人淡忘。敢用这样的店招，老板是何等豁达！

当时的这家店很简陋，一排普通的街铺，有几个门脸，当中是一间明档鱼池。饭点时分，卖鱼的老板经常在此免费帮着称鱼杀鱼，这红火的生意可不是"冲壳子"。

去之前，我以为这鲜椒肥肠鱼一定会是红味锅底，因为只有麻辣重口味才压得住肥肠和鱼的腥味。出乎意料，端出来的竟是一锅颜色乳白微黄的汤锅，汤面上零星点缀着几节小米辣。

厨师已经在厨房里将鱼和肥肠煮熟，上桌就能吃。服务员过来帮着打料碟，她先把汤面上微黄的浮油舀进加了小米辣碎、葱花和香菜的碗里，又另舀了碗汤，让我们先喝。汤味咸鲜，基本上吃不出辣味，那漂在汤面上的小米辣只是做点缀用的。肥肠是提前煮好的，时间火候控制得好，软韧有嚼劲。鱼是现杀现煮的，鲜嫩而不散，蘸着鲜辣幽麻的味碟，虽称不上惊艳，但还是算惊喜。相比之下，肥肠比鱼还要好吃。把鱼和肥肠吃完以后，又加了些蔬菜涮烫，这时汤里的味道已经淡了许多，煮出来的蔬菜明显不如红味锅底那么香。

鲜椒，指的是鲜藤椒，那一股强烈的幽麻清香味道，抑制了鱼和肥肠的腥异味。眉山下辖的洪雅盛产藤椒，虽然市场上有成品藤椒油，但是很多老板仍喜欢自己收购鲜藤椒来炼油，它俨然成了众多餐馆的调味法宝。

· 刘壳子鲜椒肥肠鱼 ·

2016年5月，我再次造访眉山时去了"刘壳子"开在九街十坊的新店，店堂变大了，装修也升级了，味道没怎么变，但少了当初街边店的那种市井热闹感。

东坡肉豆花

当年刚去了"刘壳子鲜椒肥肠鱼"，得知斜对面还有一家人气特别旺的"东坡肉豆花"，我们立马放下筷子，走到街对面。作为一个职业寻味者，肠胃必须坚强。

"一门父子三词客"，苏轼、苏辙两兄弟与其父亲苏洵，都是眉山的骄傲，我们在眉山城里就先后看到了三苏祠、三苏路、东坡湖、苏轼酒楼等地名或餐馆。不仅宾馆酒楼在卖东坡肘子、东坡肉，现在连街上卖豆花的，也要与东坡扯上关系了。不知东坡先生泉下有知，是哭还是笑。

普通的一家家常饭馆，门口摆着热腾腾的甑子饭，还有两大托盘红艳艳的豆花蘸水。生意真不错，连街沿上都摆满桌子。在过马路时，我看到了一家牛肉馆的店招上印有一个大大的厨师头像，而这家"东坡肉豆花"也不例外，店招上同样印着店老板的头像，这大概也算眉山小餐馆的特色吧。

服务员见有客来到，小跑过来收拾桌子，重新摆上碗筷，动作麻利，可见翻台是日常。接过菜单一看，除了40元一份的东坡肉，其他的家常炒菜、蒸菜卖得非常便宜，肉豆花才4元钱一碗。"实在是太便宜了！"我不由发出了感慨。旁边捏着一把钞票的太婆应该是老板，气定神闲地说："这价格都是才涨的，以前只卖3元钱一碗呢！"看我们拿出相机拍照，她又开始诉苦："现在房租太贵了，开馆子赚不到啥钱。年龄大了，子女又不想接手，最近都想把铺面转出去喽……"听她这么一说，肚子再撑，也得尝尝，也许下次到眉山就吃不到了。

乍一看，这肉豆花跟普通的豆花没有啥区别，仔细观察，才发现其中镶嵌了猪肉。原来是点豆花时加进去的猪肉末，不像普通豆花那般软嫩细滑，而是更为绵韧、鲜香。

东坡肉豆花，原来是点豆花时加进去的猪肉末，不像普通豆花那般软嫩细滑，而是更为绵韧、鲜香。

重新整理这段文字时，我还专门去网上搜了下，发现此店仍开着，看来当年老板的理想和现实存在差距。像豆花这类菜品，民众接受度高，有稳定客源，价格虽便宜，但毛利也不算低，从经营角度来看，其实比那些红火一时的特色店靠谱得多。

农夫菜与娘家菜

湖滨路，号称眉山的外滩，湖边那幢几十层楼高的远景楼是当地的地标建筑。这条路也是眉州城里的餐饮集中区，开着几十家特色餐馆，"娘家菜""农夫菜"我都吃过多次。两家店相隔不远，都是唐海所开。唐海是职业厨师，曾拜成都的大厨刘旭东为师。刘旭东是《四川烹饪》杂志社的老朋友，经他牵线，我们才有机会进厨房采访他做菜的过程。

2011年第一次去"农夫菜"，装修很简陋。2016年再去时，店堂做了升级，屋顶用实木做成传统的穿斗式结构，做旧的木门窗做成了包间的装饰，墙面则以水泥和稻草节混合粉刷，也算与时俱进。这家店以农家特色菜为卖点，藿香豌豆、光头鸭、农夫牛肉等菜很特别。

·农夫牛肉·

藿香胡豆是四川民间常见的下酒菜，而唐海用豌豆代替胡豆，调成酸甜味，口感和味道更有特点。干豌豆用开水泡一夜，沥干水后下入六成热的油锅炸至酥脆，出菜时，再加盐、白糖、醋、葱花、藿香碎和香菜碎拌匀，味汁浸入豌豆内部，但其酥脆口感又不受影响，下酒是一绝。

光头鸭，光头指的是削皮的凉山小土豆。土豆与土鸭同烧，土豆表面部分"融化"到汤汁里，起到了如同勾芡的作用。土鸭的鲜香、酱料的酱香、土豆的粉面融合在一起，口味绝佳。

农夫牛肉，用的是牛腩，制作方法却与常规的烧牛腩不同。一般来说，烧牛腩时间较长，要求口感软烂，而农夫牛肉的牛腩却韧脆有嚼劲。制作时，把牛腩切成块，先汆一下水，再放入开水锅，加入姜片、葱段、香料、胡椒粉和盐，大火烧开，转小火炖半小时，拣出牛腩块，原汤留用。锅里放少许色拉油烧热，下剁椒末、小米椒末和牛腩块，炒香后加入原汤烧开，再舀在垫有海带丝的锅内，撒上刀口海椒、花椒面、姜米、蒜米、葱花和芹菜末，随卡式炉一起上桌，点火烧开后即可食用，风味别具一格。

·蹄花鸡·

蹄花鸡，鸡块与猪蹄放一起烹饪烧制，两者优势互补，把鸡块的鲜香和猪蹄的脂香融合在一起，而猪蹄的胶质又增加了汤汁的浓稠度。

"娘家菜"跟"农夫菜"的定位相近，但家常风味更突出。店里有8个大泡菜坛，是厨师的秘密武器，很多菜的制作都会用到泡菜，藿香泥鳅就是代表。泥鳅先用高压锅加红汤（以豆瓣、姜米、蒜米、干辣椒、花椒等炒香，加水熬制而成）压成粑软的半成品，上菜前再进一步加工。锅里放油烧热，下豆瓣酱、泡豇豆节、泡姜米、泡椒末、泡萝卜粒、泡酸菜碎等炒香，加汤煮出味，再放入压好的泥鳅烧两分钟，装盘后，撒藿香、香菜等。

盐菜串串虾也是招牌，它在常规香辣虾的基础上，加了四川人家中常备的老盐菜，醇厚入味。

·仁寿·

　　仁寿，位于眉山东面、成都南面，离两座城市都近。成都人对仁寿最熟悉的地方莫过于黑龙滩水库，它是新中国成立以来四川省内修建的第一座大型蓄水灌溉工程。黑龙滩水库于2014年被评为AAAA级风景区，周末和节假日，周边城市居民经常前往。除了景色宜人、适合休闲等原因，吃鱼也是重要目的。

　　黑龙滩水库盛产鱼鲜，在2008年就被批准为渔业生态养殖标准化示范区。除了养活周边上百家馆子，各种鱼还销往成都市区。成都市区的一些鱼馆就是以黑龙滩大花鲢鱼头为卖点。黑龙滩花鲢肉鲜美紧实，泥腥味轻；个头大，可一鱼多吃，鱼头或剁椒蒸，或家常烧，或熬成汤，鱼肉则可以做成麻辣、香辣、酸辣、葱香、酒香、椒盐等味道。

　　黑龙滩水库还出产"翘壳"（学名翘嘴鲌，鲤科鲌属鱼类），它生活在水库中层，以浮游生物和小鱼小虾为食，被称为"水中豹子"，肉质肥嫩、细嫩鲜美，算是近几年成都餐饮的热门食材。翘壳能长到十余斤重，体长超过一米者被称为"米翘"，高档餐厅里的抢手货，每斤售价高达五六百元。

我曾在黑龙滩品尝过两家鱼馆的鱼，"鼎级功夫渔"的老板叫黄波，在那开店多年，店不大，鱼做得可口，剁椒鱼头、家常翘壳、凉拌鲤鱼是招牌。"钓鱼山庄"是大型农家乐，集餐饮、住宿、休闲于一体，主厨叫汪进，他做的酸汤油渣翘壳和麻辣花鲢，点击率特别高。

"鼎级功夫渔"的后厨里摆着数个硕大的泡菜坛，这是四川各家鱼馆的标配。案台上摆着切碎了的各种泡菜，还有事先用泡豇豆、泡椒、泡姜等炒制的家常酱料（可缩短烹炒的时间）。不管是专业大厨，还是家庭主厨，四川人用泡菜烹鱼都是如鱼得水。"没有泡菜，四川的鱼会多寂寞？"我曾以此为题写过文章。

水库边的鱼馆，大都卖一两斤重的翘壳。这种规格的鱼数量最多，价格适中，大的都被城里高档酒楼收走了。翘壳肉质细嫩，缺点是肌间刺多，但这难不倒大厨，他们在鱼肉上剞花刀，将肌间细刺悉数切断。我用这一招加工鲫鱼，美其名曰"无刺鲫鱼"，吃起来就无鱼刺卡喉之虞。

黄波做的家常翘壳和城里餐馆的家常味不同，泡菜加得重，味道浓郁。他先在鱼身两侧剞花刀，再放入加有盐、葱、姜和胡椒的沸水锅里浸熟后装盘；另将泡豇豆、泡姜、泡辣椒、蒜米、豆瓣酱等炒香出色，加味精、白糖、胡椒调味，勾了芡才淋醋和花椒油，最后舀到浸熟的翘壳上面。

凉拌鲤鱼，用的是相同的刀工，在鱼身剞均匀的花刀，浸煮至熟后装盘，再浇上用青椒圈、甜椒颗、洋葱颗、小米椒碎、蒜米、葱花、芹菜颗、盐、味精、鸡精、白糖、醋、酱油、蒸鱼豉油、花椒油调匀的味汁，鲜辣微麻，鱼肉细嫩。

剁椒鱼头和常见的湘菜做法不一样，用了豆豉和大量鲜椒。黄波先把菜油烧热，下姜米、蒜米、剁碎的豆豉、豆瓣酱、泡豇豆、泡姜等炒香，再放入剁碎的野山椒、小米椒、青椒、甜椒和洋葱炒出味道，掺少许清水，加蒸鱼豉油、白糖、胡椒粉、花椒面、花椒油调味，然后淋到蒸熟的大花鲢鱼头上面，成菜五颜六色，麻辣刺激。

·泡椒与泡豇豆·

·麻辣花鲢·

·酸汤翘壳·

　　"钓鱼山庄"汪进做的酸汤油渣翘壳酸辣鲜香，猪油渣加得巧妙，以至好几年过去了，其滋味仍令我念念不忘。鱼肉脂肪含量少，所以烹鱼常用猪肉来增加脂香。汪进在制作时，将翘壳鱼斩成条，加盐、胡椒粉、料酒码味，腌渍几分钟后，沥干水分，加点生粉上浆，下入微沸的水锅汆熟。锅里放适量猪油、鸡油和色拉油烧热，下蒜米、野山椒碎和黄灯笼海椒炒香，掺鸡汤，放入泡姜片和小葱一起熬出味，再下入鱼条、水晶粉、小米椒节和小青椒节，稍煮起锅，最后淋入炒香的油渣，撒点香菜节就可以上桌了。猪油渣既能增加香味，又不会腻，还能增加独特的软韧嚼感，一举两得。此菜的难点在于掌握加油渣的时间点和量，一旦掌握不好，汤汁易浑浊，吃着油腻。

·青神·

　　青神，以崇祀蚕丛氏"青衣而教民农桑，民皆神之"而得名，位于成都平原西南边缘，以浅丘地貌为主，兼有部分平坝。青神所产椪柑，色、形、味俱佳，因此被称为中国椪柑之乡。它还是中国竹编艺术之乡，青神竹编如今已被有关部门列为中国国家地理标志保护产品，同时被列入了中国国家级非物质文化遗产保护名录。到了青神，一定要抽时间去趟中国竹编艺术博物馆，它是由青神竹编大师陈云华先生投资兴建的。

　　中国竹编艺术博物馆位于乐青路，一片翠绿的竹林里，矗立着一幢冬笋造型的独特建筑。步入展馆，琳琅满目的竹编制品让人眼花缭乱。该馆从底层向上共布置有六个主要展室，展出了从战国时期到当代的不同档次竹编工艺品

4000多件。早在2000多年前的战国时期，巴蜀先祖就在生产和生活中广泛地使用竹器。据史料记载，唐文宗太和年间，青神人就用竹篓填石修建了青神历史上最早的水利工程——鸿化堰，以拦截岷江水灌溉农田，竹席、竹筐、竹簸箕、竹扇等竹制品在当地更是运用广泛。宋代，青神的竹扇已经做得精细美观。明代，精细的竹编书箱、竹制食盒已开始在民间使用。清光绪年间，青神竹扇还被列为朝廷贡品——称为"宫扇"（现收藏于沈阳故宫博物院）。民国时期，以竹扇为代表的竹编工艺水平又有了新的发展，当时已经能够编花、编字。抗日战争时期，青神曾组织几十名竹艺巧手，用细竹丝编织出一批军用斗笠，每顶帽檐上都编有"抗战到底"字样，以此激励抗日将士。遥想当年，川军就是穿着自编的草鞋、戴着青神斗笠出川保家卫国。

一件竹编艺术品的诞生，要经过选竹、砍竹、剔丫、去节、刮青、削平、分块、分层、启篾、三防处理、染色、分丝、编织等多道工序，而青神竹编之所以有名，还与当地丰富的竹资源分不开。青神出产的竹子，具有竹节稀、竹筒长、纤维长、拉力好、韧性强、易于启篾开丝等特点，耐水、耐酸、耐碱，适合制作各类竹编制品。现今，青神竹编除了保留传统的晒簟、簸箕、箩筐、筢篮、粮囤、蒸笼、渔具等生产工具，还有竹凉席、竹枕席、竹水瓶壳、工艺竹扇等生活用具，而竹编艺人还用薄如蝉翼、细如发丝的竹丝编织了中国百帝图、《清明上河图》等艺术精品。今天的青神竹编，已经形成了平面竹编、立体竹编、竹编套绘这3大类3000余种的庞大产品体系。

▎悦来春

"悦来春"是青神饮食老字号，同时也是县城内规模最大的综合型酒店，由肖鸿顺老先生于1902年创立，店名取自古语"悦朋友自远方来，喜宾客聚岷江春"。

肖鸿顺当年以一道肖家鸡打出一片天地，后来把家业传给了儿子肖克成和肖克明。1956年公私合营后，两兄弟也成了国营企业的职工，肖克成先后担任过县城国营餐厅和国营小吃店的经理，肖克明则担任该县18女子餐厅的经理。改革开放后，肖克成曾经受聘于著名的峨眉山红珠山宾馆，而肖克明则恢复经营"悦来春"。1981年，肖克明之女肖淑云开始接手"悦来春"，其后三次迁址，经营规模不断扩大。到2002年新建大楼开业时，营业面积已达8 000平方米。同年，"悦来春"第三代传人——肖淑云之女徐霞正式接手酒店经营。

"悦来春"卖的都是传统川菜，而且大量使用当地所产的汉阳鸡、竹笋、江团鱼、九香虫、包包青菜等土特产。除了肖家鸡、姜汁肘子等传统招牌菜以外，还有中岩老腊肉、枕头粑等风味特产。中岩老腊肉，是用五花三层的猪五花制作而成，蒸熟切片后，肥肉晶莹如玉脂，瘦肉嫣红似红玉，不油不腻，咸淡适中。软糯香甜的枕头粑，相传是由苏轼的妻子王弗最先制作，是当地有名的小吃。

汉阳鸡，既是青神汉阳的特产，也是一道有故事的地方名吃，后面会详细讲解。除了传统的凉拌，该店大厨还开发出了青椒汉阳鸡、过浆鸡片、脆皮鸡丝、龙凤汤等十余道特色鸡肴。

到了"悦来春"，必吃的一道菜是肖家鸡；到了青神，必吃的一道菜则当数姜汁肘子。"十年生死两茫茫，不思量，自难忘。"苏轼当年这首缠绵悱恻的《江城子》，就是为悼念发妻王弗而作。苏轼生于眉山，初恋地在青神。当年，苏轼兄弟被父亲送到青神的中岩书院读书，后因唤鱼池题签竞选，与老师王方之女王弗留下了"唤鱼联姻"的千古美谈。苏轼当年创制的东坡肘子流传至今，已经被人们奉为经典，而据当地民间的说法，这道菜其实是从他妻子王弗的姜汁肘子改进而来。到现在，青神人操办筵席时都少不了姜汁肘子。

"悦来春"的大厨先把猪肘煨至软熟离骨，捞出来摆盘里。另把农家麦酱和甜面酱一起下锅炒香，掺鲜汤并加入大量的姜米，调好底味，改小火收至汁浓，淋少许红油，舀在盘中猪肘上面。与常规东坡肘子相比，姜汁肘子更突出姜的辛香味。麦酱和甜面酱除了增加厚重味道，还起到了类似勾芡的作用，让肘子更加入味，这也是与其他地方做法不同之处。

在青神到乐山这一段岷江水域，江面开阔、水流平缓，加之境内支流众多，因此盛产多种河鲜，尤其多白甲、青波、翘壳、黄辣丁、江团等品种。青神人在烹制鱼鲜方面，也有一些独到的地方。"悦来春"的鲜椒鱼有特色，加了大量鲜小米辣和藤椒，鱼肉细嫩，鲜辣微麻。

长安酒家

滔滔岷江水从青神城边流过，经中岩寺、汉阳坝流向乐山。岷江两岸绿树翠竹，安静清幽，中岩寺、汉阳、平羌小三峡等，都是这段流域有名的景点。每到周末，青神人爱去这些地方休闲娱乐，甚至部分成都人也远道而来。

中岩又名云岩，属于龙泉山脉的尾段，位于青神城南约9千米的岷江东岸，隔江正对着思蒙河口，素有川南第一山和西川林泉最佳处之美誉。中岩从唐代开始陆续建寺，早期为佛教圣地，相传为十八罗汉之第五罗汉诺巨罗尊者开辟的道场，与峨眉山齐名，旧时水运昌盛之时，有"先游中岩，后游峨山"之说，主景区分为上中下三寺，蜿蜒起伏数千米。

·烤鸡、烤兔·

饱了眼福后，可以选择到中岩寺山门旁边的"长安酒家"一饱口福，该店的烤鸡和烤兔很有名。烤鸡用的是当地土仔鸡，将其宰杀治净后，从腹部剖开并将整只鸡身压平。在肉厚处划几刀，抹匀调辅料腌渍入味，再放到炭火上慢慢烤熟，烤兔也是按此法炮制。整个过程颇为费时，需提前预订。

长达数米的长方形烧烤炉就摆在公路边，厨师坐在一旁缓慢地转动烤架，鸡和兔在炭火的炙烤下，表皮渐变金黄，诱人的香味也随之四处飘散，这对于刚从山上下来的那些又累又饿的游客来说，很是诱惑。

烤好的整鸡金黄油亮，鸡皮焦香酥脆，鸡肉软嫩且有嚼劲，那刺激的麻辣味和恰到好处的孜然味钻进了鸡肉内部，撕咬下去，每一口都让人满足。

汉阳第一鸡

从中岩沿江而下，约10千米就到了汉阳。此镇得名于汉代，现在镇上还有青砖墙、石板路、风火墙，以及古韵犹存的青瓦房和老旧四合院。在20世纪50年代以前，汉阳算是岷江上重要的水码头，上行可达成都，下行可通乐山、重庆。后来陆路交通日益发达，水运衰落，才逐渐被冷落。避开成都周边那些人群熙攘的热门古镇，到汉阳一日游是不错的选择，可尽享清静，还可品尝不一般的美食。

"云烟川酒蒙顶茶，嘉腐雅鱼汉阳鸡。"这说的是云南的烟、四川的酒、蒙顶山的茶、乐山（古称嘉州）的豆腐、雅安的砂锅雅鱼，以及汉阳的鸡。前几种声名远扬，汉阳鸡的知名度却仅限于小范围内传播。

汉阳所在的汉阳坝，为岷江水冲积而成的一处大沙坝，适合栽种油菜、花生等经济作物。有一次去汉阳，正逢收获花生的季节，镇口的公路边上铺满竹编晒席，晾晒着刚挖出来的新鲜花生。

平时，农户将土鸡敞放于田野，让它们自由啄食地里的虫子和遗漏的粮食，如此散养的土鸡，其肉质自然格外细嫩肥美。汉阳鸡，既是指当地土鸡品质优良，也是指一种较为独特的凉拌鸡做法和味道。

我曾两次去过镇上一家叫"汉阳第一家"的店，敢打此招牌，是因为老板杜松柏最先在镇上开农家乐，卖汉阳鸡。汉阳鸡，其实全名应该叫汉阳棒棒鸡。早年水码头过往旅客和船工相当多，所以饮食小生意极其受欢迎。

杜松柏的拌鸡技术传自其奶奶，当年她就是把拌好的鸡块装在盆里沿街叫卖，那时每块鸡肉才卖五分钱。这其实就是眉山、乐山、雅安一带棒棒鸡最早的售卖形式。为什么叫棒棒鸡呢？因为斩鸡需两人配合，一人执刀放在煮熟的鸡肉上面，一人挥棒敲击刀背，这样敲斩出来的每块鸡肉都带皮带骨，厚薄一致。

现在杜松柏偷懒简化，直接把鸡肉剁成块，按份卖。至于制作诀窍，他透露了三点，一是精选汉阳当地的仔公鸡；二是煮鸡时必须冷水下锅，烧开即关火（须用竹签在肉厚处扎几下），然后利用余温将其焖熟，从而保证皮脆肉嫩，这方法和广东的白斩鸡差不多；三是拌鸡时要注意调料的比例，用的不过是盐、白糖、酱油、味精、红油、花椒面等常见调料，其中白糖用量要大，必须吃出明显的甜味。普通的红油拌鸡，入口先感受到的是麻和辣，继而是鲜香味和轻微的回甜味，而汉阳鸡一进嘴，首先感受到的是明显的甜味，麻辣味随之扩散。甜，才是汉阳鸡的终极秘密。

汉阳鸡甜重，和眉山、乐山、雅安一带人嗜甜有很大关系。当地餐馆在制作凉拌鸡或拌鸡爪时，一份菜往往要加100克白糖。这些白糖大都是直接舀在拌菜的表面，端上桌时还没有融化，如一层白霜盖在表面。不只凉拌鸡甜味重，乐山一带著名的甜皮鸭，也是以明显的甜味为特色。

靠山吃山，靠水吃水。除了卖凉拌鸡，汉阳餐馆卖的鱼也有特色。他们大都沿用当地家常烹法，比如做酸菜鱼，除了酸菜、野山椒、泡椒、姜、葱、蒜等必用的调辅料，还加了不少的猪油渣。鱼肉脂肪含量低，加猪油渣一起烹制，可以增加成菜的脂香味，让鱼肉更为软滑滋润。

家常仔鲇，是用农家自制豆瓣炒出来的红汤去煮二指宽的小鲇鱼。煮出来的鲇鱼肉质细嫩，味道醇厚微辣，撒在表面的那层藿香碎，则是点睛之笔。眉山、乐山一带人尤其钟爱藿香那股独特的异香。

·黑米凉糕·

·丹棱·

丹棱，位于成都平原西南边沿，总岗山南麓，地形以浅丘为主。丹棱夹在眉山东坡与洪雅之间，饮食风味相近。

到了丹棱，不能错过的小吃是冻粑，它是一种以发酵米浆制成的小吃，用玉米壳包裹蒸制成形，回甜，微有发酵酸味，凉、热皆可，各有风味。

丹棱最有名的冻粑是"南桥冻粑"，走到店门口，你就会被那排一人多高、热气腾腾的大蒸笼所吸引。传统冻粑有白糖和红糖两种，一洁白，一棕黄。这家还有黑米冻粑、芝麻冻粑、玉米冻粑等新品种。

2014年元月去丹棱寻味时，我们还去了一家老号小吃店"曹八孃米豆腐"，那时曹八孃已经74岁高龄，仍每天在店里忙活。这家店名气大，生意好，但曹八孃脾气有点怪，拒绝了很多想跟她学手艺、做加盟的。米豆腐，又叫米凉粉，也是米制品，和发酵的冻粑做法完全不同。它是把米浆下到开水锅里，不停搅动，使其糊化，为了凝固，还得加一定量的碱性物质（草木灰水或食用碱水），少了口感不好，多了又会涩口。米豆腐一般煮后食用，或者加热后加料拌食。那天曹八孃亲手为我们做了一份，她把切成方块的米豆腐放开水锅里煮透，捞出来沥水后，再用蒜泥、红油、酱油和花椒面调了一个碟子。光顾这家店的，大多为女性，她们从小吃到大，尤其是从外地回丹棱，往往迫不及待地来一碗解馋。我对米豆腐倒没有太大兴趣，店里的黑米凉糕倒是正合我意，吃了那么多地方，到现在为止，我还没看到第二家用黑米做凉糕的。当时，曹八孃带着干女儿，一起经营小吃店。现在网上已经搜索不到了，

·南桥冻粑·

·丹棱八大块手撕鸡·

但查到了一家"王丽米豆腐"。评论里说这家是得到了曹八孃的真传，翻看图片，发现餐具和以前完全一样，我猜就是她的干女儿开的店。

八大块与刘鸡肉

　　川南人爱吃鸡，每个城市都有几家出名的鸡店，丹棱也不例外。

　　"八大块"，丹棱有名的拌鸡店，老板叫李学龙，从他爷爷开始，祖孙三代都在卖凉拌鸡。顾名思义，八大块是指把煮熟的鸡大卸八块再拌味。李学龙的爷爷和父亲的确是用手把煮熟的鸡肉撕成小块（当然不止八块），然后拌成麻辣味。现在八大块的制作方法更加精细，用刀将鸡肉斩成小块，再加料拌味。改撕为斩，省事快捷，但刀口齐整，而用手撕扯，断面参差不齐，鸡肉反而更入味。

　　李学龙的拌鸡方法与众不同，除了加红油、花椒面、盐、白糖、冷鸡汤等料以外，还会加一些辣椒面，在红油的油香之外，还多了一层的辣椒香，同时也更加入味。

·卤鸡脚·

·米豆腐·

丹棱另一家出名的鸡店叫"大雅刘记白宰鸡"，当地人简称"刘鸡肉"，这是一家开在公路边的大店，非常醒目。丹棱不少店都喜欢以"大雅"为前缀，原因是当地有古迹"大雅堂"，它建于北宋元符三年（1100年），由黄庭坚题名，是集唐代诗圣杜甫、北宋大书法黄庭坚诗书艺术为一体的诗书堂。

　　这家店主卖红油味拌鸡和藤椒味拌鸡，后者特色突出。煮熟的鸡斩块后，摆在盘里，在冷鸡汤里加入适量盐、味精、白糖调味，淋在鸡肉上面，再舀一小勺藤椒油，撒上小米椒碎和青椒圈即成。制法极其简单，风味却独特，小米辣、青椒的鲜辣，与藤椒油的幽麻清香相得益彰，清爽不腻。

<h1 style="text-align:center">· 洪 雅 ·</h1>

　　洪雅，地处四川盆地的西南边沿，西南高东北低，地形呈现高山、中山、深丘、浅丘、台地、河谷、平坝的梯次变化。七山二水一分田，这种特殊的地形地貌，让洪雅拥有了丰富的旅游资源，瓦屋山、七里坪、柳江古镇、槽渔滩等，都是西蜀有名的风景区。

　　洪雅物产丰富，不仅有石巴鱼、雅鱼等鱼鲜，还出产楠竹笋、麻竹笋、苦竹笋、冷竹笋、木耳、黄连等山珍和药材。洪雅还有一种对近年川菜味道有重大贡献的调料：藤椒。

　　藤椒，难道是长在藤蔓上的花椒？并非如此。和红花椒一样，它也是一串串结在树上，主要产区在峨眉山、瓦屋山，以及青衣江流域一带。从植物分类来看，常见的花椒是花椒种，而藤椒则是竹叶椒种，和重庆江津、凉山金阳所产青花椒同种。为何在洪雅峨眉山一带要叫藤椒，不可考，大概约定俗成吧。

　　藤椒的外形与红花椒并没有太大差异，果实青翠之时就需采摘。鲜藤椒有一个特点，含油量极高。从树上摘下一粒，用手指轻捏，椒油立即浸染指尖。采摘藤椒很讲究，早上有露水不行，中午太阳大了也不行。必须轻摘轻放，以免弄破其表面的油囊。

　　大家知道，红花椒采摘下来，经晒（烘）干后，麻香味可保留一年，而藤椒采下来，其香味和麻味很快会消失殆尽，保存时间短。这难不倒聪明的洪雅人，很久以前，当地人就把采摘下来的鲜藤椒放进容器，按1∶1的比例倒入烧热的菜油，

·老榨油机·

·复兴文物·

·风桶·

·麻油缸·

盖上瓠瓜以防香气散失，过滤后，便是藤椒油，一年四季皆可用。以前，炼出来的藤椒油除了偶尔馈赠亲友外，都是自产自用，故少有知晓。现在藤椒油已麻出洪雅，香透全国，其中有一个人功不可没，他就是幺麻子藤椒油的创始人赵跃军。我在2009年就采访过赵跃军，随后几年也偶有交流，打心底里佩服他。他曾经是职业厨师，从厨道路和创业过程极其坎坷，能有今日的成功，实属不易。他从老一辈人那里继承了土法炼制藤椒油的技术，同时还把批量加工出来的藤椒油推向了国内餐饮市场。2010年，他还投资筹建了眉山地区第一家民营博物馆——中国藤椒文化博物馆，向游客系统展示藤椒的溯源、栽培、应用、炼油等知识，还部分展示了洪雅各个历史时期的一些文物和文献。

跟红花椒比，藤椒的麻味稍轻，幽麻清香，四川盆地外的食客接受度更高，这也是其成为川菜调料界黑马的原因之一吧。赵跃军的藤椒油在全国畅销，也激发了当地人种植藤椒的热情，形成巨大产业。藤椒带来的不仅是财富，还有藤椒钵钵鸡这道独特美食。过去乐山等地的钵钵鸡都是红味的，像性感的摩登女郎，味厚香浓，而藤椒钵钵鸡如素打扮的大家闺秀，幽麻鲜辣，清爽刺激。我第一次在洪雅吃到藤椒钵钵鸡时被惊艳到了，一口气吃了五六十串。

赵跃军当年在止戈的公路边开了一家简陋的路边店，正是凭借藤椒钵钵鸡生意红火，后来才去城里开大店。再后来，他发现了藤椒油的商机，转而又投资开厂。成功有偶然性，也有其必然性。

洪雅会馆

　　洪雅会馆坐落于洪雅止戈柑子场，2014年元月正式开门迎客。这座大型仿古建筑是由赵跃军投资兴建。他把藤椒油产业做大以后，开始致力于民俗文化建设。该会馆紧挨着中国藤椒文化博物馆，川西四合院布局。在一楼部分区域和二三楼的走廊上，分别设有农耕文化展示、民间生活用品陈列，以及红色年代宣传画、票证陈列室等展区。简而言之，这里是以藤椒产业为基石，以旅游餐饮为载体，以民俗文化为特色，集工业、文化、旅游、餐饮、休闲于一体的乡村特色旅游点。

　　会馆一楼，有家餐厅叫"盛德轩"，摆的是实木方桌条凳，墙上展示柜陈列有各种烟盒纸、票证、电话卡，以及过去木匠、棉花匠所常用的工具。把食客带回旧时光的，还有会馆的岗位设置：知客师、厨官师、管烟师、管火师、条盘师……全沿用旧时餐馆的叫法。知客师，过去民间办席时最重要的一个角色，专门负责迎客、

·条盘师·

·藤椒钵钵鸡·

·水豆豉蒸肉·

安排座位，其职能相当于现在的迎宾。两位身穿长衫、头戴礼帽的老年人充当知客师角色，有客人落座，他们就会用当地的方言唱腔唱起迎客歌。条盘师，相当于现在餐厅的传菜员，上菜时，手掌向上托着长木条盘，相当吸引眼球。

这里就像一座鲜活的饮食博物馆，可以体验当地民风食俗。菜品倒并没有延续以前民间九大碗的格局，而是把洪雅的一些特色菜搬上了桌，比如藤椒钵钵鸡、鲊粉子、扭扭粑、砂罐煨肉等。

在很多地方的钵钵鸡，里面浸泡的是其他荤素菜品，很少有鸡肉，只是借用其味道和形式，而这里的藤椒钵钵鸡，全是鸡肉、鸡皮、鸡肠、鸡脚、鸡胗，吃起来过瘾。

祁三饭店

　　柳江古镇，始建于南宋绍兴十年（1140年），曾名明月镇。清朝中期，因镇上柳、姜两族人合资修建了一条石板长街，更名为柳姜场，1780年才定名为柳江场。古镇位于洪雅县城西南35千米花溪河支流柳江两岸，这里是山区与平坝的过渡地带，常年多雨雾，故有烟雨柳江之称。即使是在酷暑天也凉爽宜人，每年会吸引众多外地人来此避暑。

　　凡是游人多的地方，就少不了美食。古镇街头的餐饮店大多打着"九大碗"的招牌，供应的是三蒸九扣之类的菜。名气最大的餐馆，反倒是开在镇口的"祁三饭店"。老板兼主厨叫祁明川，在这儿开店已经有十多年，每天仍坚持亲自上灶，他最拿手的是豆豉肘子。

　　2014年前往采访时，他曾让我们进厨房拍摄制作过程。我当时在操作台上看到了一大筐淘洗过的水豆豉。水豆豉用量很大，所以都是自己做。水豆豉制法不难，川渝民间家庭也经常做，先把黄豆煮熟，堆积保温，让有益菌的酶水解蛋白质，产生特殊的风味。由于呼吸热和分解热的郁积，使其温度达50℃以上。部分细菌在这种温度下不利于生长，形成黏液。日本纳豆的制作，也是基于此原理。

　　豆豉肘子的做法不复杂，猪肘提前在笼里蒸至软糯脱骨，出菜前翻扣在盘里。锅里放少许色拉油烧热，先下青红椒圈炒几下，再舀入一勺

·豆豉肘子·

·洪雅柳江古镇·

水豆豉进去，因为水豆豉已经有足够的咸味，所以后面只需要放少许味精。炒香便出锅舀在盘中肘子上面，最后撒些葱花即成。水豆豉与软糯肥美的肘子相搭配，既可减其油腻，又增添了特殊的香味。

祁师傅还有一道拿手菜叫盐菜烧河鱼。将捕捞的河鱼治净，放入高温油锅炸至色金黄且酥硬。锅里留少许底油，先下豆瓣、姜米和蒜米炒香，放入盐菜炒几下，下河鱼，掺清水，烧制过程中陆续加入芹菜节、蒜苗节和香葱节，放味精、胡椒粉等调味。烧至汁浓，盐菜的香味容易深入到河鱼的内部，这时起锅装盘，撒香菜上桌。做法乡土，味道有特色，值得借鉴。

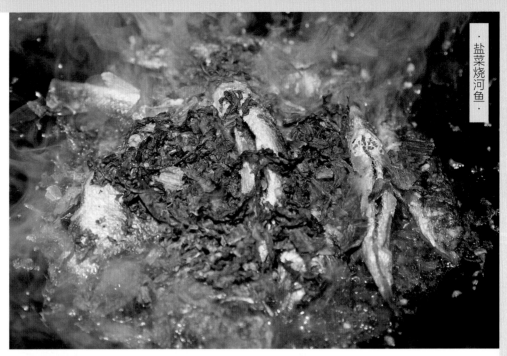

·盐菜烧河鱼·

·刷把笋肥肠·

　　洪雅的厨师似乎都擅长使用藤椒油，祁师傅做的椒油猪蹄，是把猪蹄与黄豆一起烧制，藤椒油幽麻清香的味道与软糯的猪蹄相互衬托，非常有特色。

　　俗话说，靠山吃山，靠水吃水。柳江坐落于瓦屋山下，竹笋菌菇特别多，古镇上不少商铺都在卖盐渍笋。野山椒泡竹笋也是洪雅馆子的标配，酸辣脆爽，不可错过。祁师傅用瓦屋山出产的刷把笋跟肥肠同炖，成菜超乎我们的想象，竹笋异常脆爽，肥肠软韧耐嚼。像肥肠这类异味重的原料，一般都会调成辛辣重口味，而让人称奇的是这样清炖出来的肥肠非常鲜美，没半点异味。

陈大案饺子

　　"陈大案饺子"是洪雅的百年老店，曾获得过中华名吃的称号，这在县城饮食里是不多见的。那次在洪雅采访，我们午餐时方听人介绍这家店，放下筷子便驱车前往，刚到店门口，店主双手一摊："卖完咯，明天赶早。"

　　次日清晨，我们早早地赶到青衣街的"陈大案饺子"，发现已经坐满了人。这是一家简陋普通的小店，除了饺子，也卖面条、米线等。创始人名叫陈怀安，从小入行学艺，主攻白案，1906年起自己开店。陈怀安最初卖的都是些普通面点，后来专门卖饺子，但不是一般的水饺，而是蒸饺——皮薄透明，入口柔软，油而不腻，被称为玻璃饺子。一招鲜，吃遍天，就凭这一个品种，陈怀安就做出了名气。

　　现今，"陈大案"已经传到了陈氏第四代陈志能的手上，继续卖饺子，他哥哥还开了一家同名的中餐馆。为什么要取名"陈大案"呢？这跟烹饪专业知识有关。白案，是厨房里专门负责制作糕团、面点的部门，因为离不开案板，故而得名。在白案岗位内部，又分大案、小案（亦称主案）、面锅等工种。旧时的大案，一般是负责手工面、抄手皮，以及包子、馒头、花卷、水饺等大宗品类的制作，小案主要负责筵席点心的制作，而面锅则负责煮面条及吊汤等。

　　为了详细了解这家饺子的制作过程，我们并没有急着吃，而是围着店里的那张大案板拍个不停。饺子都是现包现蒸，用的是五生面，即和面时先要将一半的面粉烫熟，这样揉出来的面团异常柔软。陈志能的妻子王文擀面皮和包饺子的动作非常娴熟，她可以把五张面皮叠在一起擀制。面皮擀得非常薄，包的是加了葱花的水打馅（这也是川点行业常用的术语，即在猪肉馅里分次加入足够多的水搅打，使其柔嫩多汁）。饺子的包法简单，先挑适量馅心放在面皮中间，折过来捏紧，再稍稍扭成"S"形，放入笼里稍压一下，使底部变宽，便于在笼里放稳。

饺子的个头不大，每笼可以放八个，再入锅蒸五六分钟。蒸熟的饺子皮呈半透明状，馅心隐约可见，看着就有食欲。北方人吃饺子喜欢蘸醋，而四川人喜欢要一碟红油。小巧的蒸饺在味碟里边一裹，立马由洁白透明变得红艳喜人。饺子入口，微辣鲜香，皮薄绵韧，甚至能感觉到微微弹牙，内里的馅心软嫩多汁，油而不腻。我们当时连吃了四笼，仍感觉意犹未尽。这传承百年的名小吃，名不虚传。

走出"陈大案"后，我们又去了不远处的另一家饺子馆，点了一笼看起来差不多的蒸饺。虽然个头更大，但皮坯的口感和馅心的味道，却差了一大截。

·四川人吃饺子，大都蘸红油碟子·

雅安，位于四川盆地西缘、青衣江中游、邛崃山东麓，川藏、川滇西公路交会处，被誉为西蜀重镇。下辖雨城、名山二区，荥经、汉源、石棉、天全、芦山、宝兴六县。雅安旅游资源丰富，食材众多，风味突出。雅安因"雅鱼"而丰美，因"雅雨"而多姿，因"雅女"而妖媚。

雅鱼为重口裂腹鱼属，鱼腹齐口处有一条裂痕。古称丙穴鱼，又名嘉鱼。杜甫有诗云："鱼知丙穴由来美，酒忆郫筒不用酤。"作为雅安三雅之一，它是当之无愧的饮食头牌。雅鱼形似鲤，鳞细，刺多，肉质肥美细嫩。鱼头顶部有一根宝剑状的骨头，很多店会以此为噱头，吃完后以红线拴好，用精致的盒子装好赠送给客人，称可辟邪。当地民俗文化专家还告诉我一个趣闻：雅鱼的

体内都有一条叫鱼虱子的寄生虫，雄鱼在左侧，雌鱼在右侧。我没有去查验过，姑且当作茶余饭后的谈资吧。

雅鱼喜冷水，青衣江、周公河盛产之。在荥经瓦屋山脚下，我还参观过一家环境清幽的大型雅鱼养殖场。当地人依山势水形，在河道一侧修池筑堰，保证了雅鱼的自然生长环境。成群的雅鱼在清澈的溪水里排成长龙状，结队而游，场面甚为壮观。雅鱼生长极为缓慢，鱼苗一般要三四年才能长到一斤，肉质也与野生相近，市场售价也不低。

雅安城里大大小小餐馆的菜单上都少不了雅鱼，干烧、红烧、家常、清蒸，做法多样，最有名的当然是白味的砂锅雅鱼。以雅鱼为招牌的众多餐馆里，最有名的是"干老四雅鱼饭店"。

砂锅雅鱼以雅安荥经产的砂锅为炊具，用料繁多，先把熟鸡肉、熟猪肚、熟猪舌、熟猪心、熟火腿等荤料，以及竹荪、鸡腿菇、袖珍菇、鲜笋、豆腐等素料放进砂锅，加鲜汤，微火炖出味，加盐、胡椒粉调味，最后放入雅鱼，煮约10分钟即可。砂锅上桌后，汤汁仍保持微沸，蒸汽袅袅，鲜香四溢，动感十足，鱼嫩汤鲜，诱人食欲。

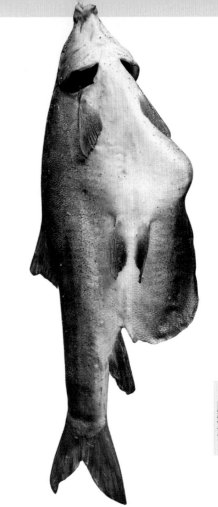

·腊雅鱼·

·砂锅雅鱼·

▌ 雅茶飘香

在"雅雨""雅女""雅鱼"基础上，雅安人正打造第四雅——"雅茶"。

公元前53年，西汉吴理真在雅安名山——蒙顶山开启了人工种茶的先河。蒙顶山因"雨雾蒙沫"而得名，又叫蒙山，为青藏高原到川西平原的过渡地带，与峨眉山、青城山并称为蜀中三大名山。蒙顶山山势巍峨，上清、菱角、毗罗、井泉、甘露等五顶环列，状若莲花。"扬子江中水，蒙山顶上茶。"作为世界茶文化的发源地，一定要去逛逛世界茶文化博物馆，还可以去茶园采茶，现场制茶、品茶、尝茶宴，全方位感受茶文化。

蒙顶茶是蒙顶山出产茶叶的统称，按所采叶芽和制作过程不同，又有黄芽、甘露、毛峰、碧潭飘雪、竹叶青等品名之分。在古代，蒙顶采茶是一件极为隆重而神秘的大事，每年茶芽萌发（一般为清明前），地方官员选吉日，焚香沐浴，穿戴朝服，鸣锣击鼓，燃放鞭炮，率领僚属及全县寺院的僧人，上山去朝拜"仙茶"，随后再"官亲督而摘之"。

有一年在蒙顶山上，我观看过制茶大师周启秀女士现场制甘露茶。蒙顶甘露属绿茶类，不发酵，新鲜芽叶经适当摊放，以高温杀青，经过三炒三揉三烘的工序，解块整形。在她示范下，新鲜的芽叶由嫩绿变成浅绿色，最终制成条索紧卷、香气清爽的甘露茶。

从茶叶面世以来，以茶入馔在中国饮食史上就频频出现。作为产茶名区，蒙顶山附近的餐馆大都会以茶肴作为招牌。厨师烹菜，会用到鲜茶叶去调味或装饰，老茶梗则泡成茶汁来提味。

嫩茶尖·

·茶味在嘴里·

"上林苑"是蒙顶山景区以茶为主题的餐厅之一。我在那里品尝过由凉菜、热菜、小吃和汤菜组成的茶宴。有的是在腌渍原料时就加了茶汁，如茶香雅鱼、茶叶烤鸭；有的是把鲜茶叶与主料同烧成菜，如茶酥牛掌。有的则是把鲜茶叶剁碎，再与肉末搅拌成馅料；有的是用老茶梗调成卤水将主料先卤熟，再加茶汁一起炒制。

名山城里"福轩楼"的老板叶朝东是职业厨师，他同样喜欢研制茶肴，他自创的吊锅飘香鸡、茶香坨子肉、茶香大排、香酥茶叶等茶肴，受到了南来北往客人的好评。

蒙茶糯米鸭是在糯米鸭的传统制法基础上改进而来，用现炼的鲜茶油炒糯米饭，隐约有一股茶香味。香酥茶叶则是取无苦涩味的鲜嫩茶叶尖，氽水后再裹全蛋豆粉糊炸制，口感酥脆，茶味浓郁。最有特色的是吊锅飘香鸡，其借鉴了樟茶鸭的制法，把茉莉花茶放在吊锅底部，上面罩一个钢丝漏网，把熟鸡片整齐地摆在上面。在吊锅下放固体酒精，点燃后加热五分钟，茶叶受热后，香味渗入鸡肉，飘散在空气中的茶香沁人心脾，诱人食欲，最后鸡片还需蘸茶油青椒碟食用。

雅安小吃

面条可拉可切，可揪可扯，但在雅安，却有一种面是挞出来。挞挞面，据说最早源于雅安荥经，因面条宽长，最初得名荥经宽面，后来以挞制的动作命名，反而流传开来。

吃挞挞面，是味觉享受，看师傅挞面，则是视觉享受。厨师将六七根细长的面条分开摆在案板上，用手掌按扁，随后双手抓住两端，高高举起，再重重地挞向案板。挞制时，面条呈抛物线扬起，下落时保持其中心点落在案板上，如此反复挞几次，直到挞出宽如手指、厚薄均匀的面条。挞面时一定要有节奏，一气呵成，这样面条才不会断裂。面条上下翻飞，和案板相接时，会发出有节奏的啪啪声，极富韵律。我在雅安和荥经吃过多次挞挞面，鉴别厨师手艺高低的一个标准，就是看其挞面的条数，常人一次只能挞六七根面条，熟练者则能挞十多根。

2007年，我第一次在雅安的"兰师挞挞面"拍摄了店主挞面，2017年去吃时，他仍在案板前挞面，十年如一日的挞面，技术怎能不好！除了让我拍摄挞面的过程，他还详细跟我讲解了和面的诀窍：先把盐溶解在水里，再用少量水将面粉和成雪花状（不能和成偷水面），再逐步加水揉成柔软的面团。和面要根据季节而变，夏天用凉水，可以和硬些，冬天用温水，可以和得软些。用盐量一般是5千克面粉加25克盐。

面团和好以后，接下来是出条。一定要顺着筋揉，揉和均匀后，分成小条，抹上油，码好静置一会儿，再将小条分成均匀的细长条，同样抹上油，用保鲜膜封好。

面条都是现挞现煮，需水宽汤滚，还有一个专业动作叫排面，即用一根长铁棒挑着面条在锅里顺时针转动，这样面条才不会互相粘连。薄薄的面条

在锅里煮熟后，挑入大碗，舀上三鲜、鸡杂、排骨、牛肉、大肉等臊子。这种面条入口爽滑筋道、不滞不腻，确实有特色。

雅安抄手也是名声在外，抄手皮加碱较重，色泽发黄，煮出来不浑汤、不易破。318国道上天全的"桥头抄手"，凡是经过的人都忍不住要吃一碗。雅安城里的"雅平抄手"也不能错过，红油和蒜泥两种口味都值得一尝；洗澡泡菜也必吃，酸味适中，口感脆爽，跟皮软馅嫩的抄手是绝配。

中大街是雅安较为繁华的一条大街，"吉庆小吃"是街上一间不到两米的小门面，不醒目，主卖甜水面、春卷、热凉粉等，是不少雅安人童年的味道记忆。春卷小巧玲珑，和犍为的薄饼类似，薄而小的面皮包裹脆爽的萝卜丝，卷好后逐个排在搪瓷盘里，浇上红油味汁，香辣刺激。

甜水面也是雅安有名的小吃，除了"吉庆小吃"，我在南正街的"小杨面馆"也吃过。雅安甜水面与成都做法稍有不同，成都的面一般都是切出来的，粗如筷尾，有棱有角；雅安的面是搓出来的，圆润，如筷子头粗细。味道也有差异，成都甜水面为怪味，必加芝麻酱，讲究协调，麻辣甜咸香，诸味兼备；雅安甜水面更突出麻、辣、甜三种味道，必加花生碎和芝麻。

雅安人对甜味情有独钟，城里有家宵夜店叫"小潘肥排"，排骨、猪舌、鸭舌、牛肉、五花肉全都偏甜口，成名菜是肥排，肥肉较多，甜味重，烤出来有点像广式叉烧的味道。

"姜锅魁"和"姜记焦饼"是南正街的两家小吃店，老板是亲兄弟，生意各做各。

姜玉舜做的锅魁，面团里放了较多的碱，色泽泛黄，外酥内韧。咸味的有猪肉、牛肉两种馅心，甜味的是红糖馅。甜味锅魁更有特色，跟成都常见的圆形不同，呈椭圆形，老板说这是为了每一口都能吃到红糖。姜玉源做的焦饼，层层酥脆。焦饼起源于荥经，后面会详细介绍。

开在苍坪路农贸市场里的"夫妻拳头粉"也有名，第一次吃是2007年。和川南的水粉做法差不多，因为出粉时要用拳头擂粉而得名。生意火爆，档口前摞着的那排海碗很是壮观，现打的红苕粉口感滑爽，有十多种臊子供食客选择。

· 荥经杨胖子挞挞面 ·

· 雅安姜记焦饼 ·

姚记九大碗

　　过去四川农村的筵席，因设在田间院坝，故名田席。菜品以蒸、扣为主，用粗糙的大碗盛装，又名三蒸九扣或九大碗。雅安有家名店，直接就以"九大碗"命名。

　　这家店距成雅高速雅安北出口不远，特别方便，我去过多次。光听名字，会认为它是一家朴素的农家乐，其实不然，它更像一座地主庄园。灰砖青瓦、飞檐斗拱的大门气派醒目。整个庭院由前院、后院、别院、右院等仿古建筑组成，面积宽大。前院还分了左厢房、右厢房和正房，正房有几间，其中堂屋最为宽敞气派，摆放的全是老式家具，可以同时容纳二十多人就餐。后院有一间屋子是民间民俗馆，旁边还有表演的戏台。右院是主要的用餐区，又有田席馆、武魁、文魁等不同名字的房间。

　　"九大碗"卖的也不是三蒸九扣的田席菜，更多是雅安当地的民间菜，比如豆渣鸭子、麻婆卤豆腐、激胡豆、酸菜面糊茶、藿麻煎蛋、尖刀丸子、锅圈

馍馍等。尖刀丸子在雅安比较流行，猪肉馅加姜、葱、调料等搅打上劲后，不是用手挤成圆球形，而是用刀尖在掌心刮成一头大一头小的圆锥形，入笼蒸熟定形后，再与萝卜等做成汤菜，以形取巧。藿麻煎蛋在其他地方少见，藿麻，学名叫荨麻，不小心触碰到其叶片上的刺毛，如针扎蜂蜇。取其嫩叶切碎，与鸡蛋搅匀煎制，没想到竟是如此美味。

锅圈馍馍必吃，它和流行的锅边馍不同，锅边馍长条形，尾部薄而脆，锅圈馍馍更像是底部炕至香脆的馒头。

老兵老店

冯超军是一位老兵，在部队炊事班工作多年，他转业后在雅安城里的大众路开了一家餐馆，取名"老兵老店"，到现在已经有二十多年，算得上是名副其实的老店。这位老兵的经营理念很朴实："口碑是老百姓吃出来的，我坚持走群众路线，定位于大众。"2007年第一次采访冯超军时，他就这样反复强调，所以我每次去雅安，有时间都会去这家店吃一顿。菜品没太多变化，但味道稳定，做到这一点其实并不容易。

酱肉是长卖不衰的镇店菜，酱香味浓，肥而不腻。酱肉都是冬天制作，然后放在冻库里保存备用。以前冯超军分享过做法，把精五花肉切成约10厘米宽的长条，加盐、姜片、葱段、白酒、五香粉、鸡精、味精、辣椒面和花椒面拌匀，腌渍三五天；把甜酱和白糖调匀，均匀地抹在猪肉表面后，挂起来风干，约两个月后，取下放进冻库，随用随取。看似简单，但由于每个地方的湿度和温度不一样，同样的配方做出来的风味也不同。平时在家煮的酱肉，皮都绵软难嚼，但我从冯超军那里得到了解决方案：先用炉火把猪皮烧至发泡，用热水洗净后再蒸煮，这样皮就不难嚼了。

坛坛肉也是招牌，做法跟攀西油底肉类似，又名坛子肉。坛子肉在四川各地民间做法稍有不同，雅安是选正五花肉，切成长条，加姜片、葱段、香料、盐拌匀，腌渍四五天，稍加冲洗后，再放入五成热的油锅（化猪油和菜油）炸去水分且炸熟，捞出来放进坛子，等锅里的油冷却，倒进坛子将肉淹没，密封放置四五个月。坛子肉切片，和盐菜、青椒、菌类等辅料炒制，风味独特。

阴酱鸡

　　这家以招牌菜"阴酱鸡"命名的店，开了二十多年。四川人习惯做腊肉、香肠和酱肉，只有少数人会制作酱鸡、腊鱼，以此作为招牌开店，少之又少，因此容易让人记住。

　　这家店是传统酒楼风格，以前去时环境陈旧，不知道现在翻装过没有。我曾向店主打听过阴酱鸡的做法：鸡宰杀治净，抹上腌渍酱料，挂到阴凉处风干，由此得名。雅安常年晴少阴多，空气湿度大，阴干的时间较长，酱味慢慢浸入鸡肉里，呈现出跟其他酱制品不一样的独特风味。鸡的水分大部分被风干散去，外皮浸润成酱色，肉质也因此变得紧实，干香耐嚼。

　　除了阴酱鸡，还有阴酱排骨、阴酱鱼、酱肉、酱猪舌等。肥瘦相连的阴酱排骨口感滋润，比一般的腊排更香。该店还有一些菜也有特色，比如用大量盐菜做出来的干烧大虾。

　　我还喜欢这家的甜烧白，我在川内数以百计的餐馆吃过甜烧白，但品相少有如此优秀的。甜烧白用的是圆糯米，定碗入笼蒸制前，应该是加了红糖，蒸出来粒粒红亮晶莹，泛着油光，颜色诱人。夹了豆沙的带皮五花肉被油润红亮的糯米饭包围在中间，顶上撒了白糖，甜香滋润。其色其味，过了这么多年我仍然念念不忘，时不时还翻出照片回味。

·酱鸡·

·龙眼甜烧白·

清溪贡椒鱼

雅安汉源清溪所产红花椒，唐朝时曾是进贡之品，"清溪贡椒鱼"就是以此为卖点，第一次在青年路一座大院子，吃时大为感叹、惊艳。2021年再次到雅安，为了导航去这家而在某手机点评软件上搜索，冒出无数老店、正宗店、创始店，难以分辨。咨询了多位雅安的朋友后，才了解到最早吃的那家店搬到了汉阙路，离高速路出口不远，反而更方便了。

贡椒鱼是冷锅形式，上桌就可以吃，鱼可以自选，花鲢、江团、黄辣丁皆可。我喜欢吃江团，脂肪含量高，鱼肉肥美，无肌间细刺。跟红味的火锅鱼相比，这贡椒鱼看着清爽寡淡，波澜不惊，入口却是幽麻清鲜，强烈的麻味给口腔极强刺激。我曾在雅安朋友开的店里拍过贡椒鱼的做法，不像炒红味锅底那样复杂，重点在于选好的花椒，炼出好的花椒油。

事先以土鸡和猪棒子骨熬成色泽乳白、鲜香味浓的鲜汤。江团宰杀治净，横着斩成厚片，然后放进加有姜、葱的水锅，小火煮熟。另一口锅里放色拉油烧热，下姜片、蒜片、葱段爆炒至出香。掺入熬好的鲜汤烧开，把煮好的鱼放进去，加盐、鸡精、花椒油调好味，倒进放有黄瓜片、葱节、芹菜等辅料的火锅盆里，另放入青椒节、番茄片、保鲜青花椒点缀。锅里另放入色拉油和花椒油烧热，淋在鱼块上面。

贡椒鱼的秘密，全在那一勺热腾腾的花椒油里面。

·贡椒鱼·

·荥经·

荥经，位于雅安腹地，地处四川盆地西部边缘。荥经拥有世界上最大面积的野生珙桐林（俗称鸽子花树），还出产薇菜、鹿耳韭、箭竹笋、刺龙芽、阳荷笋、天麻等山野食材。美食众多，棒棒鸡、焦饼、凉粉等，经此必吃。

1869年法国传教士阿尔芒·戴维德在雅安宝兴盐井蜂桶寨发现了熊猫，后来雅安地区时常发现野生大熊猫的身影，这可能与漫山遍野的箭竹有关，箭竹笋可是大熊猫最爱的口粮呀！有次去荥经，正是箭竹笋大量上市的季节，菜市场上，一捆捆、一盆盆的新鲜笋子太招人爱了。箭竹笋外形细长，脆嫩鲜香，不苦涩，切片清炒，或与猪肉同炒，皆宜。

荥经还产阳荷笋，那是从阳荷根部冒出来的紫色或粉红色的幼嫩芽苞，常见的为纺锤形，而荥经菜市的阳荷笋却像细长的竹笋，切薄片清炒，有一股特殊的清香味。

刺龙芽在四川不多见，我在荥经参观雅鱼养殖场和珙桐花时都曾见到，菜市上也有出售。刺龙芽清香甜嫩，是上等山野菜。可生食、炒食、煮汤、做馅，也可加工成不同风味的小咸菜。

鹿耳韭又名卵叶韭，是川西山地独有的一种野菜，因其叶茎似鹿耳而得此俗名。在雅安地区，当地人常以其谐音称其为"629"（在四川方言中，6的发音为"陆"）。鹿耳韭茎叶皆可食用，宜清炒，脆嫩爽滑，清香甘甜，微带韭

菜味。

砂锅雅鱼，因荥经产的盛器而增光添彩，作为餐饮经营者和美食爱好者，到了荥经，一定要参观砂器作坊，现场感受土与火是如何结合成器的。

荥经古城村因严道古城遗址而得名，那里制作砂器的历史已有两千多年。现今的砂器作坊，仍沿用传统工艺，用当地的百善泥与煤灰、水揉匀，制成初坯。精细造型晾干后，在平地的窑坑里层层码好，烧制时炉温最高可达1200℃。出窑时尤为壮观，窑顶移开瞬间，火星迸闪，火焰上蹿，窑内砂器呈耀眼的金黄色。工人身披斗篷，头戴斗笠，手执丈二铁钎，身手矫健，宛如功夫高手。他们冒着烈焰炙烤，用铁钎挑起砂器，移到旁边的釉坑内，随后加入木渣、锯木面、油枯等料，封坑后，里面烧得噼里啪啦，火焰蹿起老高。作为摄影爱好者，不可错过这些精彩的画面。

砂器质轻，有微小孔隙能透气，特别适宜煨炖，能带给食物更好的风味。除了常规的砂锅，还有很多意想不到的作品。

荥经是挞挞面和焦饼的起源地，这两种小吃不仅好吃，制作过程也一样有意思。荥经卖挞挞面的小吃店不少，"杨胖子"是其中比较有名的一家；焦饼则以康宁路的"左记"最有名，夫妻小店，现做现吃，口感特别好。

　　焦饼和千层酥饼的做法类似，用水皮包油酥皮，油酥皮要加盐和花椒面，做成椒盐味，反复折叠擀制，做成圆形饼坯。饼坯先在平底锅里煎烙定形，加适量熟菜油，既能增加特殊香味，也容易上色。两面煎至浅黄后，再盖上一个上面加有炭火的盖子，两面烘烤，逼出多余油脂，直至酥层渐现，色泽金黄，方移开盖子出炉。这种两面都能加热的土烤炉，我只在雅安地区看到过，它能最大限度地烤出焦饼的油脂，使其颜色均匀，口感酥脆。

　　繁荣中街的"老字号李凉粉"传了三代人，现由李红伟经营。他戴着一副眼镜，和十年前没有啥变化，还是斯斯文文的老样子。凉粉在川内实属平常，随处都有，但李红伟的做法却与众不同。他做的凉粉呈灰白色，颜色介于豌豆凉粉和红苕凉粉之间，口感也异于一般豌豆白凉粉的柔顺软嫩，切成细丝放碗里，仍倔强地支棱起来，韧性足，口感硬，嚼劲好。原来，他用的不是白豌豆，而是麻豌豆，经洗泡、磨滤、沉淀、煮晾等多道工序方能做成。在用柴火大锅煮制时，会特地在锅底保留一层厚厚的锅巴，因此成品颜色偏深，口感偏硬。拌味时，除了常见的红油味，还有泡椒等少见的口味。

老百姓饭店

　　每次到荥经必吃的餐馆之一，店内摆着昔日农村常见的方桌条凳，墙边还有风一、手推石磨这类装饰品。老板兼主厨叫冯天云，有30多年的事厨经历，看着憨厚，实则精明。他从部队转业回到家乡荥经后，开过一家中型酒楼，经营不如意，后来开这家亲民的家常馆子却一下火了。

　　环境土，菜也土，很多菜品都是他从茶马古道上挖掘出来的民间菜，比如尖刀丸子、贡椒土匪鸡、干四季豆炖蹄髈、茴香拌胡豆、鹿耳韭炒腊肉等。

　　贡椒土匪鸡是道凉菜，用的是散养的仔公鸡，煮至刚熟便捞出晾凉，剁成小块，再跟发好的木耳、氽漂过的鲜笋、青红椒节和现炼的鲜花椒油拌匀，鲜辣幽麻，清香扑鼻。

　　店里还有一些以传统小煎小炒技法做出来的特色菜，像爆炒黄牛肉、火爆牛舌、小煎鸡等。所用主辅料简单，调料亦不复杂，装盘更是普通，但火候掌握得当，口感和味道让人赞不绝口。如今在大都市里的酒楼，已经很难吃到这一类有锅气的菜了。究其原因，一是酒楼为提高出菜速度，会尽量规避这类菜上菜单；二是许多厨师现在习惯先滑油后烹炒之类的料理方式，少有人愿意按传统步骤去操作。

　　小煎鸡是四川最常见的家常菜之一，先用少许盐和料酒将斩成块的仔鸡肉腌味，再倒入有少许底油的热锅小火煸炒，鸡肉熟透且干香后，下调辅料炒匀。不过油、不换锅，一锅成菜。

·爆炒黄牛肉·

自贡一带的小煎鸡，要加大量的子姜和鲜小米椒一起翻炒，突出刺激的鲜辣味。冯天云做的小煎鸡，则加的是干辣椒节、花椒和鲜青椒节，突出的是香辣与鲜辣的混合味道。

现在多数厨师在腌渍牛肉时，会加嫩肉粉一类的东西，在烹炒时，先下热油锅滑熟，再换锅加调辅料翻炒，口感过于滑嫩，少了牛肉该有的韧性和嚼劲。冯天云做的爆炒黄牛肉，用的是传统的腌渍方法，猛火爆炒，柔嫩适中，又不失应有的韧性和嚼劲。油爆牛舌同样是按猛火爆炒、现兑味汁、一锅成菜的传统方式制作，锅气十足，口感脆爽。

▍荥经棒棒鸡

棒棒鸡的起源有多种说法，有的说是乐山，也有的说是荥经，现在没有人深究。到荥经，大家一致推荐的是"周记棒棒鸡"，现在的主理人是第四代传人周仕英。这家我吃过多次，每次临走时还要打包。

棒棒鸡起源于其售卖方式，按片计价，就得每片厚薄一致，以免挑挑选选。连骨带肉直接斩，没法保证均匀，于是有人想出了以棒敲刀的方法。煮熟的整鸡先大卸八块，一人手执砍刀，将刀刃搁在鸡块上，另一人以棒敲击刀背，敲下一片，再移动刀身，如此反复操作，保证刀刀均匀、片片见骨。两人熟练配合，斩鸡轻松，效率也高。"周记棒棒鸡"店里随时摆着几个敲坏的木棒，间接地展示了生意状况。

荥经多山地，农户多散养土鸡，棒棒鸡店大都是定期去乡下收购土公鸡。煮鸡很讲究，水不能多，火不能大，时间不能久。调味是关键，诀窍是香而不燥的红油和煮鸡的原汤。每天煮的鸡多，水量控制得好，因此鸡汤酽稠，鲜味足。另外还需要加盐、香油、花椒面、熟芝麻等调辅料。雅安拌鸡，白糖普遍加得重，有明显的甜味，但"周记棒棒鸡"的白糖加得稍少一些，甜味没那么明显，整体味道协调。荥经民间流传这么一种说法：鸡不酱、鸭不姜。因此他们在拌鸡时，绝不加酱油。

除了经典的红油味，现在"周记"也有椒麻鸡、青椒鸡、山珍鸡、怪味鸡等不同的口味，但在调味时，都离不了煮鸡的原汤。

·汉 源·

汉源位于四川盆地与西藏高原之间的攀西河谷地带，大渡河中游两岸。汉源出产优质花椒，汉源花椒在川菜当中有相当重要的地位。

花椒和辣椒如同哼哈二将，挑起了现代川菜的大梁。我可以武断地说，不懂花椒，就不要说自己懂川菜。

传统川菜当中运用最广的红花椒，又有西路椒和南路椒之分。西路椒主要指四川的茂县、汶川、金川、平武、九寨沟等地所产花椒，最常见且产量最大的品种名叫大红袍，因果实粒大色红、肉厚油重、麻香兼优而得名，其中又以茂县、汶川所产质量最优。南路椒又叫正路椒，指四川的汉源、喜德、盐源、冕宁、康定、泸定、丹巴等地所产花椒。汉源清溪牛市坡的花椒在唐朝被列为贡品，因此，当地所产最为知名。

跟红花椒对应的青花椒，它不是新物种，但进入城市餐馆不过二十来年，算是后起之秀。青花椒并不是指青色的花椒，红花椒在没成熟之前，同样也是青色。从植物分类学来看，红花椒属花椒种，青花椒属竹叶椒种。

我曾几次前往重庆江津四面山，探寻青花椒的奥秘，也多次到洪雅品尝藤椒的滋味。藤椒并非长在藤上的花椒，它跟青花椒都属竹叶椒种。从外表上，很难辨别二者之间的区别；盲品，也很难区分。就像红薯，北方喊地瓜，四川叫红苕，没有什么理由，约定俗成罢了。不管怎么说，既成事实是：目前市场上存在藤椒和青花椒这两种商品。

·汉源乌斯河花椒基地·

　　纸上得来终觉浅，绝知此事要躬行。2021年和敏姐聊起，八月正是采摘红花椒的时节，何不来一趟"寻花问椒"之旅？说走就走，我们来到汉源，找了当地的花椒哥康总做向导。六年前，他在皇木包下一整座山种植花椒。在他的带领下，我们沿S306公路，顺着大渡河左岸下行，对岸云遮雾绕，风景秀丽。穿过瀑布沟隧道，前面是一处正在修建的跨河高架，前行不远，顺左前方上山，路两边房屋渐多，这就到了皇木。

　　花椒基地还在前方，一路向前，车道渐窄，最后仅能容单车通行。左弯右拐，好不容易开到一处叫堡子的地方，离目的地还有好几千米。这之前的道路窄且弯，好歹还是水泥路，再往前是更难开的碎石路，我们的车无法通行，只能换乘花椒基地的皮卡。山路两侧全是花椒树，不用下车就能闻到清香幽麻的味道。一路颠簸让人头晕目眩，闻到这味道顿时神清气爽。

　　花椒哥告诉我们，种植花椒对土质要求特别高，必须滤水性好的沙土地，如果积水，花椒树很快就会死掉。花椒树喜充足的阳光，另外气候、温度、湿度、海拔等都会影响花椒的品质。因为名声在外，所以现在很多其他地方所产花椒都假冒汉源花椒之名，其实消费市场上的汉源花椒占比很小。

　　好不容易才到了一处平坦的地方，这里就是花椒哥的地盘——汉源花椒乌斯河高标准采摘基地。一群人刚下车就兴奋地走进了花椒林，体验采摘花椒的乐趣。花椒必须在开口之前采摘，采摘期前后不到一个月，我们去时已近尾

声。花椒哥告诉我们，采摘花椒非常辛苦，可不像我们这种游客体验的轻松心态。目前只能手工采摘花椒，要非常小心，不能把其表面的油囊捏破，否则色败味散。

花椒树茎干有增大的皮刺，粗壮树干上的皮刺已经木质化，硬而尖，枝条上的刺则底宽尖弯，形如鱼钩。花椒枝条交错，纵使经验丰富的采椒人，也难免受伤。他们多穿一件用尼龙袋做成的马甲，既防皮刺挂破衣服，又能尽量阻挡露水。这处花椒基地海拔近2 000米，云雾缭绕，湿气重，进入花椒林，很快就衣衫尽湿。只有身临其境，才知所得不易。

新摘的花椒清香宜人，用拇指和食指捏住几颗，轻轻一捻，幽幽麻香顿时盈鼻，醒脑清神。刚采摘下的花椒，要么尽快拿去烘干制成干花椒，要么现场炼成花椒油，过夜味道会打折扣。和我参观青花椒的工厂化炼油方式不同，这山上现场炼制花椒油还保留传统土法，把菜籽油烧到七八成热，稍晾，再倒进装新鲜花椒的盆里，让油囊当中的芳香物质浸润到油里。

优质的汉源花椒，呈紫红色或红褐色，麻味醇正，香味浓烈，苦涩味淡。在雅安城里，有很多打着清溪贡椒鱼的餐馆，它们就是以汉源花椒为主要调料来烹制鲜鱼。和川内其他地方的红汤做法不同，贡椒鱼为清汤，清花亮色，只为突出那一股幽麻椒香。那盆鱼刚端出厨房，麻香已经先味夺人。

不光吃花椒，当地一些餐馆还用嫩花椒叶来调味，或者是裹上面糊，像炸香椿鱼一样，炸至外表浅黄酥脆，这也算是当地特色美食之一。

农夫寨子

如果没有花椒哥带路，我不可能找到这么一个好地方。它开在汉源城边的山坡上（富林市），位置绝佳，景色宜人，视野开阔，可俯视汉源湖。宽大的院子遍植葡萄，一串串吊挂在头顶，触手可及。在露台喝茶摆龙门阵，吃水果看湖景，这是人们理想的休闲方式。

在这里，吃的也跟一般馆子不同，有些菜需提前预订，散养土鸡做的烤鸡，皮糯肉香，肉质特别紧实；老鸭炖的汤，满屋飘香。坛子肉烧青豆，现剥青豆磨碎做的豆笙，荞麦做的饼，用腊肉炒的回锅肉，晶莹剔透的糯米饭，虽然不讲究装盘造型，卖相不好，但味道没的说，配合湖光山色，体验感极好。

九襄黄牛肉

沿雅西高速向南，穿过泥巴山隧道，就到了汉源九襄。隧道两边堪称两重天，往往山这边阴云密布，穿过去却是蓝天白云。由于地处四川盆地与攀西高原的过渡地带，所以才有如此泾渭分明的天气。九襄境内有一座建于清朝道光年间的石牌坊，融合川剧艺术，按忠、孝、节、义为主题雕成48本传统川剧戏曲，值得一看。春季遍山的梨花也是一绝。

从九襄收费站出高速后，公路两边全是打着黄牛肉招牌的餐馆，其中又以"姜氏"最多。

九襄盛产黄牛，宰杀后的牛肉，一小部分做成了牛干巴，一小部分做成了卤牛肉，大部分都煮进了火锅。九襄牛肉火锅有清汤、原汤红味、麻辣三种汤底，其中又以原汤红味最具特色。原汤红味锅底制法不复杂：锅里放熟菜油烧

热，下郫县豆瓣、姜片、蒜瓣、汉源花椒和少许香料炒香上色后，掺入煮牛肉牛杂的原汤，熬出味后去除部分料渣。煮牛肉时，火候须掌握得当，既要软糯入味，又需保留一定的嚼劲。锅底不以大麻大辣的重口味为特色，而是微麻微辣，不会抢了牛肉本身的鲜香味。

上桌前，把熬好的汤汁舀入火锅盆，撒少许葱段、芹菜节和青蒜苗节。牛肉和牛杂都是事先煮熟备用，按重量出售，切成片或条，再放进火锅盆里一起端上桌，点火烧开后稍煮即可开吃。店家一般会提供香菜、葱花、豆豉、蒜泥、小米辣等配料，根据喜好添加，然后舀入原汤调匀蘸食。锅里的东西吃完可以再加，也可以点些叶类蔬菜烫食，薄荷一定要点，最有特色。凭借这些特色，九襄黄牛肉就成了雅西高速路上的名食，过往旅客常闻香停车，畅吃为快。

·石棉·

石棉位于雅安西南部，地处青藏高原横断山脉东部，大渡河中游。水资源丰富，境内有孟获城、安顺场等历史人文景点。石棉闻名川内的美食，莫过于烧烤。

一位广州朋友看到"石棉烧烤"四个字，大为震惊，以为烤串是以石棉为火源烤制而成。这种误解，源于大家不知道此石棉是指地名，而非材料名。石棉烧烤在川内只能算一个小分支，但其烤法却独具一格，说它是烤，更像是在用明火燎。每张烤桌上都有一个硕大的烟囱，嵌着带眼的铁板。腰片、鱼片、牛肉等原料切得极薄，又加了大量的油水腌渍。烤制时，用筷子夹着原料在铁板上来回拖动，油水滴下，蹿起盈尺火焰，蔚为壮观。高危动作，生手勿动，所以每张桌子要留出一方，由店里的人坐镇主烤。

主烤官右手执双长筷，左手拿造型独特的小铲子，左右配合，原料在烧烫的铁板上来回燎几下就好。这样烤法如中餐之爆炒，火中取宝，其中最有特色的是腰片，极其脆嫩。擦铁板用的是一张新鲜白菜叶，用筷子夹着在铁板上来回蹭，吸油除垢，很是生态，清理干净再烤下一种原料。石棉烧烤的蘸碟为煳辣椒面和花生碎，根据口味自己酌情调配。

石棉烧烤的另一特色是那些酸甜爽口的泡菜，和鸭肠等荤料一起烤制，解腻添味，风味绝佳。

·烤泡菜、鸭肠·

川南

咸丰百年

咸丰百年

广元
巴中
德阳
绵阳
达州
成都
眉山
资阳
南充
遂宁
乐山
内江
自贡
宜宾
泸州

乐山

乐山，古称嘉州，位于四川盆地的西南部，辖市中区、五通桥、沙湾、金口河四区，犍为、井研、夹江、沐川、峨边、马边六县，代管峨眉山市。

"天下风光在蜀，蜀之胜曰嘉州。"乐山有三处世界级遗产：世界自然与文化遗产峨眉山和乐山大佛、世界灌溉工程遗产东风堰，还有国家AAAA级旅游景区15处。乐山美食更是多不胜数，因此它是人们在川内游玩寻吃的首选之地。从2007年开始，我差不多每年要去一两次乐山，光市区的餐馆就吃过50多家。开了二十多年的"周络耳胡饭店"，是一家典型的苍蝇馆子，萝卜炖牛肉做得极好。"毛家饭店"是当地人推荐的家常菜馆子，炒牛肉丝、炒猪肝、臊子豆腐和圆子汤被称为四大招牌。"何三坨血旺"开在一条小巷子里不起眼的地方，也是有三十多年历史的苍蝇馆子，血旺是招牌，每碗只有三大块……

乐山小吃

·烧卖·

乐山和自贡都是成都人热衷前往寻味的两座城市，但两城的风味不同，品类差别也大，自贡特色菜品种更多，乐山则以小吃取胜，烧卖、甜皮鸭、三鲜冰粉、烧烤、钵钵鸡、沓沓豆腐、粉蒸牛肉夹饼、豆腐脑、跷脚牛肉等，光想想就口水长流。

东大街是乐山有名的美食街，那里有两家紧挨着的烧卖店——"宝华园"和"海汇源"。"宝华园"已有百年历史，但现在"海汇源"的名气似乎更大，这并不重要，反正两家的生意都好。包烧卖的案板就设在街边，整个操作过程一览无遗。烧卖皮是他们自制的，擀成了荷叶边，非常薄，包上肉馅后，从三分之一处收拢，捏紧后则呈鸡冠花状。

·豆腐脑·

·乐山黄鸡肉钵钵鸡·

店员动作娴熟，边包边往案板上甩，另有人专门往小竹笼里摆，摆满几笼，再摆到蒸锅上蒸制。烧卖蒸熟后，馅里的油脂浸润出来，外皮呈半透明状，馅鲜嫩，皮软韧，蘸红油碟吃，满口生香。"宝华园"的珍珠圆子也值得一试，外面是软糯的糯米，里面是甜香的黑芝麻猪油馅，这种做法的烧卖在其他地方不容易吃到。

四川人普遍爱吃绵扎的豆花，但乐山人更喜欢软嫩的豆腐脑。当南北吃货为豆腐脑应该吃甜还是吃咸争论不休时，乐山人笑而不语，使劲往豆腐脑里加红油、加醋，不但如此，还猛加馓子、酥肉、粉蒸牛肉、粉丝……我想，乐山人并不一定是为了吃豆腐脑，更多是为了其中的味道和配料。

乐山豆腐脑有牛华派和峨眉派之分，牛华派是用红烧牛肉的汤水来给豆腐脑勾芡，峨眉派是用骨头汤勾芡，芡汁更浓。另外，不管是牛华派还是峨眉派，都要加粉条、酥花生碎、大头菜粒、葱花、香菜、红油、酱油、花椒粉等调辅料，麻辣鲜香，还要加酥肉、馓子、粉蒸牛肉等臊子。

乐山城里的"九九豆腐脑"店面不大，但名气大，人气旺，这家小店除了加各种臊子的豆腐脑，还有其他的乐山小吃。

钵钵鸡公认源于乐山，其名源于盛装鸡肉的大瓦钵。钵身上有红黄相间的纹路，钵内装着麻辣回甜的叶汁，汁里浸着用竹签穿好的鸡肉。大胆假设、合理推断，我觉得它应该和乐山棒棒鸡有渊源。以前乐山码头的小贩按片叫卖红油鸡片，斩鸡时往往需要两人配合：一人持刀柄，将刀口放在煮熟的鸡肉上，另一人以木棒敲击刀背，这样斩出来的肉片厚薄一致，皮肉骨相连，售卖时不至于被人挑挑拣拣。后来人们发现用竹签穿着鸡肉浸泡，取食更方便，就演变成了钵钵鸡。

钵钵鸡原来真的只有鸡肉或鸡内脏，而现在则是五花八门，荤素兼备，因此吃钵钵鸡见不着鸡肉时，请不要惊诧。除了红油味，现在还增加了鲜辣幽麻的藤椒味。盛器也是五花八门，粗犷

简便的用大不锈钢盆，精致的用高腰陶钵。

"少年时代在故乡四川吃的白砍鸡，白生生的肉块，红殷殷的油辣子海椒，现在想来还口水长流……"郭沫若在《洪波曲》中回忆乐山红油拌鸡的这段文字极具画面感，这也是乐山一带拌鸡的特色，包括钵钵鸡在内，它们都是以红油为主要调料。因花椒、白糖等辅助调味料的用量不同，川渝各地的红油拌鸡味道其实差异很大，有的麻辣味重，有的香辣鲜香，有的回味偏甜。乐山、雅安、眉山一带的红油拌鸡，麻辣与甜味并重，个性突出。糖不但能增甜，还有提鲜、增加厚味的作用。外地人也许不知道，不少川菜都是要放糖的，只是吃不出来甜，"放糖不觉甜"，这是功力深厚的大厨方能运用自如的调味秘诀。大量放糖，让甜味与麻辣和谐共处，则以川南厨师最为擅长，最显著的例子就是红油拌鸡。

有一年，我在乐山柏杨东路牛咡桥吃过一家叫"黄鸡肉钵钵鸡"的店，到现在也觉得难有超越的，它不像其他店那般品种繁杂，而是以鸡肉和鸡杂为主。红油味汁调得协调醇厚，麻辣微甜，一串又一串，好吃得停不下来。后来再去乐山，网上一搜，跳出无数"黄鸡肉"，但没有一家有当初的味道。

乐山人称甜皮鸭为卤鸭子，"赵鸭子""纪六嬢"等，都是乐山城里的知名鸭店。

甜皮鸭起源于夹江木城，这属于餐饮冷知识。我去过木城，这是夹江县城附近的一个小镇。甜皮鸭做法独特，选喂养半年左右的鸭子，先卤熟，刷上麦芽糖（便于炸制时上色），晾干后下热油锅炸至表面金黄酥硬，捞出再刷上一层麦芽糖，增加甜味和光泽度。这种甜味远高于卤香味的鸭子，在川菜当中极为少见。

·乐山熊家婆麻辣烫·

·三鲜冰粉和红糖凉糕·

　　乐山的麻辣烫源于牛华，做法和川内其他地方差别较大，汤底油少味淡，跟成都和重庆的串串相比，可以说是清汤寡水。它主要靠蘸碟提味，用鲜小米辣、辣椒面、香油、蒜泥、香菜等调成，也有配干辣椒碟子吃的。乐山有不少出名的麻辣烫店，张公桥的"熊家婆麻辣烫"，我吃过三次，环境很一般，但每次去都人满为患。

　　这些麻辣烫馆子一般还会卖油炸串串，这也是乐山一带独有的做法，把腌码并穿成串的原料放进卤油里炸熟，成品更接近烧烤，但脂香味和五香味更浓。

　　到了苏稽，除了吃跷脚牛肉，"徐凉糕"也不能错过。凉糕在川内常见，这家的独特之处在于红糖熬法与众不同，灰褐色，浓稠，丝滑细腻如同巧克力酱，入口香甜不腻，又能感受到细小的颗粒感。

　　到了乐山，三鲜冰粉也一定要尝，与其他地方的红糖冰粉不同，里面加了醪糟、银耳和粉子，口感层次丰富。

·香辣牛尾巴·

·高压锅压鱼是乐山烹鱼一绝·

·藤椒江团·

▎肖坝生态鱼庄

乐山境内江河纵横，大渡河、青衣江在乐山大佛脚下汇入岷江。水系发达，盛产鱼鲜，当地人擅长烹鱼自然在情理当中。

"肖坝生态鱼庄"是当地有名的鱼鲜馆之一。老板邹建曾经是一名职业厨师，1998年开始学厨，2008年创业开店，刚开始做的是菌汤火锅，2012年才改卖鱼鲜，客人口耳相传，慢慢就有了口碑。烹鱼离不开泡青菜、泡子姜、泡豇豆、泡海椒等辅料，这些都是邹建自己泡的。

乐山多数鱼鲜馆都是火锅形式，调配好的锅底上桌后烧开，再下各种现杀的鱼鲜烫煮，比如有名的是"王浩儿渔港"。"肖坝生态鱼庄"做的是中餐鱼肴，有家常、双椒、子姜、香辣、藤椒、麻辣等十余种味型。

乐山鱼鲜都有哪些特点呢？从味道上来说，乐山鱼鲜是川南风味，汁浓味厚，汤色红亮，鲜辣刺激。其制法独特之处是用高压锅压鱼，烧、煮、煨等烹制方法，鱼在锅里加热时间长，如果翻动频繁，外皮容易破损，用高压锅压制，既可缩短烹制时间，保证鲜嫩口感，又能最大限度地保持外形完整。后厨靠墙边的煲仔炉上，放着一排高压锅。黄辣丁、松花鱼等小型鱼，都是宰杀治净后直接放进高压锅，人工养殖的鲟鱼、江团等体型大的鱼，则需斩成块。根据不同味型，锅里可以事先放入子姜、小米辣等调辅料，掺入红汤，然后加盖压三五分钟。压鱼的同时，灶上厨师开始炒味汁，等鱼熟以后，沥去多余的汤汁，装进窝盘，再舀入炒好的味汁即成。多口高压锅压鱼，一口炒锅配合炒料，提高了出菜的效率。如此操作，鱼的外形更能保持完整，口感细嫩入味。

红汤是川菜厨房里的利器，从字面上看，它和鲜汤相反，色泽红亮，味道浓郁，一般是用菜油把郫县豆瓣、姜、葱、蒜、花椒等炒香，加水煮出味即得，讲究点的会除去料渣。红汤运用广泛，厨师一般会提前熬一锅，水煮菜、烧菜都用得上，可以节约时间。

该店有牛尾巴和江黄这两种鱼鲜，可以做成多种吃法。牛尾巴是一种无鳞淡水鱼，学名青颡，形如鲇鱼，因身子细长如牛尾而得此俗名。江黄肉质细嫩，味道鲜美，是近年来鱼鲜馆里常见的品种之一。江黄是江黄颡鱼的俗称，学名叫瓦氏黄颡鱼，原为长江干、支流的一种小型经济鱼类，近年已经被水产专家培育成新的优良养殖对象，在全国范围内推广养殖。江黄的外形和生活习惯与常见的黄辣丁（黄颡鱼）相似，二者是不同物种，普通黄辣丁一年平均能长到100～200克，而江黄一年可以长到400～600克，最大个体可达到3000克。

▎苏稽跷脚牛肉

苏稽离市区很近，好吃嘴到乐山必打卡的地方之一。苏稽做跷脚牛肉的店，大大小小有几十家，各家店制法稍有差异，有的会强调加了多少药材，用了多少香料，有的强调真材实料，自家汤底是用多少牛骨牛肉花了多长时间熬出来的。面积最大、环境最古朴，还得数"古市香"。店堂内有大量的旧门窗、旧桌凳，还有旧农具等装饰物，营造出了古色古香的氛围感。

·苏稽跷脚牛肉·

苏稽跷脚牛肉之所以出名，跟附近的杨湾周村不无关系，那里是旧时有名的杀牛场，主要屠宰五通桥淘汰的盐井役用牛。因为异味重，费时费火，处理难度大，牛内脏基本是丢弃不用。后来有人捡来洗净，炖在大锅里，加些中药材去腥增香，卖给下苦力的人吃。就餐环境简陋，吃的人或坐或站，有的甚至直接踩在高板凳下面的横杠上，大口喝肉汤，大口啖牛杂，因此得名。其起源和成都皇城坝的肺片极其相似，当时的人根本想不到，这类草根饮食后来会如此受欢迎。现在的跷脚牛肉，不再局限于牛杂，也会加牛肉，甚至可以烫牛舌。

"古市香"的明档设在店内最醒目地方，可以近距离观看那口熬底汤的大锅，颜色并不鲜亮，汤面的浮沫甚至有些碍眼，但飘散出来的那股鲜香味非常诱人。牛肉、牛杂都提前煮好了的，晾凉切成薄片备用。有人点食，取相应的分量放进竹篓里，浸在微沸的汤锅里冒热后，倒进平底小铜锅，舀入原汤，撒葱花、芹菜粒、香菜碎上桌。看着其貌不扬，但入口的体验很好，汤味清鲜，无膻异味，一口下去，浑身暖洋洋。牛肉和牛杂软糯中又带点韧性，蘸着干辣椒面吃，非常有满足感。

"古市香"除了卖跷脚牛肉，还开发出了牛肉系列菜。最受欢迎的有回锅牛肉、牛脑花脊髓麻婆豆腐、滚石牛肝等菜。钵钵牛借鉴了钵钵鸡的做法，把煮熟的牛肉、牛杂穿成串，放进竹筒，加入调好的红油味汁，再和狼牙土豆、

甜皮鸭组合上桌，形式感强。

滚石牛肝是一道氛围热烈的堂烹菜，当着客人的面把牛肝烫熟。牛肝提前在明档里切成薄片，加盐、料酒、姜葱汁和湿淀粉拌匀。临出菜时，取适量在盘子里摆好，盘边再放一些洋葱丝、青椒丝、香葱节和干辣椒节。鹅卵石放在带长柄的小铁锅里，在明档里烧烫，然后舀入近两百摄氏度的香料油，和装炉盘的牛肝一起端上桌。由服务员依次把洋葱丝、青椒丝、香葱段和干辣椒节放入香料油里炝香，再倒入牛肝拨散，等烫至熟透再吃。口感细嫩，味道香辣。

有一年，我还去过苏稽的周村，那里不但有跷脚牛肉，还有全牛席。在一家叫"周村古食"的店里，还吃到了红味的鲜烧牛肉。

鲜烧，即现点现烧。从点菜到上桌，也就20多分钟。红红绿绿的一盆端上来，表面全是青椒丝、红椒丝、芹菜、香菜和蒜苗，从众多配料下面夹起一块牛肉，不像长时间烧制那样软烂，但嚼起来也不太费劲，微微带一点脆性。做法并不复杂，先炒豆瓣、姜、葱、蒜和常规香料，再和氽水改刀后的牛肉一起放高压锅里压制。没有长时间煨制那般醇厚香浓，但那股鲜味也算别有一番风味。

锅底的电磁炉一直在加热，锅里咕嘟咕嘟地冒着热气，里面混杂的冬瓜、茄子等很快变得软熟入味，吸了牛肉的味道后，非常好吃。

六孃烤鱼片

2016年夏天去乐山寻味时，一位乐山粉丝强烈推荐了人民西路的"六孃烤鱼片"，一副不去就要被鄙视的架势。果然，这家店有意外惊喜。

烤鱼的长条形炉子就摆在店门口，热浪翻滚，稍凑近拍照，感觉整个人都快化掉。六孃穿着长裙子，坐在炉子前不停地翻着鱼片，神情淡定，完全不像我们那般慌乱狼狈。"再过三四年，你们就可能吃不上我烤的鱼喽。"六孃操着乐山口音说完此话，从握着的那一大把烤鱼串抽出三串。"来，先尝尝！烤鱼片，全靠手法！"怕我不相信，她又让我尝炉子对面小伙烤的鱼片，"对比下嘛，看哈口感有啥子不一样嚃。"确实如她所说，两份烤鱼片在肉质口感上是有差别的。

烤鱼片用的是鲤鱼，按斤卖，一鱼两吃，现点现杀。鱼肉在后厨横切成约0.5厘米厚的片，用竹签穿好，拿出来放在一个装有调料的不锈钢盘里，刷满调料，再递给六孃烤制。鱼头和鱼骨则加酸菜、粉丝等在后厨煮汤。

烤鱼的炉子有别于一般的烧烤炉，烤架离炭火的距离较远，下面炭火很猛。一般的烧烤是放在架上烤制，而烤鱼片则是用手握着竹签，直接在明火上炙烤，用旺火短时间内把鱼片表面烤焦烤脆，锁住水分后，再放到烤架上面，用小火把内部烤熟。部分油水和调料滴下去，蹿起更旺的火苗和少许油烟，六孃说这就是她烤鱼的独特手法，但知道也没用，因为很难掌握其中的尺度，过之则烟味呛口，不及又少了那一丝烟火味，这可是她花了20年青春才练就的功夫。

要烤好鱼片，需掌握的秘诀还有很多，为防止鱼片之间粘连，六孃在烤炉下层的明火中转动时，会顺手将其分拆开，转动和分拆的动作合二为一，没有多年的锤炼是做不到的。鱼片在烤制前要用特制的红油码味，所以烤制期间既不调味，也不用刷油。只是在快熟之前，要撒上折耳根碎和藿香叶，这也是少见的做法。

六孃说她的社保还有三四年就满了，打算退休，安心养老。说这番话时，她淡定自如，就如一位功成名就的武林高手宣告即将退出武林，从此不问江湖事。四年后去乐山，这家店已经从路边搬到了威尼斯大厦的二楼，烤炉设在了后厨，不知道六孃是否还在烤鱼片，现场没有看到她烤鱼片，体验感确实比第一次吃差了很多。

·香酥肠卷·

游记肥肠

　　"游记肥肠"由游子敬创于清朝咸丰年间，历经百年而不衰。乐山较场坝开店之初，游子敬只卖四川民间流行的炖豌豆肥肠汤。他挑选上好的肥肠，精心搓洗，经长时间熬制，肥肠软糯，汤白如奶，鲜香无异味。后因战事，较场坝被炸成废墟，战后其子游开文在旧址重建，重新挂出招牌。

20世纪90年代，游永丽从父亲游玉富肩上接过担子，成为"游记肥肠"的第四代传人。她头脑灵活，敢于创新，在肥肠汤的基础上研发了系列新品，同时还增添了一些特色川菜，让老品牌焕发出新活力。在她的苦心经营下，该店先后荣获了多种殊荣。

现今，这家店的肥肠系列菜接近20个品种，制法多变、过程讲究，涵盖了卤、火爆、干煸、红烧、油炸、水煮、红烧等多种做法，味型多变，咸鲜麻辣兼具。香酥游肠卷和清炸肠头做法独特，在其他店不容易吃到，味道和口感得到我们的一致好评。制作香酥游肠卷需选用肠壁厚实的部位，撕去油筋，放进加有姜葱和料酒的沸水锅汆水。另把熟腊肉和香菇切成粒，再与青豌豆、泡好的糯米、红腰豆、盐、胡椒粉等拌成馅料，塞入肥肠，扎紧两端，用牙签扎小孔，入笼蒸至内外皆软熟，再刷上全蛋液、裹匀面包糠，入油锅炸至表面金黄，最后捞出斜刀切成节。做法新颖，外酥内软。

清炸肠头需将肠头先卤再炸，成菜外脆内软。肠头撕去油筋入水，放五香卤水里小火卤至软熟，捞出来趁热挂上脆皮水。把山东大葱塞进肠头，放入六成热的油锅炸至表面硬脆，捞出来沥油后斜刀切成段，装盘后配甜面酱和干辣椒面上桌。里面的大葱既起到塑形的作用，又能增添脆爽的口感和葱香味。

两年前再去"游记肥肠"时，发现又重新装修成了古朴怀旧风格，分区也更合理，还增加了众多小吃品种，甚至把各种肥肠菜都小吃化了，分量变少，一次可以点多个品种品尝，这对远道而来的游客来说，是很好的创意。

·清炸肠头·

·峨眉山·

峨眉山为省辖县级市，乐山代管，境内有天下闻名的峨眉山风景区。当地的雪魔芋、高山萝卜、竹笋等食材，鳝鱼菜、烟熏鸭等美食，在川内的知名度非常高。

雪魔芋是源于峨眉山金顶的特产，魔芋豆腐经过霜雪冷冻后，脱水变成海绵状，口感软韧，下锅烹煮时更容易吸味。峨眉山的烟熏鸭，是与乐山甜皮鸭齐名的美食，光是市区就有上百家摊点，其中又以"曹记烟熏鸭"的名气最大（当地人俗称"曹鸭子"）。这种烟熏鸭的最大特点在于先卤后熏，除了浓郁的香料味，还带着一股淡淡的烟熏味，蘸麻辣味碟吃，滋味更为丰富。

峨眉山脚下的"荣生萝卜汤饭店"，算是旅游途中最有名的一家特色店了，经此必吃，价格便宜，分量足，味道也不差。城区绥山东路开了家叫"搅三搅"的小吃店，主卖峨眉派豆腐脑。店名跟吃豆腐脑的动作有直接联系。豆腐脑的调辅料都是放在表面，吃之前要搅几下，但又不能搅太多次和太用劲："不要架势（四川方言，使劲之意）搅，搅三下，不然就变成汤喽。""搅三搅"的豆腐脑融合了各派的做法，还在文化传承上大做文章，老板在店堂装修、VI设计、售卖品种等方面下了一番功夫，把市井美味、儿时记忆和民间风俗融合在一起。旧门窗、木磨盘等老木料装饰，营造出老味道。LOGO是扎三根辫子的中国娃，而服务员头上也戴着三根小棍状的装饰，有标识性。

"搅三搅"对面还有一家老牌豆腐脑店叫"东门"，环境普通，但当地人似乎更认同。

峨眉天下秀　椿芽满盘香

乐山位于岷江、青衣江和大渡河三江交汇处，凡临江靠河之地，必定擅长烹鱼。宜宾、乐山、内江等地，烹鱼之法，各有所长，就拿乐山境内的峨眉山、夹江一带来说，哪怕是普通的泥鳅、黄鳝，做法也独树一帜。我总结过峨眉派烹鱼的秘密：特别善于运用藿香、椿芽等带有特殊香味的植物原料。

"董记泥鳅饭店"，开在罗目通往峨眉山的公路边，打着饭店招牌，不过是一家普通的路边店，我先后吃过几次。两层的小楼房，一楼是餐厅，二楼是住房。前面是停车的院子，后面还有小院子，右侧是厨房，左侧种满了花草和藿香，院子下方是菜地。老板姓董名建军，职业厨师，十多年前回家乡开了这家店。靠着精湛的厨艺，生意做得红红火火。

·峨眉鳝丝·

豆腐泥鳅、水煮鳝丝、芋儿烧鸡、干煸肥肠等菜，从开店初卖到现在。最叫好的是豆腐泥鳅，端上桌时，只看得见表面那层青翠的藿香，挑开，露出的是红亮的刀口辣椒，泥鳅和豆腐隐藏在最下面。泥鳅软滑，一抿即脱骨，与藿香的清香味混合在一起，一口销魂。豆腐绵软有韧性，吸收了泥鳅的鲜味和汤汁的味道后，更为出彩。

这道菜的做法不难，和水煮牛肉、水煮鱼相近，无非是先炒姜米、蒜米、酸菜、豆瓣酱等料，掺汤烧开，再放入泥鳅和豆腐，调好底味后出锅，撒上刀口辣椒，浇热油激香，最后撒上葱花、藿香丝和椿芽碎。

好吃的秘诀有四点，第一是刀口辣椒，看起油重刺激，却并非大麻大辣，突出的是香，而且是端上桌时一路飘香，起到了先味夺人的效果；第二是猪油渣的脂香味；第三是那层青翠藿香丝，既起到岔色的作用，又增添了一股异香，那股味道甚至深入泥鳅内部；第四是椿芽，椿芽也属异香型植物，其味比藿香更独特，更具穿透力。辣椒和花椒的香味、猪油渣的香味、藿香的香味、椿芽的香味混合在一起，让这道看似普通的豆腐烧泥鳅异香扑鼻、个性鲜明。

用藿香和椿芽烹河鲜只是董建军个人的偶然之作吗？不是，离这家店十多千米的乐山临江，那里的峨眉鳝丝美名远扬。

镇上几家鳝丝店我都吃过，去得最多的那家叫"后街鳝丝"。老板兼主厨叫邓建平，有次前往，我提出想去厨房参观，他爽快答应。刚进厨房，目光就被案台上那一排调料所吸引：香葱花、藿香丝、椿芽碎、香菜都是以大盆盛装，可见用量有多大。

几位大姐正在另一侧的案台上划鳝丝。峨眉鳝丝用的是熟丝，鳝鱼先在沸水锅里煮熟，捞出来漂冷，再去骨划成粗丝。要选笔杆粗细的鳝鱼，每条划三刀，粗细刚刚好。宜用竹刀或骨刀划丝，方不改其味。鳝鱼骨头不能丢，裹粉下油锅炸至酥脆，是下酒的好菜。

邓建平烹制峨眉鳝丝的过程跟董建军做豆腐泥鳅相近：锅里放猪油和鸡油烧热，下入老盐菜、姜米、蒜米和豆瓣酱炒香出色。掺鲜汤，烧开再放入熟鳝鱼丝、菜心、青红椒节稍煮，加盐、味精、鸡精和胡椒粉调味，最后用湿淀粉勾薄芡后，倒进不锈钢盆。往盆里撒入大量的刀口辣椒，少许的猪油渣、白芝麻、蒜粒和葱花，用热油激香后，再撒上大量的葱花、藿香丝、椿芽碎和香菜。

这样大刀阔斧的做法，豪迈粗犷。熟鳝丝口感软嫩，就像吃面条一样过瘾。藿香、香芽、刀口辣椒、油渣等调辅料的味混合在一起，香极了！

椿芽，有的是裹面糊炸酥，再蘸椒盐吃，有的是卷在白肉里面，再浇红油蒜泥味汁，最常见的还是切碎加在鸡蛋液里搅匀，下锅煎成烘蛋。用于调味，好像只流行于峨眉山一带。大家都知道，椿芽仅在春天才出产，面市时间非常短。当地市场需求大，有人专门冷藏备用。我曾专门闻过后厨的那盆椿芽，味道没其他地方所产那般浓郁，闻着不闷人。

农家乐里鸡枞鲜

夹江县城到峨眉山市区不远，中间要经过双福。镇上有家"红运饭店"，位置比较偏，路边孤零零地立了一个简陋的门框状招牌，车子拐进去，里面有停车的空坝。右侧的院子里面绿树成荫，满目翠绿。一棵两米多高的仙人掌开满了各色花朵，特别醒目。

这家店以卖鸡枞闻名，老板有一套特殊的保鲜技术，直到春节前都有鲜鸡枞供应。凭这一招，想低调都不行。在我的认知里，鸡枞只能即采即食，放几小时就会色败味失，就算产鸡枞的大省云南，也多是制成干鸡枞、腌鸡枞、油鸡枞，不知道老板有何秘诀！我问过老板，但老板没有正面回答，总是顾左右而言他。

鸡枞的别名很多，比如在我的老家习惯叫山蘑菇，川西一带常称山塔菌，而乐山雅安一带则喜欢说斗鸡菇，意指其味鲜美，堪比鸡肉。有白蚁巢的地方，才会长鸡枞。往年采过的地方，往往次年也会出现，今天采过的地方，过几天周围还会长出。鸡枞刚破土而出时，形如钝锥，有时用不了一天时间，菌盖便陡长撑开，如果没被人发现，很快便会被虫蚁吃得残缺不全或者直接腐烂。

·鸡枞·

这家饭店的鸡枞售价不低，几年前去吃，每斤就卖到160元。当几个大姐拿出几筐鸡枞在水龙头下面刷洗时，我们有一种乍进宝山而眩晕感。鸡枞的菌把上有泥土，菌盖上也有不少杂质，需用丝瓜布等柔软的东西细心清理，以免形破味失。

以前在乡下，凭运气才能偶遇鸡枞，数量极其有限，那时家里人也不懂啥高明烹法，吃法简单：先煎两个鸡蛋，掺水后放入撕成条的鸡枞同煮，最后下面条，只需放点盐就鲜极了。这些年大嘴吃八方，但吃过的鸡枞菜很少，一是四川鸡枞的产量不多，二是许多厨师对鸡枞的烹饪都不太在行——对于稀少的原料，他们也没必要去钻研。

这家有酥炸鸡枞、家常鸡枞、清烧鸡枞、鸡枞滑肉汤等，做法都简单，清烧鸡枞里面加了少许青椒圈，吃的是本味。家常鸡枞里面加了豆瓣酱，微辣。红烧鸡枞只是在家常鸡枞的基础上加了五花肉片，增加了脂香，不过这两种做法似乎没太突出鸡枞鲜之特征。

酥炸鸡枞，是把鸡枞撕成细丝，再裹面粉炸制而成，外酥内韧，尤其在嘴里慢慢咀嚼时，能充分感受其鲜香味。得到一致好评的是鸡枞滑肉汤，表面上看不出奇，入口却意外惊艳，鸡枞滑爽脆嫩，清鲜味美，肉片表面裹了一层红苕淀粉，口感滑嫩。大道至简，大味至简，只要原料优秀，并不需要太复杂的烹饪技法。

高山有好笋　愿君多珍惜

峨眉天下秀，凡是爬上金顶的人，无不心生感叹，但少有人知道峨眉后山还出产一种笋。偶然的机会，我亲临其境体验了挖笋，才了解到从竹林到餐桌，这中间有多艰辛。

2018年9月2日下午4时，我们从成都出发，到达峨眉半山七里坪后，轿车换越野车，左拐向山上开去，山陡路烂，车速非常缓慢，一个多小时后，到达公路尽头。秋老虎肆虐，进入9月仍是高温闷热天气，但身处这海拔2000多米的高山，四周全是青翠的竹林，空气清凉，甚至微有寒意。被颠簸得头晕目眩的我们还没来得及抒情，就被眼前的一幕震惊了。

说到采笋，文艺女青年也许会漫想自己一袭素衣，右手捏着小锄头，左手提着竹篮，状若黛玉葬花，感慨春华秋实，一锄三叹；文艺男青年则可能幻想自己一身短打，手握长剑，进入青翠竹林又挥又刺，顷刻间竹笋堆积如山。而我脑海里出现的是《舌尖上的中国》第二季、第三集老包挖冬笋的画面，一锄下去，能听到冬笋的脆响，然后就是各种花式吃笋……

公路边停着一辆收笋的货车，几个衣衫陈旧的中年妇女把装鲜笋的编织袋往秤上搬，称重后再往车上抬。袋子有半人高，一袋笋有上百斤，搬上车很费力。收笋人名叫阿织木沙，彝族人，称完笋后，他把工钱发给采笋人，她们用塑料袋一层又一层裹紧，再贴身放好。

竹林是阿织木沙向当地林业局租的，每斤鲜笋，采笋人可得一块五的工钱，不同的山头有不同的承包人，他们在产笋季会各自雇人采挖。采笋人一大早上山，下午回来，一天可以挣三四百元。公路边上的一小块缓坡就是他们的住所，几根竹竿撑成拱形，搭几块塑料布就做成了简易窝棚。

几个彝族妇女不会说汉语，阿织木沙充当翻译，原来她们都来自美姑，每年三月和八月才过来采笋。采笋非常辛苦，一身汗一身泥，当地人已经很少有人愿意干，这些远道而来的人也以中老年为主。采笋高峰期，每天几百人就在这深山里风餐露宿、早出晚归。阿织木沙告诉我们，今年是产笋的小年，每天最多能收5000千克鲜笋，而去年这时每天要收15 000~20 000千克。

那群妇女当中还有一个背着婴儿，只要婴儿开始啼哭，她就连忙走到一边，放在身前喂奶安抚。她叫甘铁作石，和丈夫吉克达达一同到这里采笋。吉克达达能用汉语和我们交流，他说自己已经52岁了，没念过书，以前摔跤摔断了腿，现在靠上山采药采笋生活。他和妻子都是再婚，他有四个子女，甘铁作石有五个子女，重新组成家庭后，为了彼此有个牵盼，又生了一个小孩……听完他的故事，大家心里不是滋味，纷纷表示回去后要想办法帮助他们一家。憨厚的吉克达达有点不知所措，拿出廉价的香烟散给大家，一个劲地让大家去他

老家做客，他一定杀牛宰羊招待。大家有些错愕，阿织木沙赶紧解释，这是彝族人的风俗，再困难也要以这种规格接待客人。

大家唏嘘人生不易，吉克达达倒很乐观，日子再艰难，还是要过下去，他一脸平静，好像是诉说旁人的故事。他去公路边的竹林砍下一捆竹子，帮我们搭棚放物料，又让同乡去林子里找干树枝，帮着生火做饭。大家没有野外露营经验，三个多小时才把火锅烧开，就着夹生米饭勉强吃个半饱，等我们吃完饭，已经是午夜12点钟，那些采笋人早早就睡觉去了，因为次日一大早，他们就得上山采笋。

半天的舟车劳顿，搭帐篷做饭又折腾到半夜，多数人却睡不着，山上手机没有信号，黑灯瞎火，一群人只有吹着冷风，望着星空发呆。凌晨一点过，道道闪电划亮夜空，大雨倾盆。外面下大雨，帐篷里下小雨，多数人彻夜未眠。这只是我们短暂的体验之旅，但对达达一家三口和众多采笋人来说，却是日常。

次日凌晨六点过，当我们从露营地来到窝棚时，达达一家和那几个同乡早就起来生火做饭了，饭是用烧水壶焖出来的，山上没有蔬菜，鲜笋和老家带来的腊肉就是下饭菜。匆匆吃完，她们收拾好装笋的编织袋，带上中午的干粮就出发了。达达说他们已经习惯爬山钻林，我们是跟不上的，他们两口子愿意给我们当向导，带大家到旁边山上体验采笋，就当休息一天。

山陡林密，雾气重，大家穿好雨衣，跟着他们向山上开拔。达达说，雨水多，笋子长势才好，山上本没有路，采笋的人走多了，就全是泥泞。我开始还手端相机拍照，走了十多米，鞋子就糊满了稀泥。一步三滑，步履艰难，只好收起相机，手脚并用。竹林密不透光，一些照不到阳光的小树已枯朽匍匐，周遭全是枯木腐叶的味儿。漫山遍野都是大拇指粗细的冷箭竹，这种竹子广泛分布在四川的邛崃、都江堰、卧龙、宝兴、天全、峨眉山、马边、峨边一带。冷箭竹是大熊猫的粮食，外形和斑竹相近，只是每个竹子下部的竹节上面有一圈尖刺，像袖珍版的狼牙棒，很容易被它刺伤手和刮破衣服。

爬上一个七八十度的陡坡后，已经快11点了，大家手扶双膝喘气，而背着孩子的甘铁作石已经在竹林里穿梭采笋。嫩竹笋细长脆嫩，根部有手指大小，用手轻轻一掰，一声脆响就齐根折断。他们把采笋叫作打笋子，掰到十来根后，再停下来"打"去笋壳，然后装在背上的编织袋里。吉克达达和甘铁作石的动作极为熟练，用刀片顺着笋尖往根部一削，露出三分之一的笋肉，再用手指挽住笋尖往下绕两三圈，一根鲜嫩微黄的笋子就剥出来了。大家学着做，很快也掌握了其中的技巧。

这片竹林前几天已经采过一遍了，新笋很少，为了照顾我们又耽搁了不少时间，因此他们一个多小时也就采了十来斤笋。达达腿脚不便，所以一般是甘铁作石钻林子掰笋，他跟在后面打笋。我们在一个平缓的山坡上拍照作秀时，他们的同伴已经从另一个山头绕过来了，每个人已经采了好几十斤笋。到一定重量后，她们会用编织袋装好放在林子里，下午时分，再沿途回来，一起背到山下公路边。打去外壳的鲜笋必须当天运回厂里，尽快加工处理，否则会变老变色。在这样陡峭湿滑的泥泞路上，我们空手走路都打滑摔跤，而吉克达达要背近百斤重的笋子，而他妻子除了背笋，身前还要抱个孩子。

谁知盘中餐，粒粒皆辛苦。竹笋是大自然的馈赠，但它从山里到城里却是如此艰难。这笋对我们来说是一种原生态食材，对于吉克达达这样的采笋人来说，却是一家人的生活希望。

从山上体验采笋后，我们又驱车两个多小时，来到位于峨眉山郊区的沐之源食品厂，参观龙须笋的加工过程。曹远根是沐之源的创始人，1969年生在沐川乡下，小时候家境贫穷，20~24岁几年间，父母和爷爷相继去世，生活重担全压在他一个人身上。那时他就开始收笋、茶等土特产养活一家人。2000年后，他带着

儿女来到峨眉山，从小作坊加工竹笋做起，慢慢发展为食品加工厂。"我的生活轨迹因龙须笋而改变，我希望它也能帮助更多山里人。"这就是曹远根最朴实的想法。

龙须笋是一种加工笋，又叫刷把笋。曹远根说，冷箭竹生长在海拔2 000米左右的高山上，又叫冷笋，细长脆嫩，是制作龙须笋的最佳原料。冷箭竹每80年要开一次花，然后枯萎死亡，掉在地上的籽经过七八年长成新的竹林，才能重新采笋。这几年峨边、马边都处于封山生养期，笋是每年三月采，因此又叫三月笋，峨眉山一带的每年八月采，因此又叫八月笋。

收购回来的笋，得连夜煮熟，经过一个传送带装置去除笋衣杂质，再进入大池子浸泡清洗。产笋季就一个月左右，大量的鲜笋来不及加工，需要加盐腌渍保鲜。划丝是最耗人工的环节，车间里面，数十个工人坐在案板前，全都是中年妇女，她们右手捏着一根缠满线的粗针头，左手拿笋，左右手相互配合，从根部向笋尖划动，每根要划六七下，使其变成刷把状。划好的笋整齐地摆在筐子里，装满一筐，再拿到烘干车间，笋尖相向摆在有调的塑料板上面，送进机器里烘干，15斤鲜笋才能烘1斤干笋。

龙须笋质地韧脆，涨发后就可以食用，不需要进行二次加工，成菜形状美观，适合做凉菜热菜，也可用来煲汤和烫火锅。

·夹 江·

夹江，因城西北有"两山对峙，一水中流"的自然景观而得名，有西部瓷都之美誉。从2006年开始，我就多次到夹江寻味，土门泡菜、夹江豆腐乳等特产在川内名气较大。夹江民间还有一种自制豆瓣，当地叫做"水菜"，这让我联想到在安徽芜湖采访时见到的"水辣椒"，从做法和成品外观看，两者极为相似。各地饮食其实有不少相通之处。

"梅花酒家""华瓷天街酒楼"等大型中餐馆，以黄焖鸡、怪味鸡、霸王鸡、翡翠鸡、石锅鸡等鸡系列为特色的"客聚斋"，以烹活兔引客的"客来香"，以红烧肥肠作为主打的"祥记肥肠农家乐"，专卖兔头的"刘嬢兔头"，以烹藿香鱼头闻名的"马村鱼头"，做鱼鲜的小店"董明堂鱼鳅馆"……夹江留给了我太多的美食记忆，哪怕这当中的一些店已经消失。

我甚至还去过夹江的木城和华头，木城距夹江县城有十余千米，不要小看了这个古城镇，过去曾是有名的水陆码头，有小上海之称，至今仍保留有大量老建筑。木城的豆腐脑、凉糕、叶儿粑、冰粉、粉蒸牛肉等小吃，在当地广受

·水菜·

·夹江华头豆腐干·

好评。乐山有名的甜皮鸭，就源于木城，菜市上有多家卖鸭子的摊档。木城的叶儿粑与他处不同，糯米粉团里包的是糖馅，而外面的包裹料是竹叶。

从木城到华头还有一个多小时的车程，路窄弯多，白酒、腊肉和豆腐干被称为华头三绝。豆腐干尤其出名，镇上有不少制作豆腐干的小作坊，豆腐块先卤再炕，保质期更短，但味道更浓郁。

马村鱼头

从成都出发，沿成乐高速南行，约一个半小时，就到了西部瓷都夹江。从夹江县城到马村只需20多分钟车程，沿途全是大大小小的陶瓷厂。

马村有面积1 000余亩的水库，有水，自然少不了要养鱼，有鱼，自然鱼头就多了。"马村鱼头"开在一条狭长的小街。大家都是冲鱼头而去，无须费神点菜，直接点鱼头，每人至少两斤起，不够再加。用的是花鲢鱼头，单个就有两三斤重。当时一同前往的还有夹江的朋友，他跟掌勺的厨师认识。我们站在灶边闲聊，东拉西扯之余，看能不能套点真招。

·马村鱼头·

那位厨师说，他的上辈卖的是麻辣鱼头，有一次偶然改用老盐菜煮鱼头，发现味道特别，才变成了现在的藿香做法。他在一个铝盆里舀了一大勺黑乎乎的东西，放锅里稍微炒几下，然后掺几瓢开水，放入劈成两半的鱼头，撒入姜米和蒜米，又加了一些盐、鸡精、味精、胡椒粉进去。胡椒粉用量非常大，锅里煮了六千克的鱼头，足足加了三调羹。没有什么鲜汤、奶汤、高汤，就是一锅白开水，制法如此简单，煮出的鱼头会好吃？当时满腹疑问。

同行的朋友悄声说，秘密就在那一盆用猪油炒过的黑乎乎的老盐菜里。那是怎么炒的呢？掌勺的师傅支支吾吾，顾左右而言他：洗鱼头很关键，要用盐反复洗几次，彻底洗去黏液。还有嘛，这鱼头煮半个小时也不会老，而且煮得越久越好吃。横竖就是不说老盐菜是怎么炒的。

一位大姐在菜板上切完配料，端到了锅边，一小盆是香葱花，一小盆是藿香末和椿芽末。厨师把鱼头装进盆里，撒上了这些配料，盆里一片翠绿，鱼头全掩盖在下面。盆子端上桌后，服务员用勺子舀起汤汁，淋在葱花和藿香末上，鱼头才显露出来，香味四溢。

盐菜的香、香葱的香、藿香的香、椿芽的香、猪油的香，诸种香气层层叠叠，再加上鱼头的肥腴滑嫩、胡椒的辛辣刺激，各种滋味交错在一起，过瘾。

▌祥记肥肠农家乐

千佛岩位于夹江城外青衣江畔，岸边有上千尊唐代摩崖石刻，其历史早于乐山大佛，却鲜为人知。千佛岩附近开有不少农家乐，"祥记肥肠农家乐"就正好位于石刻景点的上方。翠竹掩映，幽静清凉，还有一条小溪相隔，如果没有人指引，真不容易找到。

这家店以红烧肥肠闻名，曾被评为夹江十大特色美食之一。那次去时，我们直接进厨房向店主老龚请教，他爽快地分享了烧肥肠的秘诀：一定要选新鲜的肥肠，初加工要细心，撕去油筋后，还要加醋、盐和淀粉反复地搓洗，以去除黏液。把肥肠放开水锅里稍煮一下，马上捞出来冲冷，切成小块后，再放进烧热的锅里煸炒（不放油），水分被煸出来后，表面会膨胀。经过煸炒再烧制，成菜才有一种脆韧的特殊口感，这应该是最重要的秘诀。后面的红烧步骤，跟其他店并没有太大差异，无非是把干辣椒节、花椒、姜

·红烧肥肠·

片、蒜片、葱节、郫县豆瓣酱和香料等炒香，再掺水放肥肠，小火烧至软糯。

拌土鸡也必尝，用的是当地产的跑山鸡，肉质紧实，鲜味足。拌味的红油香而不辣，浓酽巴味，回甜味也恰到好处，甜味比成都一带的重，但又比雅安一带的轻。

· 犍 为 ·

相信不少人是通过"嘉阳小火车"才知道犍为的，每年油菜花开之时，窄轨旧式蒸汽老爷火车穿行于花海的图片就会在朋友圈内出现。犍为现存有金石井、清溪、罗城、铁炉、九井、马庙、芭沟等古镇，是寻古探幽的好地方。犍为物产丰富，素有金犍为之称，茉莉花茶、罗城牛肉、麻柳姜等食材远近闻名，小吃品种众多，其中以薄饼、夹丝豆腐干最有特色。

犍为薄饼，外形酷似春卷，用半透明状的薄面皮包裹萝卜丝制作而成。当地最出名的是"许四孃薄饼"，许四孃在龙池街摆摊卖薄饼已有三十多年，她体格清瘦，手脚利落。一个人守在小摊前，所有的食材和调料都摆在触手可及

之处。她神情淡定，一言不发，早已习惯了排队客人的期盼，习惯了四周手机的拍照，就像麻将老手，她余光一扫，便对桌上的牌面了如指掌。左手摸起一张薄饼，右手执勺，快速舀一勺白糖和酥黄豆碎进去，换筷子，夹上一缕萝卜丝，用筷子配合左手将薄饼稍卷紧，拿两张薄面皮包裹在外面，再用筷子夹着在醋缸里打个滚，放进撑开的食品袋内，然后递给排队等候的人。接过薄饼的人怕醋汁滴到衣服上，无不弯腰低头，快速塞进嘴里，尝那一口酸香甜辣。排队的人群中，有小孩子、妙龄少女，也有中年人，从薄饼入口的那种陶醉表情，可以感受他们对这道小吃的喜爱。

许四孃准备了一双专用筷子收钱找钱，在整个操作过程中，眼睛扫视围观的人，基本不看前面的调料缸，但手上的动作没有丝毫停顿，这场景不由让人想起唯手熟的卖油翁。在排队等候时，刚好还看到这样一幕场景：她在做好了十份打包的薄饼后，左手把几个重叠在一起的食品塑料袋撑开，右手提起一个十几斤重的白色塑料桶，左腿前迈，膝盖一屈，把桶的底部架在上面，右手慢慢让桶倾斜，让里面的醋流进左手支撑的食品袋里，觉得分量合适后，放下醋桶，双手把袋子打好活结，再跟装好的薄饼一起递给客人。整套动作一气呵成，让人心生敬佩。

薄饼外皮绵韧，内里的萝卜丝脆爽、黄豆酥脆，再加上白糖的颗粒感，继而，甜、酸、麻、辣，诸般味道在口腔里交融，味觉记忆深刻。

除了薄饼，许四孃还卖夹丝豆腐干（也叫卡丝儿豆腐干、旮旯豆腐）。三角形的油炸豆腐块，宽边划上一道口子，以便塞入萝卜丝。加萝卜丝之前，还需先往缝里加白糖、酥黄豆碎等料。那天排队的人特别多，盆里只剩下几块豆腐干，排在后面的人有些急躁，尤其是我们这些远道而去的。厚着脸皮向拿到最后一块豆腐干的人商量，想买过来尝尝，结果他瞅了一眼，张嘴狠狠地咬了一口，转身离去，我只能原地尴尬一笑。

龙池街犍为第二中学对面，有家叫"老福爷牛肉夹饼"的小吃店。蒸笼当街而设，热气蒸腾，摞得比人高的小格子里全是粉蒸牛肉。夹饼，乐山人也叫卡饼，其实就是白面锅魁，从侧面划一道口子，把粉蒸牛肉塞进去。蒸好的粉蒸牛肉，还需加入香菜、葱花、辣椒面等拌匀，然后再塞到锅魁里。趁热吃，滋味最好，这也是乐山人从小吃到大的特色小吃。

· 马 边 ·

马边位于四川盆地西南边缘小凉山区，自然资源丰富，有金山银水之美誉。马边也被称为边城，但它和沈从文笔下的边城不同。该县多彝族同胞，烤小猪肉、圆根酸菜、火烧洋芋、坨坨肉等美食与众不同。

第一次到马边，是带熊总的"田园印象"团队去寻味，抵达时已近黄昏，两车人按事先定好的目标觅食。我们去的第一家店是开在滨河帝景旁的"孟获一品香"。店堂简陋，主营彝家菜，有烤猪肚、坨坨鸡、坨坨牛肉、洋芋炖鸡等。装盘粗犷，分量大，特色突出。

最让我们惊艳的是洋芋炖鸡，马边高山产的洋芋，淀粉含量高，软糯粉面，蒸、炒、烤、煮，当地彝家人变着法子吃，尤其喜欢跟干酸菜搭配炖汤。干酸菜跟常规的四川酸菜不同，是大小凉山特有的做法，用圆根萝卜的茎叶，经过独特的方式腌渍发酵后，晒干而成。当地产的土鸡，肉鲜有嚼劲，与干酸菜、洋芋同炖，是意想不到的美味。后来"田园印象"把这种做法引入成都店里，也大受好评。

麻鱼儿是马边一种特色小鱼，当地人习惯用它来煮汤，我们在民政街一家叫"尝味鲜火锅"的小店目睹了麻鱼儿汤的制作过程。该店的蒋师傅用事先熬好的猪棒骨汤为底汤，把治净的麻鱼儿放进去，锅里放入酸菜、干辣椒节，以及新鲜的藿香和茴香叶，酸菜的酸香、辣椒的辣香和新鲜香料的异香融合在一起，味道独特，一碗热气腾腾的鱼汤下肚，驱散了山区夜晚的凉意。

马边城里有四大名食，其中最有特点的是"马鸡肉"和"杨抄手"。

"杨抄手"卖到中午就歇业休息，大家定好闹钟，起了个大早。到门口一看，吃客络绎不绝，基本上都是附近的居民。我吃过四川各地的抄手，也吃过外省的馄饨、云吞等抄手近亲，所以带着些许挑剔的心理。

店不大，站在门外便可窥其全貌，以抄手为主，也卖酸辣粉。抄手有清汤、红汤、干拌等品种。大铁锅里面是煮抄手的开水，前面放了一个不锈钢桶，装的是正在翻滚的鸡汤。抄手都是现包现煮，面皮比常规的更小更薄。成品小巧，煮熟后装在碗里更显精致。半透明的皮里透出粉嫩的肉馅，特别性感。入口一尝，挑剔秒变点赞，一切都刚刚好：皮，不厚不薄、不韧不泥；馅，不大不小、不咸不腥；汤，不浓不淡、满口鲜香。

这样的边远小城，居然有这样细腻的小吃，难免有些意外，于是多问了几句。创始人老杨最初靠拉夹夹车为生，20世纪70年代开始卖抄手。这四十多年也没有啥波澜壮阔的故事。他从开店那天起就不断研究，从面皮、馅料的选择，到汤水、调料的搭配，不断地做改进，终于香飘马边。现在接手的是第二代传人，问她有啥奥秘，她一笑："哪有什么秘密哟，只不过是踏踏实实地做事，保持皮薄、肉嫩、汤鲜的特点。"每天一大早，他们就要到市场选购上好的新鲜猪前腿肉，绝不用隔夜料。那一锅鲜汤，是用老鸡和鸡骨架长时间熬出来的。

刚到马边城，我们第一时间就去寻找"马鸡肉"，跟着导航找到北门桥头，沿着周围的小巷子转了一圈，没看不到招牌。向路人打听，才知道老马早就收摊了。

次日上午，我们吃了"杨抄手"，再次到北门桥头，外卖推车已经摆好，却不见老马。车上也空无一物，一问才知道他十点才开卖。大家只好就近去桥头闲逛，桥的一侧变成了临时菜市，卖野菌的排成一排，场景蔚为壮观，大家围着一袋袋的火把鸡枞（当地人又称三塔菌）左拍右看，时间很快就过去了。

·坨坨牛肉·

·马边杨抄手·

·马边马鸡肉·

十点钟，老马准时来了。听说我们等了一小时，他仍不慌不忙，先坐在椅子上歇了口气。"刚才在煮鸡肉，时间不够不能出锅，不要着急嘛。"穿着白背心的老马慢悠悠地说。歇了会儿，老马慢条斯理地把一缸红油、几只煮熟的乌鸡，以及白糖、酱油等调料放在台子上。等收拾停当，他才开始不急不缓地斩块、拌味。

"鸡是关键，我们马边盛产跑山土乌鸡，肉质好，鲜。""煮鸡的火候很关键，煮久了肉发柴，煮七八分熟，关火，浸在原汤里焖熟，这样煮出来的鸡肉才水分足，肉皮脆糯，嚼起来有弹性。""红油是关键，增香，出颜色，煮鸡的原汤少不了，鲜得很哟。""白糖要多加，花椒一定要选上等货，才麻得纯正……"老马边操作，边跟我们闲聊，并没有顾左右而言他或故作神秘。

川南拌鸡最显著的特点，就是甜味突出，我们称了两斤鸡肉，老马就加了五勺白糖，花椒面也足足加了三勺。去超市买了一把方便筷子后，我们在河边的露天茶铺找了张桌子品尝。入口麻酥酥，回味甜丝丝，所有人赞不绝口，两斤鸡肉很快就被一抢而空。

当大家七嘴八舌讨论时，邻桌喝茶的人说，现在当地人更愿意去吃另一家"马鸡肉"，那是老马的儿子小马摆的摊。"可能是老马年龄大喽，有时手一抖就把料放多了。"那人开玩笑说。这番话听起来有点英雄迟暮的悲凉，换个角度来看，小马能青出于蓝而胜于蓝也是好事，老马的拌鸡技术算是后继有人。

内江

内江，古称汉安，位于四川东南部、沱江下游中段。原内江管辖范围广，仁寿也在其治下。1998年，资阳、简阳、安岳、乐至划出，另立资阳市。现内江市仅管辖市中区、东兴区、资中县、威远县、代管隆昌。

内江以甜城、糖都之名享誉全国，过去境内遍种甘蔗。我老家在内江资中，小时候印象深刻的场景，就是冬天用一种叫"马马肩"的工具运送甘蔗到糖厂，各生产队的人络绎不绝，连绵几千米。产糖，自然多甜食，内江过去盛产蜜饯，现在不少餐馆还有白糖糕这类代表小吃。

从流行的流派划分，内江、自贡一带属于川菜当中的小河帮，擅长干烧干煸、小煎小炒，以鲜辣见长。从特色来说，内江有大千、河鲜、甜食、家常等风味，其中又以大千风味独树一帜。张大千先生是中国近代著名的书画大师，同时也是一位美食家、烹饪爱好者。徐悲鸿在《张大千画集》序中称他"能调蜀味，兴酣高谈，往往入厨作美餐待客"。他自己也调侃："以艺事而论，我善烹调，更在画艺之上。"大千先生的厨艺，一是母亲的家传，二是名厨的指点，三是自己的创新。大千干烧鱼、六一丝等菜，都因他而闻名国内外。

干烧鱼是川菜经典名菜，烧制时不勾芡，自然收汁，把汤汁全部烧至鱼肉内部，装在盘里亮油一线，干香滋润。大千干烧鱼制作更为讲究，猪肉、姜、蒜等辅料也是刀工有型，棱角分明，不会随意乱刀斩剁。

沱江穿城而过，当地厨师自然也善烹鱼鲜。"郭五姐鲜鱼庄"在内江鱼类餐馆排名榜上算是前列，家常翘壳、麻辣三角峰、大蒜鲇鱼、家常青波、油炸河鲹……做法多样，味型多变。

·甜城特色小吃·

▎王凉粉

凉粉在巴蜀大地并不稀罕，几乎家家户户都能做。平凡当中见功夫，总有一些店能脱颖而出，内江的"王凉粉"就是其中之一。

第一次去"王凉粉"是2013年夏天，人气爆棚，通道两侧摆满了桌子，座无虚席，屋内也坐满了人，实在找不到座位的，只好端着碗站在通道中间吃。门口条桌上，摆满了一摞摞装凉粉的小碗，条桌后面，一个手脚麻利的姑娘正不停地往碗里添加各种调料，满脸淌汗。

店名全称叫"丝丝香王凉粉"，招牌上面的头像正是创始人王朝仙女士，现在已交给两个女儿经营。我去的那天，王朝仙刚好也在店，因此了解到该店的前世今生。王朝仙在家传凉粉的制作基础上改良，创出了丝丝香凉粉。

该店的凉粉品种较多，除了常见的红苕凉粉、白豌豆凉粉和黄豌豆凉粉，还有少见的花生凉粉。生意太好了，凉粉都事先切好装在碗里。白色的豌豆凉粉刮粗丝，其余则切粗条，有人点了再现放调料。该店的调味秘籍，应该是香辣油和凉粉调和酱，前者香辣不燥，后者咸鲜浓稠，能黏附在凉粉表面，巴味。除了这两种特制的调料，凉粉上面还撒了花生碎、鲜椒碎和葱花，用筷子拌匀，色泽红艳，香辣、鲜辣、辛香等滋味融合在一起，丝丝入味，满口留香。生意好还跟售价有关，不管啥品种，每碗才4元钱。

除了凉粉，还有面条、米线、炒饭，以及凉糕、冰粉、凉虾等消暑小吃。吃一碗凉粉，再吃一份凉糕和冰粉，顿时清凉了不少，也许这就是该店在暑热天大受欢迎的重要原因吧。

内江面

内江牛肉面，在川内小吃江湖榜占有一席之地。首先，面条有所不同。成都的面馆一般用的是棒棒面，面条粗如毛线签，制作时加少许食用碱，甚至是不加，因此面条煮熟后色泽较白。内江面馆普遍使用的是细面，制面时碱的用量较大，因此面条煮熟后色泽较黄，口感筋道。其次是味道不同，内江面加的是炼得有些过火的红油，有股特殊的煳香味。

开在大西街的"鲜美饮食店"，破旧逼仄，名气却不小，是内江城里的老号面馆。2013年的夏天，内江的杨国钦大师带我们去了这家店，当时座无虚席，只能在人行道上找了张桌子。

内江人习惯称这家面馆为"寡妇面"。杨大师告诉我们，这家店初创于1993年，当时的确是由一位中年寡妇在打理，不过两三年后，她就将面馆交给了女儿邓本秀经营。这位邓大姐从此便被不明就里的人误传为寡妇，其实她的丈夫一直在内燃机厂上班。2013年，邓大姐把店交给了女儿和侄女经营。这家传了三代人，开了30年的小面馆，一直都是由女人在操持。

现在好多内江人对"寡妇面"的来龙去脉都说不清楚，而在市井中流传着这两种说法：一是从来都是女人在打理；二是只卖素面，不提供面臊。和其他面馆不同，这家只卖抄手和素面，每天准备的原料卖完就收工，中午稍微去晚了就吃不到。

素面看上去没什么卖相，细软的面条卧在碗中，周围是一圈发黑的煳辣椒面。面条进嘴，第一感觉是一股浓郁的煳香。抄手也与众不同，洁白的面皮被一层黝黑的煳辣椒面簇拥着，入口也是一股特别浓的煳香味。

作为内江资中人，我第一次吃到这种味道的面条和抄手，感觉并不好，那股煳香味过于浓郁刺激，回味还微微发苦，而坐在旁边那些卖菜的老大爷、戴眼镜的小学生、衣着光鲜的白领，却吃得津津有味。

离开"鲜美饮食店"，杨大师又带我们去了开在太白路的"高汤面"。在那里，我们发现了内江面煳香的秘密。这也是一家小面馆，品种更丰富，光臊子就有鳝鱼、牛肉、杂酱等。打此招牌，是因为每碗面加的都是鸡汤。

在调料台上面，我看到了两缸自制油辣椒。内江的面馆老板都会自制油辣椒：先把干辣椒和芝麻放入加有少许油的热锅里炒香，凉凉舂成较粗的辣椒面，再放进料缸，一边浇入滚油一边搅拌。由于油温较高，所以炼出来的油辣椒带有一股浓郁的煳香味，这正是当地人喜欢的味道。

小雅青青

2013年，我到内江采访时，不少人推荐"小雅青青"，称它是内江的"明婷"。"明婷"早年间被称为成都最牛苍蝇馆子，影响力持续了十余年，知名度高，现在都还有很多外地人专门去打卡。

·刀口鱼·

"小雅青青"开在大千路上一条僻静的小街，当时店门外搭着塑料棚，下面摆着些简陋的桌椅，环境确实接地气。店主叫严军浩，居然是资中同乡，彼此关系一下就拉近了。这家店是他和表姐在2009年开创的，表姐名字当中有个雅字，所以就取名"小雅青青"。听起来像是一家雅致的私房菜馆，卖的却是家常菜。他们的目标是做老百姓的食堂，定位准确，经营很快就走上了正轨，生意火爆之后，还带火了这条原本冷清的小街。

严军浩不是专业厨师出身，但是想法多、肯钻研，店里除了火爆肥肠、火爆腰花、鱼香肉丝、肝腰合炒等传统家常菜，还有得到顾客好评的纤丝鸭面、刀口鱼、凉拌鱼、豆花牛柳等招牌菜。

刀口鱼借鉴了烤鱼的做法，鱼肉外焦里嫩，麻辣刺激。把鲤鱼宰杀治净，先从腹部进刀剔去大骨，再将两扇鱼肉压平，纳盆后加盐、姜葱汁、胡椒粉和料酒腌渍待用。下油锅炸至外表硬脆且内熟，捞出沥油，平放盘里待用。锅留底油，放入粗辣椒面和芽菜末先炒香，放适量香料粉和花椒面炒匀，出锅舀在鱼身上，撒葱花便可上桌。

凉拌鱼借鉴了泸州鱼鲜做法，加了折耳根粒，带着一股独特的异香。把花鲢宰杀治净，剁成小块纳盆后，加盐、料酒、姜葱汁和胡椒粉拌匀，腌渍十分钟。再放入开水锅煮至刚熟，捞出摆盘。锅里放色拉油烧热，下老干妈豆豉、剁椒酱、折耳根粒和花椒面先炒香，淋入香油后，舀在盘中鱼块上面。

纤丝鸭面的创意来自宜宾燃面。把碱水面条煮至刚熟，捞出来趁热加熟菜油拌匀，用风扇吹凉，做成凉面。锅里放适量色拉油，烧至五成热时投入腌好的鸭丝，滑熟再下青红椒丝快速地翻炒，加盐、味精和酱油调味并勾芡后，出锅放盘里垫底。取一些凉面放盘中鸭丝上，撒入芽菜末、酥花生碎和香菜后，淋适量的红油便可上桌。

回锅肉是道常见的川菜，可是这家加了资中的特产冬尖，味道就有些不同了。炒这道菜不能加豆瓣，以免影响冬尖的醇厚香味。

·火爆腰花·

·家常鳝鱼·

·子姜蛙·

三溪家常菜

　　三溪是内江东兴高桥的一个村，离市区约15千米，那里有座远近闻名的般若寺。村上有一家人气馆子叫"三溪家常菜"。

　　这家店开在镇上一条破旧的老街上，我去的那天是三溪的"闲天"（即不逢场的日子），赶场的乡民少，因此有机会跟店主刘洪闲聊。这家店已经开了30年，最早是由刘洪的老丈人付成文在经营，老人退休后，才由他执勺掌灶。老丈人的父亲付德敬，少年时曾在内江著名的"民乐饭店"学厨，新中国成立后曾给朱德做过饭，厨艺了得。付成文的厨艺学自父亲，在三溪开店后，还对外提供田席服务。

　　这家店之所以远近闻名，在于黄鳝、泥鳅、土鸡等都是当地所产。味道也有特色，内江跟自贡相邻，民间都喜欢重用子姜和鲜椒做菜，追求鲜辣劲爆的刺激口味。刘洪的烹制方法跟其他店有些差别，烧鳝鱼的时间较长，上桌后口感不脆爽，软糯脱骨。烧美蛙的时间也比较长，蛙肉欠细嫩，但优点是入味。

▌椑木美食

　　第一次去椑木是十年前，从成渝高速公路椑木出站，前行1千米，遇丁字路口左转，几分钟便到了。

　　椑木是成渝线的古老集镇之一，设镇于清朝，有古迹龙觉寺、东王庙和风景优美的玉屏山，素享书画之乡、川南第一门户之美誉。椑木曾经有过辉煌的历史，20世纪五六十年代"大二线"建设时期，这里迁建了四川农机厂和内江糖厂，内江"甜城"的称号，就与后者相关。20世纪90年代，四川农机厂改制为峨柴动力并成功上市，将椑木带入鼎盛时期。

　　沱江绕镇而过，水运发达，上接资中、资阳，下通自贡、泸州，公路网络四通八达。经过镇上一条颠簸不平的小街，驱车到了沱江边。水岸边一个光秃秃的土堆，中间竖着一块老旧的水泥碑，上书"椑木客运码头"。从小镇穿过的小溪在码头左侧汇入沱江，交汇处停着两三条破旧的竹篷小渔船，宽阔江面灰蒙蒙的，一艘大型挖沙船正在作业。近处有一条简陋的游船码头，颇有"野渡无人舟自横"之意境。昔日繁忙的水码头，如今好不荒凉。难以想象旧时运来这里成堆成垛的甘蔗，再整船整车地运走蔗糖，那是何等繁华热闹，在市场经济浪潮的拍打下，内江糖厂和峨柴动力早已先后破产倒闭。和大多数乡村小镇一样，椑木也处于新老交替的阵痛期。

返回椑木，新街光鲜现代，服饰、家电店一家紧邻一家，与大都市街巷几无二致。当穿过板板桥，右转上坡到了玉屏老街，完全是另一番景象。稀少的商铺行人、狭窄的石板老街、凋敝的木板老屋，与坡下拥挤繁忙的街景形成了很大的反差。玉屏老街全是低矮破旧的立料青瓦房，木板夹石灰的墙面上，隐约可见20世纪中期留下的标语。

老街尽头是一座破败的小庙，门前一棵黄桷树却长得枝繁叶茂。从街边的小巷子穿过去，是一些静寂的老式大院。年轻人都去外面的世界闯荡了，剩下的大都是老人和小孩。有的老人围坐在屋檐下打麻将，有的石像般坐在自家门口，神情木讷地望着冷清的街道。

老茶馆是人气最旺的地方，空气里弥漫着浓烈的叶子烟味道。这也是老年人的世界，各自叼着叶子烟，泡杯盖碗茶，围在一起打麻将或玩一种叫六红的长牌。与打牌的老人闲聊中，有人抱怨庙子废了、街面破了、谁谁又死去了……有人又说干脆早点拆建吧。新与旧的更迭，好些东西难免会随之逝去，是好还是不好，我说不清楚。椑木不过是许多乡村小镇的缩影，我们不过是个匆匆过客。

椑木有过不少有名的美食，"林五鲜锅兔""张胖烧鸡公肥肠鱼""钟四鲢鱼""南瓜桥毛血旺"都曾获得内江名菜的称号，传统小吃"板板桥油炸粑"更是驰名远近。

▍板板桥的油炸粑

据说穿镇而过的小溪上，以前架着一座木板桥，人称板板桥，后来木桥变成了石桥，但名字沿用了下来，现此桥长不足10米，桥下的小溪在1千米外汇入沱江。

桥头有一个挑着担子卖凉粉的小贩，据说十年如一日在此摆摊。小镇的饮食生意，大都不会轻易改弦更张，许多小店都有上十年的历史，久别家乡的人回来，总能在老地方找到久违的老味道。

迈过板板桥，在街的两侧各有一家卖油炸粑的小吃店，一侧号称"正宗"，另一侧号称"正宗老字号"。店堂环境都很简陋，到底谁更正宗，无从分辨，从店堂老旧的程度看，历史都不算短。

二选一，我们跨进了那家"香润小吃正宗板板油炸粑"的小店，店内零散摆了三五张简易餐桌，店墙上挂着一块首届东兴区人民政府颁发的名小吃招牌，两个赶完场的老汉正吃着包子、喝着稀饭。

店门口蜂窝煤炉子当街而设，上面坐着一口黑不见底的油锅，金黄色的油炸粑沉沉浮浮。菜油的香味儿和蜂窝煤不完全燃烧的硫味儿，有些呛鼻，却是一种久违的熟悉，仿佛回到了旧时光。

据《内江县志》记载，椑木板板桥的油炸粑起源于清朝末年，这是一种糯米类油炸小吃，在内江民间盛行。糯米浸泡并蒸熟，舂成糍粑状。另取绿豆蒸熟，捣成糊状，加盐和花椒做成咸味馅心，扯下一团糯米糍粑，包入馅心捏圆，压成圆饼状入油锅烹炸。必须用菜油炸，不能用色拉油。成品中间略凹，呈灯盏状，竖着码在陶瓷盘里，黄灿灿的一排，很勾人。

每个一块五，皮脆馅软，咸甜化渣，口味不错。若是配碗热气腾腾的豆浆，估计更适口。看我们吃得高兴，那对中年店主夫妇还热情地演示制作过程。

▎南瓜桥廖血旺

在20世纪80年代，椑木的南瓜桥血旺与资中的球溪河鲇鱼、重庆的来凤鱼，并称为成渝路上三大名菜，不但东来西往的司机会停下来大饱口福，成渝两地的厨师也经常前往考察学艺。

南瓜桥并不在椑木镇上，从高速出站到丁字路口，左转是椑木，右转是南瓜桥。随便找个当地人询问，都知道南瓜桥血旺。

做南瓜桥血旺最出名的餐馆，全名叫"老江湖廖血旺"，那是一幢两层小砖楼，二楼外墙上简单地扯了一幅红底白字的店招，外墙看似刚粉刷过。想象中，这家声名远播的路边店应该是几间茅草屋或青瓦房才对，在夕阳余晖下，屋檐处须有一块布幌子迎风招展，三五成群的粗壮大汉一手端酒一手划拳，一边高声谈笑，一边大啖麻辣血旺……

据说"廖血旺"最早由椑木人廖正西创立于20世纪70年代末，经过往司机的口耳相传而出名，因为历史比较长，才在前面缀以"老江湖"名号。前些年球溪河鲇鱼、重庆来凤鱼在各地开了无数的店，而南瓜桥"廖血旺"却是独守一隅，要饱口福，只能去椑木。据说，当年廖正西脾气特别古怪，记者慕闻前去，他非但不接受采访，还说谁报道了就找谁麻烦——他怕名气太大了忙不过来，累！

·火爆肥肠·

成渝高速通车后，走老成渝路经过南瓜桥的车辆越来越少，过往的司机少了，却仍会有一些像我这样的好吃嘴慕名绕道而去。如今老江湖廖正西早已退隐，掌勺的都是后辈，年轻人还是希望更多的人记得“廖血旺”——生意好又不是坏事。

这家的血旺菜不下十种，麻辣血旺、酸辣血旺、鱼香血旺、肥肠血旺、毛血旺、荤血旺、三鲜血旺、血旺鱼……最有特点的是麻辣血旺，经店家允许后，我们进厨房观摩操作。经过预处理的超大块血旺浸在清水中，灶头上摆着豆瓣酱、干辣椒、花椒等常见的调料，并无独特之处。掌勺师傅说，该店最大优点是血旺新鲜，每天都去屠宰行“接”新鲜猪血，端回来自己煮。别的地方都是把血旺切块，而廖血旺则是切成大片，久煮不烂，也不老。

深红却不失鲜艳的大盆血旺端了出来，浮在表面的那些辣椒面、花椒面仍在翻腾跳跃，香辣味随之飘散开来，刺激！

搛起一片血旺，当真是又薄又大！抖两抖，颤巍巍，并没有碎烂。入口的第一感觉是烫和鲜，烫得想吐出来。可吐出来伤面子、吞下去伤身子，只好含在嘴里不停颠翻、吸气，软嫩的血旺随之碎烂，麻辣辛香味在嘴里四散开来，头皮有轻微的针扎感。几片血旺下肚，周身已然开始发热，似乎乌云密布的天空猛然放晴，万道金光穿云而下，心中的阴霾一扫而光。

除了当家的血旺菜，这家的臊子脑花值得一试，油多味重，洁白的猪脑花浸在一汪红油里，光看看就够诱人。典型的家常豆瓣味，臊子炒得非常香脆，脑花细嫩腻滑，这样的口感搭配深合阴阳之道。火爆肥肠也不错，火候恰到好处，色泽金黄、味道香辣，边缘焦脆、内里糯软。

·资中·

资中建县有2000多年，古称资州，是古时成渝之间唯一的一个直属州。

乡音难改，乡情难舍，乡味难忘，作为生于斯、长于斯的资中人，对家乡的风味自然是饱含深情。清朝唯一一名四川籍状元骆成骧也是资中人，离我老家不过十余里*。作为一座文化历史古城，关于资中的介绍，网上资料很多，在此不赘述。特别值得一提的是资中文庙，大成殿内的孔子像，是全国独有的一尊孔子站像。资中是孔子老师苌弘的故乡，尊师重教，故不能坐。七孔照壁也是资中文庙七绝之一，照壁由云海波涛、蟹虾鱼龙、坊塔石树、鱼跃龙门等组成。其他地方的鱼跃龙门都是鲤鱼跳，而这里却是鲇鱼，你说怪不怪？

说怪也不怪，这得从资中最具特色的名菜球溪河鲇鱼说起。

*1里为500米

球溪河鮎鱼

资中境内有球、濛二溪，汇于沱江，盛产鮎鱼。鮎鱼肉质肥嫩鲜美，无细刺，胶质重。体表光滑无鳞，多黏液，头扁口阔、有细齿，上下颌有三对须，家乡人称其鮎胡子、鮎巴郎。现在流行的都是大口鮎，只有两根明显的长胡须。谁质量更好，好像也说不上，反正都是无鳞鱼，口感相近，关键还是做法。

球溪河鮎鱼，跟成渝沿线的辣子鸡、酸菜鱼、璧山兔、邮亭鲫鱼等江湖菜兴起于20世纪80年代末，都是典型公路经济产物。最初只是在路边小店售卖，没啥名气，因为南来北往的司机口耳相传而上了江湖榜。在20世纪90年代中期，球溪河鮎鱼曾在成都风靡一时，人南立交桥外侧，连着开了好多家店，俨然成了鮎鱼一条街。穿过龙泉山隧道，成渝高速路两边也有不少打着"球溪某某鮎鱼""资中某鮎鱼"招牌的馆子。

据一位资中朋友说，最早做鮎鱼的并不是球溪，而是相邻十余千米的渔溪天马山。不知道什么时候开始，反而球溪鮎鱼叫响了，从此约定俗成。就如烤鱼最早源于巫山，后来反而是万州烤鱼叫得最响。阴差阳错，有些事说不清、道不明，也没太大必要去深究，毕竟两镇土挨土，田连田。

在资中县城的高速出口右侧，有一家开了多年的"黄鲶鱼"（"鲶"为通俗写法，正确写法为"鮎"，但为保持店名的完整性，故用"鲶"。），而在

·大蒜鮎鱼·

球溪和渔溪的高速出口，公路两侧全是打着各种招牌的鲇鱼店。招牌和橱窗上都写着老店字样，估计只有镇上的人才知其底细。

2020年8月，河南卫视以我为主角到资中拍摄《老家的味道》，在球溪高速出口，我走进了一家叫"球溪老成渝周记鲇鱼生态鱼庄"。鱼都是现点现杀现烹制，宰杀、斩块、腌渍、烹制，两三个人流水线作业，天天操作，熟能生巧，自然动作麻利。斩鱼的大姐手起刀落，"当当当"几刀，一条鱼就成了厚薄均匀的条。鱼条要先加盐溇味。她边操作边解释，加盐以后，一定要用手抓匀，不能偷懒，直至抓出黏液，才能加入啤酒和红苕淀粉抓匀。

球溪河鲇鱼不是具体的一道菜，而是品类代称，要说特征，就是用直径40厘米大的搪瓷茶盘（以前放暖水瓶的一种用具）盛装，粗犷豪放。制作时重用泡辣椒、干辣椒，再配以花椒、老姜、子姜、泡姜、大蒜、葱、香菜、芹菜等，将辣椒、花椒、姜、葱、蒜等香辛料的滋味发挥得淋漓尽致。

掌勺的嬢嬢做了三十年的鱼，从父辈学来的手艺，她边做边向我们介绍秘籍，毫不保留。如何试炸鱼的油温呢？"用勺子舀起烧烫的油，淋在盆里的鱼条上面，听音辨温度，一定要有炸裂声才可下油锅。码鱼的淀粉要不多不少，炸完鱼肉后，油必须干干净净，一丁点粉都不要掉进去。"

"烧鱼的料并不复杂，无非是姜、蒜、豆瓣、泡菜等几样，一定要慢火炒出香味。"

"烧鱼要加两次醋，炒料时加一点，去腥增香，起锅前再加一点，突出微酸的回味，但千万不要加酱油……"

"看起来简单，但在城里做不出这种味道！你们城里用的是自来水，我用的是井水。"

一方水土养一方人，一方水土也做一方菜。

一般的鲇鱼店会做家常、麻辣、香辣三种主要味道。这家的三种味道其实是叠加升级的，直接出锅的是家常味。装盘后，锅里再放一勺红油烧热，放入干辣椒节和花椒炝香后淋上去的，是香辣味。在家常味的基础上，重加花椒面、花椒油和红油的，则是麻辣味。比较而言，香辣最有特色，鱼未上桌，扑鼻之味已经先香夺人。

球溪河鲇鱼制作时重用泡辣椒、干辣椒，再配以花椒、老姜、子姜、泡姜、大蒜、葱、香菜、芹菜等，将辣椒、花椒、姜、葱、蒜等香辛料的滋味发挥得淋漓尽致。

兔儿面

资中、自贡一带农村，以前家家都养兔。小时候，我放学回家第一件事，就是放下书包、背着竹篼去山坡割兔儿吃的草。资中乡下对家畜家禽，通常后面带个儿字，猪儿、狗儿、猫儿、牛儿、鹅儿、羊儿、鸭儿。鸡后面可不能加儿，而是叫鸡娃子。

兔儿面和兔子面都是并存的称呼，前者在口头上似乎更流行，县城的大小面馆，都以它为招牌，算是跟鲇鱼齐名的资中名吃。卖兔子面的面馆虽多，但"小东十七"的名气似乎大些，因创始店开在小东街十七号而得名。我第一次吃兔子面就在这家。那是2007年五一假期，在一间破旧逼仄的分店，门口的老板一脸自豪，说这已经是第五家分店了。

那次去得较晚，臊子已告罄。炉灶临街而设，一个小姑娘正一手执勺一手拿铲，不停在锅中翻炒。看我在那拍照，老板自信地在旁边解说：炒兔子时不加任何香料，要小火炒制一两个小时，靠的是兔子本身的鲜味和调料长时间翻炒的香味。然而对于具体的操作方法和加放了哪些调料，她却称是祖传秘方，不会外泄。

红艳艳的锅里，斩成丁的兔肉正随着锅铲上下翻滚，一股浓郁的香辣味四散开来。辣椒节、辣椒面、花椒等随着红油和兔肉翻滚。我站在旁边看她翻炒，中途还加了大量的甜酱。小姑娘说兔肉还不够火候，因为赶时间，我强烈要求煮了二两面。除了兔肉臊子，还另外加了一些脆臊，称之为双臊面，资中很多面馆都这样卖。兔肉麻辣鲜香，无草腥味，脆臊干香，可能是因为刚炒的原因，调料的融合还不够，诸味不协调，一股火辣辣的味道从嘴贯穿到胃。

嘘着气迈出门，刚好有卖凉糕的小贩推着小车从面前经过，赶紧上前买了一碗。带着漏子糖甜香味的凉糕顺喉滑下，一热一凉，一辣一甜，在两种不同味感小吃的夹攻下，没办法用语言形容这种感受。十多年过去了，仍记忆犹新。

凉糕在川内常见，但我这么多年，都没有吃到过比资中凉糕颜值和味道更好的。凉

·制作兔肉臊子·

糕是用米浆制成的，在锅里将其煮开，再加入碱
性物质使其凝结成稀糊状，再倒在容器里晾凉
定形，冷藏后加糖食用。资中人在制作时，
在定型的碗底加了点上色的料，售卖时倒扣
过来切开，顶部就有一抹嫣红。"一行服一
行，凉糕就服漏子糖"，现在大部分的凉糕
配的是红糖水，而资中人加的是漏子糖，这是
一种未经提炼的稀红糖，甜度没那么高，不会甜
到咬心咬肺，而且还保留一股甘蔗的清香味。过去内
江境内大量种植甘蔗，在我幼时记忆中，家乡地里冬天全
是成片的甘蔗林。现今，资中遍种柑橘，其中最著名的是塔罗
科血橙，估计这漏子糖也绝迹了。

2020年，刘乾坤老师（也是资中人）给我推荐了他经常吃的"手拉
手"。这家店破败老旧，旁边那条巷子，完全是20世纪80年代末第一次进
县城的记忆。看到这场景也就感叹下，叶公好龙式的怀念，纯属无病呻吟。
记得多年前去某古镇采访，有人感叹那些老房子多好，千万要保留。房主听
了，冷笑一声，"这么好，你们用城里的房来换嘛！"不要说换了，在里面
住几天都受不了。

老板姓王，非常随和，他在这开了很多年，来的都是老买主。那锅提前
烧好的兔肉臊子，汤味协调柔和，不像第一次在"小东十七"吃的那般大麻大
辣。兔肉也酥香软烂，脱骨。

成都多数面馆，习惯用棒棒面，面条粗如筷尖，煮制时间长，内部不易入
味。资中兔子面用的是细面，煮制时间短，口感筋道，同时也更入味。

其他地方的面条，上桌前一般要撒葱花点缀，兔子面加的却是韭黄节，这
也是亮点之一。这家除了兔子面，还卖水粉。水粉是川南特有的称呼，即红苕
粉，而且特指现出的，而不是干粉丝，口感绵软顺滑。水粉除了加兔肉臊子，
还要加酥豌豆，口感层次更丰富。

荷花饭店

以前回资中老家，大都是穿城而过，少有停留，因此对县城的街道和餐
厅不熟。"荷花饭店"是例外，这些年来应该吃了有十次之多。店招上有"陈
静"字样，这是创始人女儿开的店，老店在明心，老父亲仍在留守。

这家店靠一道凉拌蹄花扬名立万，做法与众不同，成都的一些餐饮老板和
大厨都前往偷师学艺。名为凉拌，上桌却是温热的，蹄花口感脆爽有嚼劲，酸

资中兔子面用的是细面，煮制时间短，口感筋道，同时也更入味。

·凉拌蹄花·

·麻辣牛肉·

辣开味。外行吃热闹，内行懂门道。制作有讲究，新鲜猪蹄先氽透，刮洗干净，去除异味。煮时加姜、葱，几颗花椒和胡椒，不能久煮，煮一会儿就捞出来用冷水冲漂，再入锅煮制，如此反复两三次，捞出来晾凉，斩成块，这样方能达到表皮脆爽的效果。在拌味前，需把猪蹄块放在开水锅里冒热，其实算热拌。拌味时，需加大量鲜小米辣碎、姜末，以及花椒、葱花、醋、盐、白糖等调料，一定要突出酸辣味和姜的辛香味。

除了拌蹄花，麻辣牛肉和风萝卜滑肉也必点。牛肉先卤后炸，再加辣椒面、花椒面等收制而成。底味足，香味够，麻辣味协调，入口化渣。

滑肉汤是资中家户人家常做之菜，可选腿肉，也可用排骨，后者更有特色。制作关键在于表面的红苕淀粉一定要足够厚，完全把肉包裹，方能入口滑、吃着韧。有经验的人会在调浆时加少许熟芡——即用开水把少量红苕淀粉烫熟，再和生的红苕淀粉调成浆，这样淀粉能更好地黏附在肉的表面，不易散落在汤里。

资中田席及镶碗

传统的四川田席，亦称九斗碗、九大碗、三蒸九扣，后面三种叫法，形象概括了菜品情况。不同地方，配置略有不同，但甜烧白、咸烧白、镶碗、蒸髈、摆碗等必不可少。

过去农村里办席，主人家常常是请一两位厨艺高超的乡厨来掌火，象征性给点酬金，购买原料、清洗刀工、上菜洗碗等杂活，则由亲朋邻居帮忙。

早年间办席，装菜全都是粗糙的大号斗碗（这也是九斗碗的由来），由主人自备，烹制过程中所需的大蒸笼、大木甑得外借，就连摆席的桌和凳，也需向左邻右舍借，有时桌数多，两三里范围的桌凳都会被借用，如果还不够，就只能办流水席。操办田席，多半是婚丧嫁娶、过生祝寿等大事，具体办多少桌，以及席桌的规格，则是量力而行。

过去办席在农村是件大事，远方的亲友在开席的前两天陆续赶来，开席前一天，附近乡邻也会前来送礼。主人家会请一位办事稳妥的人做知客师，负责登记客人的姓名和礼金、礼物，顺带统计参加筵席的人数。厨师在开席的前一天就开始筹备，主人家安排人手协助。妇女一边择蔬菜，一边东家长西家短拉家常；青壮男人负责上街买菜、挑水劈柴、垒灶杀猪、搬桌安凳。老人聚在一起喝茶摆龙门阵，或者是围坐在方桌上玩川牌。孩童四处追逐打闹，无比热闹。

以上是我幼年时代的田席记忆，2000年以后，农村的田席发生了大变化，

一般采用包厨制。每个镇都有承包办席的乡村厨头，他们在当地有一定的名气，既熟悉传统的田席制作，还能跟上时代的进步，懂得创新。根据每次田席的规模，厨头会组织相应的人手，要么是兄弟联手、夫妻搭档，要么是父子上阵。办席分为包工和全包两种，包工是指原料由主人采买，厨师只收取制作费。全包是指主人只认多少钱一桌，桌椅用具统统由对方承包。为了降低损耗和便于清洗，包厨者多使用不锈钢碗盘，摆上桌冷冰冰的，少了以前大斗碗盛菜的气氛。由于整个过程都由包厨的人在负责，不再需要主人帮忙，所以在开席前，少了从前办席那种热闹场景。菜品倒是丰富了，虾蟹甲鱼之类，但镶碗、甜烧白这几样传统田席菜品是少不了的。

镶碗，往往被写成香碗，咸鲜、软嫩，老少皆宜，是川南田席当中最受欢迎的一道菜。若缺少此菜或有失水准，不仅掌勺厨师的水平会被质疑，主人也会被说闲话。

在资中乡间，很多家庭主妇主男都会做镶碗。我妈妈就是做镶碗的高手，每年春节，必须亲手做一批，她总是抱着一种虔诚的态度，肉得亲手剁，汤一定得是鸡汤，绝不会减半分工少一丝料。

镶碗的制作过程烦琐且讲究。先得摊蛋皮，以前乡下做饭菜用的都是柴火大灶和无耳大铁锅，锅边沾满了柴灰锅煤，极难操作。每次摊蛋皮之前，妈妈先切块肥肉炙锅，让锅底润滑，油又不会过多。倒进蛋液后，便用布包住锅边，双手端着大锅左右倾斜旋转，让蛋液自然流成相对规则的圆形。费时费力，当属剁肉。选猪里脊肉，先切碎块，再细细剁成泥，可加少许姜和葱一起剁。偷不得懒，用机器绞出来的肉泥，口感要差很多。把肉剁好后，加盐、胡椒粉、味精和少许的清水，搅打上劲（这非常重要），再抓起一团来放蛋皮上，捏成长条并裹紧了，在收口处用蛋清粘严实。逐一裹完后，摆在蒸格上，再放进甑子蒸30分钟。

镶碗生坯蒸好后，取出来晾凉，切成厚片摆于碗底，上边放炸好的肉丸、酥肉和排骨（在炸酥肉和排骨时，都要先裹一层厚厚的红苕淀粉）。把摆好了的镶碗再放进甑子，蒸约1小时取出来翻碗，一般是用大碗或小盆来盛，并且要以豌豆尖或者是煮软的菜头垫底，最后灌入调好味的清鸡汤。

·甜烧白·

·大蒜鳝鱼·

·包米煨鸡·

·子姜鸡脚·

· 威 远 ·

威远，取"威名远震"之义，古梁州之域。主城区离内江市区和自贡市区都不远，饮食风味相近，当地人同样喜欢用鲜椒、鲜子姜做菜。威远新店所产七星椒，全国有名。这些年自贡菜之所以风靡，七星椒功不可没。

2013年，四川烹饪杂志社曾专门组织过一次威远美食采访，这座跟家乡相邻城市的美食，让我胃口大开、眼界大开，后来隔三岔五去寻味。开在高阳街的"雅盛饭店"，老板姓黄，以前在镇西开家常馆子，2012年才搬到城里。他把鲜七星椒和子姜用得出神入化，红烧鱼云、子姜猪鼻筋这两道菜，现在想起都流口水。"品品人家"是庆卫最大的餐馆，除了承接包席外，平时零餐主营鸡肴，现点现杀，可凉拌、热炒、炖汤。根据季节变化，可以做出黄焖鸡、小煎鸡、辣子鸡、风萝卜烧鸡、泡椒鸡杂、白果炖鸡、野菜腊腿炖鸡、玉米炖鸡等不同品种，可选一鸡三吃或一鸡四吃。建设路西段的"高升大酒楼"集餐饮茶楼娱乐于一体，特色菜有瓦块鱼头、七星椒麻辣鸡、香卤岩鲤等。人民路的"罗家家常菜"，由当地烹饪协会罗会长主理，专做家常菜，最出彩的是冷香鱼。

葫芦口水库离县城仅十余千米，是威远和自贡的水源地。1979年建成，系浆砌条石溢流重力坝，坝高71米，雄伟壮

·南瓜烙·

观，下面的河沟是消暑胜地。大坝左侧山坡上的"葫芦口休闲庄"，掩映在一片树林里，以卖水库鱼、土鸡和山野菜为主，所有的原料皆取自当地。家常鲤鱼、冷吃河鲹、豆豉河鲹等凉菜非常巴适。该店的南瓜饼和酸辣乌鸡脚也是一绝。

▍三毛鱼庄

铺子湾是威连路大动脉上第一镇，位于威远县城西北部，距县城仅3千米。镇上有家"三毛鱼庄"非常有名。这家店跟著名作家三毛并没有任何关系，创始人姓毛名诚国，排行老三。毛国诚身材魁梧，声音洪亮，一看就是个豪爽之人。当初采访他时，他大手一挥："我不懂做菜，但我在尝味和营销方面非常在行……"

他原来是跑漫游的货车司机——全国各地跑车拉货，那些年，毛诚国跑遍了中国大部分省市，品尝了各地的风味菜肴，嘴巴也变刁了。2004年，他转行做餐饮，在威远新场开店，2006年搬到了铺子湾。走南闯北的他见多了社会上坑蒙拐骗的事情，因此把诚信放在了首位。许多餐馆的兔头都是论个卖，但他认为兔头有大有小，不能亏待顾客，所以按斤出售。凡是对兔头味道不放心的，可以先尝后点，觉得口味不符，马上端回去重做一份。本着吃饱吃好不浪费的原则，凡是大手大脚超量点菜，他一概制止。正是因为这一套与众不同的做法，"三毛鱼庄"在威远的名气越做越响。

主厨是毛诚国的两个儿子，大毛和二毛。该店鱼鲜有大蒜、鲜椒、水煮、酸菜、蒜香等几种味道。烹鱼用的是自制的泡菜，调底味用的是咸味重的老坛泡菜水，大毛说，比直接放盐的味道更好。

鱼和熊掌不可兼得，但鱼和兔头可以。打着鱼庄的招牌，现在远近闻名的反而是风味兔头。兔头先用秘制卤水卤熟，对剖成两半，再回锅加辣椒面、干辣椒节、花椒等炒制。麻辣干香，回味悠长，类似于干锅做法，味感层次比一般的卤兔头丰富。

现在毛家的兔头已经成了威远的一张美食名片，经常有人远道而来打包买走。蛋酥花仁也颇受好评，这其实是一道传统凉菜，现在少有人制作了，面糊均匀地裹在花仁表面，炸制火候掌控到位，吃起来酥松化渣，不顶牙。

▎威远羊肉汤

跟简阳人一样，威远人一年四季都喜欢吃羊肉。

第一次吃威远羊肉汤是在东街的"游记对"，老板姓游。羊肉汤鲜香不油腻，甚得我心，麻辣羊血也必点。

第二次和几个朋友去威远，"游记对"在装修，于是去了"李羊子"，味道更鲜美，每个人连喝了五碗汤，韧中带脆的羊肚蘸七星椒碟，爽！

第三次去威远，我专程去了威远羊肉汤的发源地新场，吃了镇上有名的"唐二娃"。闲聊中，老板跟我分享了做羊肉汤的技巧。

威远羊肉汤大都选本地山羊，熬制时，在大锅里放入羊骨、羊肉、羊杂，还要加姜块、葱段、八角、当归等。羊肉煮熟便捞出来，晾凉后切片，羊骨继续熬至汤汁乳白。有人点食，取适量羊肉、羊杂，在滚沸的羊肉汤里

冒热，再连汤上桌，配蘸碟吃。肉是定量，羊汤可续。

威远羊肉汤重清鲜，简阳羊肉汤喜醇浓，做法不同，简阳的羊肉、羊杂需下锅加羊油、姜米等爆炒，再加羊肉汤煮开，浓酽油重，相比之下，威远羊肉汤更为清亮鲜香，清爽不油腻。威远羊肉汤的蘸碟也与众不同，七星椒必不可少，做法极简单，鲜七星椒剁碎，加点盐稍渥后盛在盆里。客人根据嗜辣程度自取，再加香菜、葱花、酱油拌匀。

麻辣羊血、火爆羊肝、粉蒸羊肉，基本上是每家羊肉汤馆标配。羊肉麻、辣、鲜、香、烫、嫩、滑。羊肝口感细嫩、味道鲜辣。

▎新店七星椒

对于职业吃货来说，到了威远，季节合适的话，一定要去趟新店。这个距县城约15千米的普通小镇，被称为"中国七星椒之乡"。

我国自古就产花椒，引入辣椒的历史在明朝中后期，而四川地区大量种植辣椒，则是伴随着明末清初移民浪潮开始的。现代川菜以麻辣著称，优质的花椒与辣椒缺一不可，早年间，川内辣椒以成都双流牧马山一带的二荆条辣椒和威远新店的七星椒闻名。

二荆条辣椒辣味适度，鲜香不燥，鲜品是制作郫县豆瓣的绝佳原料，干品在川菜中的运用亦广。七星椒以辣味醇烈闻名，曾被选为中国电视吉尼斯辣椒比赛专用椒。内江、自贡一带流行的鲜辣风味菜，正是因为七星椒的辅佐而特点鲜明。

新店属川中浅丘地貌，丘陵温暖湿润气候区，年均降水量在900毫米左右，年日照时数1 120小时。这些是我去之前查阅到的资料，这也许是最适合七星椒生长的地理环境。可是，为什么只有新店才出产最优质的七星椒呢？

当天带路的新店十字村村支书宋光明告诉我们："新店部分村组特有的紫色土，最适合七星椒生长，栽种在其他地方，品质会变差，这种紫色土栽种其他辣椒，品质也更好。"

· 七星椒韩椒普通辣椒对比 ·

双味蘸水鸡·

·子姜鼻筋·

村主任刘德生告诉我们，现在他们村里不只种植七星椒，还引进种植了韩国、泰国等外来品种辣椒。他把我们带到辣椒地里，详细介绍几种辣椒的区别。以前对七星椒知之甚少，只知道它属于簇生椒，每一簇结有七只辣椒。七星椒名称的由来，民间还有另一种说法——称其辣度可达七星级。

从刘德生那里，我了解到了更多有关七星椒的知识。七星椒是朝天椒的一个分支，不过长成后大部分不是椒尖朝天，而是下垂。与普通的朝天椒比较，七星椒的个头更细长，最显著的差别在于椒把——其长度是普通朝天椒的两倍以上。一般辣椒的植株最多长两台（辣椒长到一定高度开花挂果，随后再往上生长，再开花挂果），而七星椒则可以长到四五台，越往上长，所结辣椒的椒把会变得越细。十字村的村民多数都在种植七星椒，刘德生家种了二十几亩，每亩产量可达1 500多千克。村支书宋光明告诉我们，现在新店七星椒的种植面积有500多亩，而十字村就达到了300亩。我观察到，在栽种七星椒的地里，一般还套种有无花果树和花生，据说在辣椒采收完以后，村民还会种植大头菜，全年经济效益很可观。村民采摘下来的七星椒，除了少部分在当地菜市卖以外，大都交给镇上的七星椒公司。这个由新店创办的公司，采取"公司＋农户"模式，进行深加工后，再包装销往全国各地，甚至是出口到韩国、斯里兰卡、菲律宾、新加坡等国家。

为什么七星椒会如此受欢迎呢？刘德生说："与四川其他地方的辣椒相比，新店七星椒具有色泽鲜红、皮薄肉厚、辣味厚重、辣香兼具、辣不烧胃、回味微甜等特点。"说完，他随手摘下两个辣椒让我们尝味。七星椒的

·七星椒剔骨肉·

辣味相当猛烈，乍一入口就感觉头皮刺痛，继而眼中含泪，而吃到椒尖处，的确有些许回甜。

除了栽种七星椒，子姜也是当地人大量栽种的作物，而这两者都是制作鲜辣风味菜肴不可或缺的辅料。一方水土养一方人，在内江、自贡一带民间，人们普遍嗜食鲜辣菜，不管是煸仔鸡、炒兔肉，还是煮美蛙、烹鲜鱼，都是大量用子姜和鲜椒。在一些大城市，这些年自贡盐帮菜正是凭借其鲜明的鲜辣风味才在市场上走红。以成都为例，就有不少打着自贡风味招牌的特色餐馆。自贡距离威远新店不过20千米，大量使用优质七星椒并不奇怪，一些外地厨师做的子姜美蛙、鲜锅兔等自贡特色菜，总是不如自贡一带做的那般刺激醇厚，主要原因就在于没用七星椒。

威远人非常爱用七星椒做菜，小到调制蘸水，大到烹鸡煮鱼。十字村的村民曹建之告诉我们，用七星椒调制蘸水很简单，把新鲜的七星椒剁碎，加盐稍渍后，再加点泡菜水和葱花，调匀就成了美味的蘸水。威远人在夏天也喜欢吃羊肉汤，用新鲜七星椒调制的蘸水，是蘸食羊肉的最佳搭档。庆卫"品品人家"的双味蘸水鸡，其中的一个蘸碟就是把鲜七星椒与大蒜一起舂碎，然后加盐、味精、鲜露、干青花椒面等调制而成，鲜辣微麻。

在威远城里，我们看到多数酒楼饭店的特色菜都少不了七星椒的身影，比如"雅盛餐厅"的子姜猪鼻筋、青杠嫩鱼、红烧鱼云，"高升大酒楼"的瓦块鱼头，"三毛鱼庄"的七星椒黄辣丁、七星椒剔骨肉等菜，都是因为有七星椒的辅佐而彰显独特的风味。

·隆 昌·

隆昌，取"兴隆昌盛"之寓意，省辖县级市，由内江代管。隆昌素有中国石牌坊之乡之誉，第一次去隆昌已经是夜晚，我们专门去牌坊群参观，高耸的石牌坊在灯光的映照下，若明若暗，分外神秘。次日清晨，我们再次前往，才得窥全貌。

隆昌盛产青石，据资料记载，隆昌青石成矿为侏罗系下统珍珠冲地层和侏罗系中统下段沙溪庙组地层。青石雕刻，最初只零星出现在民间建筑中，随着石牌坊的兴起，雕刻艺术逐渐盛行，到现在已有700多年历史。

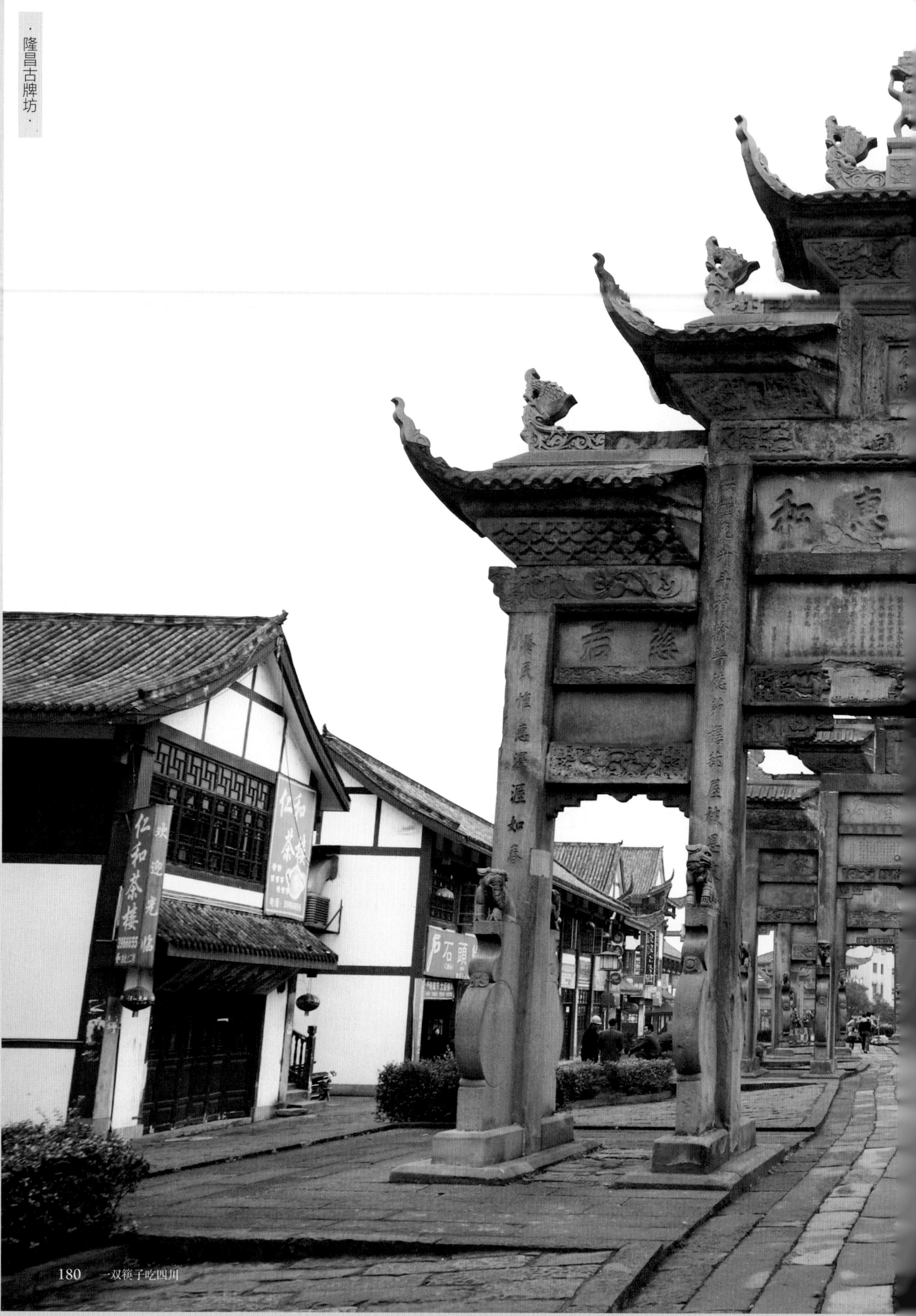
仁和茶楼
欢迎光临
仁和茶楼

隆昌的美食特产有"三白"：白鹅、白猪和白兔，我对隆昌美食印象最深的是鹅肉。民间有鹅肉为发物的传说，因此在一众家禽当中，吃鹅不算普遍，但四川一些地方却对鹅情有独钟。发物之说，其实并没有什么科学依据，也许跟明朝徐达吃了鹅肉导致背疽发作而亡的民间传说有关。隆昌人和与之相邻的重庆荣昌人，就特别喜欢吃鹅。第一次去隆昌，我们就去过一家叫"金鹅鹅汤"的小店，主营白味滋补鹅肉汤锅，吃完锅里的鹅肉，还可以烫其他荤素菜。

有一年，我们在内江还去过一家"余家鹅庄"，据说店内各种鹅肉做法也源自隆昌。最有特色的是卤鹅，光那颜色就不禁启唇向天歌，口水往下流。鹅肉的饲养周期一般比鸭长，在广东潮汕一带，经年老狮头鹅售价不菲，盖因肉质耐嚼，鲜香味足。隆昌卤鹅名气较大，我原来住的小区楼下就开了一家叫"鹅门"的隆昌卤鹅店，时常光顾，鹅肉的咀嚼感和鲜香度优于卤鸭，尤其卤鹅掌和卤鹅肝，堪称一绝。隆昌卤鹅，咸香与五香兼具，蘸上麻辣红油味碟，滋味更为浓郁。"余家鹅庄"的鹅肉锅底极其鲜美，烫煮的原料有滑嫩的鹅肉片、柔嫩的鹅肉丸子，还配了用鹅肉炸的酥排，用黄豆烧的红烧鹅，堪称鹅肉全席。

　　隆昌第二个叫得响的招牌美食是羊肉汤，隆昌羊肉汤选用黑山羊，把羊肉、羊骨、羊杂放铸铁鼎锅，熬至汤色雪白，其浓酽度介于简阳羊肉汤和威远羊肉汤之间。当地人四季常吃，早上来碗羊肉汤，一个燕窝粑，是很多隆昌人的日常。在成都洞子口附近，有一家开了多年的小店，店名叫"隆昌四季羊肉汤蹄花汤"，是身边圈内人的私藏店，不轻易透露，以防知道的人多了，自己吃不上。

·卤鹅·

·红烧鹅·

自贡

自贡建市历史不长，抗战期间才因盐设市，取自流井和贡井两口盐井的首字而命名。现辖自流井、贡井、大安、沿滩四区，以及荣县、富顺二县。

盐为百味之首，自贡对川菜贡献当然重大。东汉章帝时期，富世盐井就闻名于蜀，北周武帝时，自贡又出现了大公井。北宋庆历年间，卓筒井技术开启了机械凿井时代，提高了井盐生产效率。清中期，自贡井盐生产达到鼎盛，大量各地盐商、盐工聚集于此。大安区阮家坝的燊海井，凿于清道光年间，经历13年，深度超千米，现仍在运转。

穿城而过的釜溪河帮助盐商把井盐运往外地，给自贡带来大量财富。一个地方的餐饮是否繁荣，是跟当地的富裕程度密切相关。盐业贸易造就了一帮富商，他们对吃格外讲究，加上当地的物产和气候，这就形成了自成一格的盐商菜。大量下力的盐工，则吃重口味和价格实惠的盐工菜。

· 井盐 ·

麻辣双脆

·子姜蛙·

　　2000年以后，一些自贡菜馆陆续进入成都，如"蜀江春""盐府人家""阿细"等。2003年8月9日，当时《成都商报》的餐饮记者唐敏就以《你以为盐帮菜就是咸嗦？》一文，剖析在成都崭露头角的各家自贡菜馆。从那以后，"盐帮菜"的叫法逐渐成了自贡风味的代名词。2007年，自贡政府正式提出"自贡盐帮菜"这一说法，算是官方层面的认可和推广。

　　自贡和邻近的内江风味相近，皆喜鲜辣，因此过去行业上有"自内帮"一说。它们和川南宜宾、泸州的风味有较为明显的区别。这些年自贡盐帮菜的广泛流行，也给人们造成了一些认识误区——自贡菜就只是辣！这是一种偏见。

　　"这道菜太咸了，你们的厨师是自贡来的嗦？"川内食客进馆子吃到过咸的菜，常用这句话调侃店家。过去盐巴金贵，自贡大量产盐，所以人们理所当然地要调侃自贡厨师做菜才会大手大脚放盐。这不过是一句玩笑话，认真就输了。这些年，我曾多次前往自贡采风，一家家吃下来，发现它和川菜滋味多变的特点是一致的，自贡菜岂止是咸和辣？！

　　自贡菜的确要比很多地方菜咸度要高一些，这样看来，辣度高、底味重一些方才协调。不只是自贡菜，其他地区的川菜不也被人诟病重盐重辣重油吗？这是一个事实，但也是以偏概全。

　　四川人好辛香，有人说是地理和气候的原因，人们需要吃辛辣食物辣来祛湿除寒。自贡位于四川盆地的南部低山丘陵区（海拔低），夏天更是闷热难耐，让人食欲不振，因此当地人习惯吃辛香的东西来发汗开胃，其中必不可少的就有辣椒和子姜。

咸只是个人口味问题，跟味觉阈值有关，但没有人会把盐当饭吃。常年生活在湿热环境里干重体力活的盐工出汗多，因此习惯辛辣刺激的菜肴，同时也是为了补充盐分，像水煮牛肉之类的菜麻辣味重就属情理当中。说完咸，再来说辣，其中的演变历程值得探讨。小米辣在川菜行业里大行其道的时间也就一二十年，以前的自贡厨师更多是用干辣椒和花椒，菜肴也多以麻辣味、香辣味为主。这从水煮牛肉、冷吃牛肉、冷吃兔等菜可窥一斑。像鲜锅兔、子姜蛙等大量加小米辣的鲜辣菜，广泛流行的时间也就二十年左右。

在小米辣大举入川前，自贡人多用威远新店（距离自贡市区不过二十多千米）的七星椒烹菜调味。新店七星椒与双流牧马山的二荆条辣椒齐名，有色泽鲜红、皮薄肉厚、辣味厚重、辣香兼具、辣不烧胃、回味微甜等特点，深受威远、自贡、内江一带人喜爱。过去交通不便，物流保鲜技术也落后，鲜椒和子姜只有夏秋季才出产，这也许是鲜辣菜没有大范围传播的原因之一。

据自贡餐饮人老周说，当地大量用小米辣的风尚，源于烹蛙，蛙肉质细嫩易熟，加大量子姜和小米辣急火爆炒或中火短时间烧制，鲜辣刺激，因此深受客人好评。和威远新店七星椒比，鲜小米更辣、更便宜，还能常年供应。鲜锅兔的面世历史也不算久远，也是因为大量加小米辣和子姜，鲜辣刺激而闻名。鲜锅兔、子姜蛙的广泛流行，使得小米辣在自贡的泛滥之势一发不可收拾。

子姜和小米辣搭配，有相互促进的作用。子姜牛肉是自贡普通百姓家庭都喜欢做的菜，以前的辅料主要是子姜丝，再加少许的青红椒丝配色，并不靠它们来提辣。现在一些店在制时大量添加红小米辣，满盘红艳，光看看就额头冒汗。自贡一些店的蒜泥白肉，也跟川西做法不同，加了大量剁碎的小米椒，不加红油，甜味轻，鲜辣刺激。

川菜味型丰富，多复合味，清鲜醇厚并重，但外面人只聚焦于麻辣，不管行内人如何呼吁解释，效果并不明显。同样，现在大家都觉得自贡菜就是重用小米辣和子姜，怎么解释都没用。有这种认知很正常，人的注意力总是聚焦于显著特点，客观来说，这种强刺激的标识味道也能起到宣传推广的作用。现在一些特色馆子大量放小米辣，没有最辣，只有更辣，目的就是给客人留下强烈的味道烙印，吸引关注度，激起年轻人（吃辣的主力消费人群）的挑战欲望。

·剁小米椒·

自贡菜都辣得人死去活来？也不是。"长生面"是自贡有名面馆，开了二十多年，创始人叫徐长生，招牌就叫长生面，汤底是用党参、沙参、白果、山药等长时间慢炖出来的，鲜香，微有药膳味，完全不辣。

自贡蘸水菜

蘸水菜，自贡人最爱吃的下饭菜，简单易做，味道刺激。卖蘸水菜的馆子，菜品结构简单，荤菜有手撕兔、猪肉、鸭肠、兔肚、猪耳朵、猪头肉等，现点现称，以两为单位标价。几年前吃过的一家，不管什么品种都是7元钱一两，素菜有茄子、马齿苋、血皮菜等，按份卖，每份8元，不知道现在涨到什么价了。

蘸水菜制作不复杂：原料煮熟，先刀工处理，或切成片，或剁成块，或斩成节。荤素料都装在小圆盘里，再跟蘸水一起端上桌。关键在于调蘸水，自贡人吃蘸水菜讲究荤素搭配——素菜蘸荤蘸水，荤菜蘸素蘸水。荤蘸水用蒜泥、鲜椒碎、葱花、油酥豆瓣、酱油、味精、花椒面、红油等调成，麻辣刺激。素蘸水用香菜、红油、酱油、炒过的糍粑辣椒等调成，醇厚香浓。鸭肠、兔肚口感脆爽，用筷子夹着在红亮的蘸水里一拖一荡，趁红油欲滴未滴之时放进嘴里。猪肉和猪头肉佐酒下饭皆宜，蘸水的辣削减了油腻感，鲜香滋润又刺激。

"春华路传统蘸水菜"，自贡名气很大的路边店，吃过几次，老店因开在春华路得名，后来又在兴川街开了家分店。除了蘸水菜，跳水鱼和心肺汤也是必点。跳水鱼做法简单，鱼肉细嫩，味道鲜辣。心肺汤都是事先煮好的，汤色浓白，味道鲜美，里面加了大量的折耳根，有股特殊清香味，口感粉粉糯糯，配合柔韧的猪肺一起吃，奇妙。

2016年，我还吃过汇西西苑街的"谈五爷蘸水菜"，这家跟其他路边店不同，装修较好。荤料大都用五香卤水卤过，有底味。牛肉选的是腱子肉，切得薄，对光一照，肉红筋透明，纹理漂亮。蘸水种类多，差不多做到了一菜一蘸碟，兔肉蘸水加的是小米辣碎，卤鸭蘸水加的是红油，而熏拱嘴配的是香醋和烧椒调制的蘸水。

·蘸水兔肚·

▎自贡豆花饭

　　豆花是川南人生活中不可或缺的一部分，一种跟他们血脉相连的美食。自贡人说话多带儿化音，豆花称作灰馍儿。自贡豆花，以富顺最有名，市区的豆花店大都打着富顺招牌。一些小镇老板，总一脸自信比城里做得好吃，但这并不影响城里豆花儿店的生意，兴川街的"富顺晨光豆花"，每天门前空坝上都坐满人。

　　豆花饭都是论套卖，一碗豆花、一碟蘸水、一碗干饭为一套，只卖几块钱，亲民。锅里的窖水随便舀，豆花和饭任加。不愿意花销的，可以再端两笼蒸笼鲊儿——小笼的粉蒸牛肉、羊肉、肥肠等，荤素搭配，享受升级。

　　自贡人总结出了吃豆花饭的要诀：豆花要烫、米饭要散、蘸碟要鲜。豆花不但要烫，还得绵扎有劲：舀在碗里颤巍巍，筷子夹起闪悠悠。点豆花的大铁锅大都当街而设，一般是两口，这锅快卖完之前，马上点另外一锅，也算是揽客的招牌。点豆花时，店主会把一块弯成弓形的宽竹片放在锅底，豆花凝固成形后，握着竹片的两端来回移动，这样窖水可通到锅底，避免生锅烧煳。豆花售完，竹片都留在锅里。米饭以松散的甑子饭为宜。至于蘸碟，各家味道不同，但糍粑辣椒、鱼香菜和木姜子油总少不了。

▌自贡鱼鲜

经常到自贡寻味，在吃过众多馆子后，我总结出了当地人烹鱼最常见的三种方法。

第一种烹法是软熠（dú）。熠是四川特有的说法，其实就是软烧，鱼不煎不炸，处理干净就直接下锅烧制。"正荣酒家"已经有30多年历史，开在自贡城外一处偏僻的山坡上。那次刚迈上台阶，桌上堆成小山一样的红小米辣就闪瞎了我们的双眼。旁边正在摘辣椒把的两位老人告诉我们，店里每天要用几十斤辣椒呢！

该店有两道招牌菜，最有名的就是有十多年历史的葱葱鲫鱼，它用的就是软熠法，以大量红小米辣和小香葱调味，鲫鱼下锅烧制的时间不长，口感细嫩，鲜辣刺激。其次是不辣的春卷。做法与众不同，皮坯用面粉加入大量鸡蛋摊成，色泽淡黄，比普通春卷皮更宽大厚实，包的韭菜猪肉馅，炸至外脆内熟后，斜刀切成节，外脆内鲜，有特色。

第二种做法是锅巴，自贡很多小店都有锅巴鲫鱼这道菜。别望文生义，锅巴并非辅料，而是指自贡一带的特殊做法：把鱼放进加有少许油的热锅，半煎半炸，直至表面起一层细泡，鲫鱼焦香硬脆，色泽金黄，看起就如同炸后膨胀变大的锅巴。鲫鱼煎好以后不出锅，接着放入酸菜碎、小米辣碎（有的还要加剁碎的生花生）稍煨片刻，掺适量清水焖一会儿并调味，有的厨子这时还会加些子姜丝和香葱节，焖至入味且汁水减少便可出锅。锅巴鲫鱼表面酥香，内里软嫩，酸辣刺激。

小火慢煎，费工费时，有人直接把鲫鱼下高温油锅里炸至金黄，效果略逊。不过，泥鳅、黄鳝之类体积小的原料，直接油炸的效果则更佳。在仙市古镇上，我在一家叫"釜溪缘酒家"的店里就用相机记录了锅巴泥鳅的制作过程。

贡井区建设镇建设路的"建设鲜活馆"也卖锅巴泥鳅，该店的大蒜鳝鱼，实际也是按锅巴之法烹制的。宰杀治净的鳝鱼，先放油锅里炸至表面酥硬起锅巴，再回锅跟独蒜、子姜丝、小米辣碎、鲜青红椒节等同烧，起锅装盘后还要撒大量的藿香丝。鲜辣刺激，异香扑鼻。这家店的所有主料都是现点现杀，主打鲜活，就连小米辣等辅料，也是现切现用，强烈推荐。青红小米辣和子姜爆炒出来的美蛙，口感极其鲜嫩，辣到跳脚。

卤猪蹄也是必点，咸味和香料味协调，吃不到药味，猪皮口感既软糯，又有一定的弹性。

第三种做法是跳水。跳水，是指烹制时间短，鱼在开水锅里浸煮至刚熟，马上捞出来摆在盘里，再浇上炒好的鲜辣味汁。在

“春华路传统蘸水菜”，我观摩了制作全过程：厨师把大花鲢宰杀治净，在鱼身两侧划几刀，再放入开水锅，煮至刚熟便捞出来放条盘里。煮鱼时水一定要宽，并且需要保持滚沸，这样煮出的鱼肉才细嫩。煮鱼的同时，另外一口锅放少许色拉油烧热，下小米辣、青椒节、子姜丝和大葱丁炒香，掺清水稍煮，加盐、味精和鲜汤调好味，出锅舀在盘中花鲢表面。虽然制法简便、用料简单，但是因为加了大量的小米辣和子姜，鲜辣刺激，过口难忘。除了做跳水鱼，自贡人还做跳水蛙，曾在成都红火多年的“自贡好吃客”，当初就是凭一道鲜辣无比的跳水蛙扬名立万。几年前，跳水鱼的做法便被引入成都餐饮市场。大厨们对其做了一些创新，如改用鲜汤煮鱼，而味汁也改为了鱼香味、糖醋味、家常味等。成都一些自贡店菜牌上写的是“河渡鱼”，我怀疑正确的写法是“活熠鱼”，因为常规字库里打不出“熠”字，才用了“河渡”来代替。

自贡牛肉

自贡的牛肉系列菜，在川内享有盛誉。过去，牛是重要的生产资料，除了老死病死，少有人敢明目张胆食用，而自贡人却有先天的优势。从宋朝开始，自贡开始使用卓筒井技术，盐井深达数百米，凿井、汲卤需靠牛力。自贡本不产牛，因此从邻近县市，甚至是贵州引入了大量牛。旧时自流井流传这样的俗语：街短牛肉多，山小牛屎多。大量累死老死的牛，就

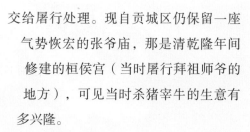

交给屠行处理。现自贡城区仍保留一座气势恢宏的张爷庙，那是清乾隆年间修建的桓侯宫（当时屠行拜祖师爷的地方），可见当时杀猪宰牛的生意有多兴隆。

大量的牛肉原料，给了当地人施展厨艺的机会。火边子牛肉，薄而透明，肉质紧实，绵软化渣，麻辣可口，和川东北的灯影牛肉有异曲同工之妙，在清末民初就是四川名特产。20世纪30年代，自贡名厨范吉安创制的水煮牛肉，后来是川菜行业最有名的菜肴之一。冷吃牛肉算是后起之秀，通过网购进入千家万户。

·萝卜烧牛肉·

自贡当地人爱吃的还有子姜牛肉丝，各家做法大同小异，但效果却千差万别，前几年在自贡"半山印象"吃过最满意的子姜牛肉丝。这家店开在檀木林体育馆前的山坡上，视野开阔。刚进店就能闻到厨房飘来呛人的鲜辣味道。子姜牛肉丝刚端出来就惊艳全桌，鲜红的辣椒、嫩黄的子姜、褐色的牛肉，配色诱人。牛肉不经腌渍不码芡，直接下锅生炒，柔嫩而有韧性，鲜香本味不流失。吃的时候，一定要夹着姜丝、辣椒丝和牛肉丝同时放进嘴里，感受鲜辣与鲜香的交锋。

开在自流井区丹桂街道汇兴路的"大安烧牛肉"是老字号餐馆，前些年被《舌尖上的中国》收录后，更是声名远扬。这家的牛肉菜相对温柔。萝卜烧牛肉和竹笋烧牛肉，都是传统的烧法。把豆瓣、辣椒面、姜葱、干辣椒、香料等炒香，加入余水后的牛肉块，掺水，大火烧开，小火煨至软糯，最后下萝卜、竹笋等辅料烧入味。微辣醇厚，能吃到牛肉本身的鲜味，并非以辣慑人，这似乎能间接说明传统自贡菜并非以辣为卖点。该店的葱香兔和酸菜碎米兔，也和现在流行的鲜锅兔做法完全不同。葱香兔是取净兔肉切成小丁，腌味后裹上脆皮糊，入油锅炸至表面酥脆且内熟，再回锅加少许椒盐和少许干辣椒面炒匀。酸菜碎米兔也用的是净兔肉，切成小丁，腌味后入热油锅滑熟，再与酸菜碎、泡子姜丁、泡笋丁等炒香。酸香脆嫩，堪称饭遭殃。

自贡兔子

没有一只鸭子能游出乐山，也没有一只兔子能活着离开自贡。自贡街头随处可见打着"好吃兔""巴适兔""泡椒肥兔""菌汤兔""玉兔王""长耳朵兔庄""芭夯兔""鲜锅兔"等招牌的店，而大众餐馆的菜单上，也总少不了兔肴。

2009年第一次去自贡寻味，熟悉当地餐饮的廖泽军先生带我们去了一条僻静而破败的小巷，那里有家名叫"食神"的小餐馆。店名挺唬人，其实是一处露天摊档，厨房设在巷道口，餐桌散摆在两边，我在那第一次见识了自贡人吃兔的热闹场面。

兔子都是现点现杀，从宰杀剐皮、斩块腌码，到入锅烹炒，仅几分钟时间活蹦乱跳的兔子就变成了盘中餐。大瓢的油、大把的干辣椒、大勺的鸡精和味精，做法极其江湖。那时每斤活兔卖18块钱，一只兔子约4斤重，可一兔一吃，也可一兔多吃，加上一些辅料烹炒，够三四个人吃。

自贡人烹兔花样特别多，小煎兔、生焖兔、黄焖兔、手撕兔、蘸水兔、花椒兔丁、陈皮兔丁、冷吃兔、芭夯兔、葱香兔等，味道各异。冷吃兔据说已经有上百年的历史了，它综合了炸收和干煸这两种技法，要加大量的干辣椒和花椒，香辣味重，袋装品在网上特别畅销售。外出打工的自贡儿女，离家时也总爱带上几斤"妈妈牌"冷吃兔解馋。

· 葱香兔 ·

· 鲜锅兔 ·

·口口脆·

　　鲜锅兔算是后起之秀，21世纪初源于大安区鸿鹤镇，因此很多店招要加"鸿鹤"二字，以示正宗。以前，鸿鹤镇有一家全国知名的化工厂，发明鲜锅兔做法的并不是专业厨师，而是厂里爱吃的工人。鲜锅兔以鲜辣刺激、兔肉鲜嫩而闻名。做法不难，重点在于下料要狠。把鲜兔肉斩成丁，加盐、料酒和湿淀粉拌匀，腌渍十分钟，下六成热的油锅滑至刚熟时，倒出来沥油。锅留少许底油，下花椒、蒜米、姜米和小米辣碎先炒香出色，再放入子姜丝、朝天椒节和青小辣节炒出肉，随后下兔肉并掺适量鲜汤稍煮，其间加盐、料酒、鸡精和味精调好味便好。洁白鲜嫩的兔肉掩盖在红红绿绿的辣椒节和嫩黄的子姜丝下面，汤色红亮，看着就诱人。

　　虽说自贡人喜食味重、鲜辣和麻辣的菜肴，但他们也一样能烹制出清淡的菜肴来，芭夯兔就是其中的代表。它是自贡人在云南文山壮族芭夯鸡的基础上演变过来的一种清淡吃法。取净兔肉切成片，加盐、蛋清、淀粉等腌好，放沸水锅里余熟，使其表面形成较厚的保护层，再放入加有榨菜片的清汤锅底（或者是加有菇菌的菌汤锅底），吃完兔肉还可以烫食其他原料。以这种做法为招牌的店，还逐渐开到了周边县市。

有一次在自贡的"阿细食府"吃饭，桌上也同样有几道兔肴，老板涂克敏女士分析了当地人喜欢吃兔的原因："兔子只吃青草和粮食，不吃饲料，大家更放心。鲜锅兔都是现杀现烹，极少用豆瓣酱，重用小米辣、青椒、子姜，极具盐帮菜特色，既压住了兔肉的草腥味，又合了自贡人的胃口……自贡菜市上的许多原料价格都低于别的地方，唯有兔子例外，它硬是被大家吃贵了哟！在兔子畅销的同时，自贡餐料市场上还多了一种叫口口脆的特色原料。"

涂女士说的口口脆其实是兔肚，因为数量少，以前不会单独拿来做菜，同样的还有蛙肚，只有当地人大量吃，才会积攒下足够的量而成为特色食材。兔肚大小如鮰鱼肚，一口一个，无比脆爽。一般要先加少许食用碱先腌渍，冲净再烹制，可火爆成鲜辣口味，也可水煮成香辣口味。

▍自贡小炒菜

小煎小炒，又称随炒，在川菜当中运用最为广泛。鱼香肉丝、宫保鸡丁等经典川菜都属小煎小炒，它们最能体现川菜单锅小炒的特点：不过油，不换锅，一锅成菜。

自贡人把这类技法运用到了极致，当地有很多直接以小煎命名的菜，不管是软嫩易熟的鱼肉、兔肉，还是老韧的猪肘、土鸭、鸡肉、鸡脚等，厨师皆可按此法炮制。艾叶是贡井区的一个古镇，镇上的"立玲夜宵""艾叶土鸡脚"，就以小煎鸡脚闻名。乌鸡脚斩成小块，与大量的子姜和小米辣煸炒，鲜

辣刺激，软糯有嚼劲。

　　要掌握好小煎小炒的制作技巧，厨师的基本功一定要扎实，既要掌控好火候，又得快速而精准调味。现如今，能够娴熟运用小煎小炒技法的，往往不是宾馆酒楼的大厨，而是那些长期在街边小店站灶的厨师。为何？有的说现在厨师的基本功普遍不扎实；有的说是锅灶炉具不同——过去用的是火力强劲的炭火灶、便于颠锅的单柄小炒锅，现在厨房常用的是天然气炉具、电磁炉和双耳大炒锅。还有人说，这些特色小店的厨师，一年到头就炒那么几道菜，熟能生巧，当然能拿捏精准了。上面说的，好像都有道理。

　　同兴路是自贡有名的宵夜一条街，那些当街而设的宵夜摊，大都摆有两三口炒锅，现场快炒，锅沿腾起的火苗就是招徕生意的好手段。手脚麻利的老师傅可以同时炒三四口锅，动作快如闪电，让人眼花缭乱。自贡厨师在制作小煎鸡、小煎兔等菜肴时，喜欢加大量的鲜椒和子姜，以突出鲜辣刺激的味道，而有的只加少许郫县豆瓣和干辣椒面来炒制，辣味有所降低，但滋味更为醇厚。

　　第一次接触自贡人的小炒功夫，应该是2009年在贡草路的"九九韭"，一家开了二三十年的苍蝇馆子，脆爽的火爆兔肚，鲜嫩火爆羊肝，堪称惊艳。

　　第二次是在2011年在离自贡市区30余千米远的桥头镇的"桥头三嫩"。那时它还鲜为外地人所知，老板姓谢名信元，排行老大。几年后再去时，他两个弟弟在两边相继开了同名店，比较下来，还是老大手艺更稳当。三嫩，即火爆猪肝、火爆肚头和火爆腰花。在炒这三道菜时，除了主料和配料稍有差别外，所用的调料和炒制方法完全一样，特点只有一个字：快！

　　猪肝切薄片，猪腰和肚头切花刀，各自放碗里，临下锅前，再加少许盐、料酒和水淀粉抓匀。另一个碗则放辅料和调料，猪肝和肚头配小香葱节，猪腰配韭菜节，所加的调料很简单，无非鲜椒酱（把鲜青小米辣和红小米辣剁碎，加盐、味精、鸡精拌匀腌渍三四天）、干辣椒面、豆瓣、盐、白糖、酱油、醋几样。这样可以减少调味工序，缩短烹制时间。

　　一定要火旺油热，主料下锅，铲四五下，马上倒入辅料和调料，再铲四五下，端离火口翻炒四五下便起锅，仅十余秒钟便炒好了。猪肝细嫩，猪腰脆嫩，肚头韧脆，火候拿捏精准，咸鲜微辣，让人惊叹。

·火爆肚头·

　　"邱金小炒"是自贡另一家以小炒菜闻名的店，老板邱金原本在盐厂上班，1995年辞职开店。自贡人好像都自带三分厨艺，他从没拜过师，却有一手好厨艺，尤其是小炒功夫了得。在最繁忙时，他甚至可以一个人同时操持三四口炒锅。由于城市建设、拆迁等原因，他先后在自贡的小西街、供电局附近等地开过店，现在搬到了贡井区平桥熙街二楼。

　　像"邱金小炒"这样的小店，其实在自贡城里还有很多，可是唯有它现在已为外面的众多好吃嘴所知晓，应该说它的名气受益于网络。"九九韭""桥头三嫩"这类店，调味偏传统，醇厚微辣，而"邱金小炒"却是重口味，辣到冒汗流泪，却让一些人乐此不疲，他们要的就是那种越辣越吃、越吃越辣的自虐感，而平常吃东西口味清淡者，自然被排除在外。表面看，特色餐馆只针对特定的人群，但事实上，却更能培养忠实客户群体，也更具传播性，更能吸引人。

　　"邱金小炒"的小炒菜有火爆黄喉、火爆兔肚、火爆鱿鱼等。全都重用鲜小米辣、鲜子姜、韭菜、香葱等调辅料。油多火旺是诀窍之一，小米辣不能剁得太细碎，否则下锅爆炒易煳，并且会黏附在主料上面，影响成菜美观。加韭菜梗和小葱白属于点睛之笔，其回甜味可以部分中和小米辣、子姜的鲜辣味，辛香味又可以抑制像黄喉、兔肚之类荤料的腥异味。为什么选韭菜而不是韭黄呢？这是因为韭黄体薄质软，一经爆炒，形状和口感欠佳。

　　这家的红烧鱼蛋也是一绝，加韭菜节也起到了和味除腥之作用。把鱼蛋先放热水锅里汆一水，目的是让其定形。锅里放色拉油烧热，先下大量的小米辣节、子姜丝炒香，掺水烧开后，再放入鱼蛋烧入味，出锅前撒韭菜梗节和匀。

　　麻辣兔头在四川各地餐馆都有，常见的做法是兔头治净汆熟，放川式卤水锅里卤熟，再捞出来放麻辣味汁里浸泡待售。"邱金小炒"的麻辣兔头做法却明显不一样：兔头治净后，对剖成两半，投入热油锅炸至外硬内熟时，倒出来沥油待用。锅留底油，下干辣椒面、花椒和兔头一起煸炒，边炒边加盐、味精、白糖等调味，炒匀便可出锅装盘。这种兔头表面裹满了辣椒面，看上去很是刺激，其实入口并不算特别辣，香味极浓。

牛佛镇美食

牛佛镇原属富顺县，后划归大安区，地处自贡、隆昌、内江、富顺四地的中心位置。牛佛镇是自贡井盐外运的重要码头，曾是川南有名的商埠，也是四川为数不多有几百年历史的经贸型大镇。

古镇风貌保存完好，至今仍有"九街十八巷""三宫八庙"的部分遗迹。所谓的"八庙"，即四川、湖北、广东、福建、江西等地人所建造的八座"庙"。明末清初，湖广填川，流向牛佛的各地客商分别建庙造宫，除了供奉神灵，还作为该地或该行业的联络机构，亦作小型地方商会，彼时牛佛的经济发达由此可见一斑。

我去过牛佛三次，不要小看其规模，一般的古镇半小时游完，要逛完牛佛镇的街巷，起码得两小时。有这样一句歌谣："牛佛九街十八巷，中间一个鸭儿凼。五省八庙七栅子，河北老街隔河望。"牛佛镇位于沱江左岸，据考，从北宋年间起，它已经是沱江上的水陆大码头了，当时在江右，称高市。歌谣中所说的九街，15世纪后半期便形成了规模，如今自然更大。相传在太平天国时期，李短辫子和蓝大脚板（李永和、蓝朝鼎）的义军曾在此屯兵万余，并建都称帝。

那些老宫庙，有的变作茶馆，有的改造成了幼儿园，高大的山墙及屋脊的装饰物，还依稀可见昔日荣光。一些老院落还保持着旧时的格局和模样，青砖灰瓦，安静老旧却不乏生气。沿街走过的年轻人大多装扮时尚新潮，而老街两侧的茶馆、商铺里的老人却是嘴叼旱烟、头缠白帕、身着青布衣服。强烈的反差，让人有时空交错的错觉。

牛佛最吸引人的还是那些美食，鸡婆头、蒸笼鲊儿、豆花饭、燕窝丝、羊肉汤、油炸粑、水粉、熬汤、烘肘、杂烩……一个小镇竟也有如此多的知名品种。

水粉

鸭儿凼在镇中心，我朋友九棠就是牛佛镇人，据他说，这地方以前真是一个大水坑。民国时有人集资把水坑填了，盖了个戏园子，取名和乐堂，大戏小曲儿都唱。

小镇的水粉店都是自己制作粉条，川中、川南称之为出粉。水粉吃的就是个新鲜，来的都是乡亲近邻，掺不得假。出水粉全是手工操作，很辛苦。调好的把红苕淀粉放进木制漏瓢，用拳头在上面反复用力捶击，淀粉由瓢底的小孔流出来，越拉越长、越流越细，最后落入开水锅，一烫便熟。烫熟之后再捞进冷水缸浸泡冲洗，使之凉透而互不粘连，口感也更筋道。

老板娘现去水缸里抓了一大把现出的水粉，用手稍微扯断一些特别长的，再放进带长柄的锥形小竹篓，浸入开水锅烫煮片刻，分装在碗里，然后从另一口鼎锅里舀了勺汤进去，浇上酱油、醋和红油，撒点花椒面、辣椒面，最后点缀葱花。

水粉极烫，入口先感受到的是麻辣味，头皮竟有银针轻扎的感觉，接着酸味慢慢在口腔里扩散，刺激感慢慢消退。这水粉比成都肥肠粉里的粉条更细更晶莹，口感更柔韧滑溜。

说到水粉，自贡城里也有。自贡有不少叫灯杆坝的地方，但凡旧时立灯杆之处，都叫这名字。自贡城区的灯杆坝位于东方广场下，那附近有一家以"灯杆坝"命名的小吃店，招牌品种就是豆腐脑水粉。顾名思义，豆腐脑水粉就是把豆腐脑和水粉组合在一起的小吃。售卖时，店主抓一团水粉放进敞口尖底的竹篓，在开水锅里冒热倒进碗里，灌半勺鲜汤，舀两勺洁白的豆腐脑，再浇入用红油、花椒、酱油、味精等调成的味汁，最后撒些许酥黄豆、榨菜颗和葱花。豆腐脑比豆花更嫩，嫩而不散，入口一抿即化，现制的水粉柔顺筋道，油酥黄豆脆酥。该店还卖油糕，也是自贡有名的小吃，由糯米粉团制成，内包豆沙馅，入油锅炸至金黄松泡，看着有食欲，配豆腐脑水粉同吃绝佳。

鸡婆头

鸡婆头，奇怪的名字，就连当地人也说不出所以然，其实就是大家熟悉的铺盖面。金牛广场楼盘旁边有家小店，店堂极窄，吃面的都坐到了人行道上。

炉灶也设在店门口，中间是一口现在不多见的生铁鼎锅，耐烧，奶白的汤一直保持沸腾。灶后面的大嫂动作麻利，一小块面团在手里七扯八扯，就变成了大薄片，扔进鼎锅煮至浮起，略有些收缩就熟了。每

·牛佛鸭儿凼水粉·

·牛佛鸡婆头·

·牛佛燕窝粑·

张有巴掌大小，四五片就是满满的一大碗。

面片捞进碗里，舀一瓢煮面的原汤，放点炝豌豆、脆臊，撒些葱花就上桌。面片筋道，有浓郁的面香味，汤的油气很重。加炝豌豆似乎是川南面馆里的习惯做法，粉面与筋道两种口感搭配，倒也不错。

店小餐桌少，不认识的随意拼在一起，各自闷头呼噜呼噜吃完，起身抹抹嘴，背上背篓去赶场。穿过马路，面馆的斜对面便是老街的入口。和我们拼在一桌的是一位头缠白帕的老汉，他挑面的手有些抖，却是一副享受的表情。

燕窝丝

燕窝丝是川南特有的一种小吃，还有个名字叫燕窝粑，我第一次吃就是在牛佛镇的油坊街。它是一种发面小吃，香头粗的一束面丝呈螺旋状卷在一起，中间抹了猪板油泥，彼此间似连非连。面皮不像普通花卷那样干涩，油润松泡有光泽，还有芝麻点缀其上。面发得极好，松泡柔软又不黏口，蔗糖的甜、芝麻的香、猪油的肥混合成了适口的香甜滋味，终生难忘。

油炸粑

牛佛有且只有一家卖油炸粑的，开在铁匠街拐弯处一幢老旧房子里面。铁匠街现在叫解放街，不过牛佛人还是习惯称旧名。卖油炸粑的是一对中年夫妇，丈夫姓陈。许多小吃店都是夫妻一起经营，打虎亲兄弟，开店夫妻档。

陈大哥做的油炸粑，和内江椑木板板桥的不一样。板板桥油炸粑的生坯是捏成边凸内凹的窝状，个头较大，他做的却是较薄的小圆饼。为了保证每个生坯大小均匀，他还用到了铁箍。取一团糍粑，包入少许绿豆馅，搓圆再在案板

·油炸粑·

·牛佛烘肘·

上按至扁平，随后用铁箍一按，去掉外缘多余部分，保持整齐划一。

蒸熟的糯米饭要放到石舂里，用大木棒舂成糍粑，这是一个费时费力的程序；舂好的糍粑水分较重，还得放热锅里焙制，炕去部分水分，这样油炸粑的口感才好，炕过之后热的糍粑柔软更有黏性，也便于包馅心。炸出来的油炸粑色泽金黄，口感香，但比椑木的小了一圈。

烘肘

牛佛最知名的美食，莫过于烘肘，当年九棠兄写的那篇《那气象万千的一肘》在《四川烹饪》上刊出后，引得无数人口水一地，还有好学者欲投奔其学艺。某年春节九棠回家乡后，曾给我捎带过一个。从那以后，就稳居我的肘子美食谱榜首。

牛佛镇多数馆子都在卖烘肘，只外卖不堂吃的，主要是鱼市口那两家——郭五和罗七。两家店紧挨在一起，各做各的生意。店门前摆着一排八仙桌，烘好的猪肘装在黄色搪瓷盆里，再一排排、一层层地摞起来，蔚为壮观。

郭五长得壮实，满面红光，和那些油亮的烘肘相映成趣，往门口一站就是活招牌。烘肘论个卖，以前是38元，不知道现在售价几何。当地人家但凡办席请客，少不了购买。省事，味道也有保障。郭五店里平时每天能卖出两三百个，逢年过节时，至少要卖掉五百个。

牛佛烘肘源起于清代，据传康熙年间还是宫廷贡品，史称碗碗烘肘。郭五说，制作烘肘选料很讲究，一定要选用猪后肘，每个猪肘的重量不得低于二斤半（约定俗成的定量，也是行规）。处理干净后，修理整形，放进汤锅，加盐、红糖、料酒、酱油和多种香辛料，武火烧开，文火再烘两三个小时。香料品种和用量是关键，每家各有秘方。另外，烘制时间也要掌握好：短了，肘子不入味，肉质口感差；久了，又会影响造型和色泽。肘子烘好以后，拣出来分放在搪瓷小盆里面，灌上原汤。那汤富含胶质，冷却后就自行凝结成"冻"。购买时，直接翻入塑料袋提走。

▍仙市古镇美食

　　仙市古镇原属富顺县，现归自贡沿滩区管辖。仙市古镇原名仙滩，因釜溪河在此拐弯留有一滩而得名，民国初期才改名。牛佛到仙市仅30多千米，路况不错，公路两侧是低缓的浅丘，触目青翠。

　　仙市的规模远不如牛佛，大部分建筑重修过，临街铺面也由政府统一规划，看上去没牛佛杂乱，却少了些韵味。四街一巷呈正字形布局，新街子是正字上面的那一横，穿过去便是临河而建的新河街。新河街有座金桥寺，寺名为佛教协会原主席赵朴初老先生所题，是现今川南旅游线上的佛教文化景点。这条街还有一座陈家祠，富贵大气，保存完好，是清代盐商陈氏家族集体活动之地。仙市的建筑以川南穿斗式民居为主，集中体现盐商文化的是镇上的"五庙"，即南华宫、天上宫、川主庙、湖广庙、江西庙，全是旧时汇聚于此的各

地盐商修建的，由此可见当年之繁华。

釜溪河从新河街的坡坎下缓缓流过，水面上漂着许多水葫芦，一片绿，对岸是青翠的竹林和树林。竹林下掩着几户人家，偶有摆渡的小船在河中划过，清幽宁静。在这临河的沿街树荫下，可以泡杯盖碗茶，喝茶看水景，天气好还可以打打瞌睡。

有水的地方就有灵气、有商气。自贡是出了名的盐都，仙市也因盐而兴。公路和铁路兴起之前，该地交通运输主要是靠水路，流经仙市的釜溪河，在富顺邓井关处汇入沱江，因此仙市是井盐出川的第一个码头。最兴旺时，仙市曾有"木船云集、盐担蔽街"的繁荣景象，大量的井盐经此地上蓉城入川西，经川东出三峡。

这里餐馆招牌大都与盐或其谐音有关，如"盐码头人家""好言味""缘味"等，菜牌上少不了豆花、烘肘、点杀鸡鸭兔，最有特色的是锅巴泥鳅。

"釜溪缘酒家"是一家夫妻店，丈夫姓陈，掌勺主厨，妻子跑堂端菜。仙市与牛佛相距不远，故两地饮食及口味习惯基本相同。物美价廉的豆花是小店必备品，口感和牛佛的相差无几，差别仅在于蘸水，偏重于香辣，而牛佛偏麻辣。

我曾在厨房观摩了陈师傅制作锅巴泥鳅：他在盆里抓起泥鳅，手脚麻利地斩头去腑。那些泥鳅个头较小，比平常胖泥鳅小一半，背部暗灰，腹部浅黄。他烧了一大锅油，温度极高时才放入泥鳅。泥鳅一下锅，油烟水汽蒸腾，用漏勺捞出来，表面已经蓬起一层细密的小泡，酥脆松泡、色泽金黄。倒出锅里多余的油，只留少许，放入豆瓣、泡菜等炒香，再下泥鳅一同翻炒，掺鲜汤烧开，旋即转小火烹煮。陈师傅说，汤一定要多，慢慢烧才入味，要让泥鳅肉质回软。

不锈钢深盘盛装的锅巴泥鳅终于端出来了，一根根金黄色的泥鳅浸在红艳的油汤里、掩映在青翠的香叶下，分外诱人。烧煮时间较长，但因经过高油温炸，所以泥鳅外皮仍保留有绵韧的口感。入味，麻辣刺激，过瘾！川西一带也流行吃泥鳅，还有"正兴泥鳅"之类的知名品牌，不过一般是用软烧做法，泥鳅不经油炸，直接入锅，做出来的叫炧泥鳅，口感软滑。

粑粑肉也是自贡一带的特色菜，和九大碗中的镶碗相似，差别在于裹蛋皮和抹蛋黄。自贡做法精选无筋膜瘦肉，手工慢慢剁成细泥，再加入调料搅

·粑粑肉·

打上劲。入笼蒸制定形后，在表面抹一层蛋黄，续蒸几分钟即成。吃时切下一条，再切成片，加黄花、菜头、豌豆尖之类辅料，入清汤锅里稍煮或者入笼蒸熟。这家店的粑粑肉口感细嫩，味道清鲜，唯一不足的是汤汁有些浑浊，稍显油腻。

这里也有烘肘卖，陈师傅挑了一个，放回烘肘子的底汤煮热。煮过肘子泛着油光，色泽更诱人。九棠兄介绍过内行如何吃烘肘，先抽出胫骨旁边的那根小刀样的薄骨片，用它在表皮横竖划几下，分开了再吃。烘肘最好吃的不是里面的瘦肉，而是皮和肥肉，炟而不软，略带弹性，一口肥肉一口米饭，那叫一个过瘾，吃完嘴唇都黏糊糊的。烘肘的味道是多种香辛料与肉香综合出独特香味，用语言无法描述其美妙，只有亲口品尝。特别要提的是那剩下的肉汤，最宜下饭，舀几大勺，和米饭拌匀，咸淡适宜，鲜浓回甘，堪比鲍汁捞饭。

·富 顺·

富顺地处四川盆地南部、沱江下游，被誉为千年古县、巴蜀才子之乡。戊戌六君子之一的刘光第、厚黑学宗师李宗吾，还有郭敬明，都是富顺人，著名景点有富顺文庙、富顺西湖、千佛寺、文光塔等。

自贡富顺和泸州合江，都是川南的豆花重镇。"煮在锅里白生生儿，舀在碗里颤巍巍儿，筷子夹起闪悠悠儿，糍粑海椒辣乎乎儿，吃到嘴里麻酥酥儿，喝碗窖水甜蜜蜜儿，吃完豆花乐滋滋儿。"富顺人如此总结豆花，形象贴切。

富顺豆花有名，跟过去境内有大量盐井不无关系。点豆花（或点豆腐）常规的有三种东西：盐卤、石膏和葡萄糖内酯。后两者点出来的豆花，少了些绵扎韧性。重庆的豆花店就习惯用石膏，没有絮状的孔隙，豆花可以浮在窖水上面，俗称"水上漂"。用盐卤点出的豆花更有韧性，而富顺人还会特意用筲箕压去部分水分，使其口感更为绵扎。

盐卤，川南习惯叫"胆（也有写作泹的）巴"，它是盐结晶后在盐池中留下的苦味母液，主要成分是氯化镁。自贡境内产盐的地方那么多，为何富顺能

出类拔萃呢？关键是蘸碟，这才是豆花店的灵魂。川内各地的豆花蘸水调法各不相同，有以油酥豆瓣酱为主，有以红油为主，但在川南，调豆花蘸水却离不开糍粑辣椒。糍粑辣椒并非某个辣椒品种，而是指辣椒的加工半成品，选取所需辣度的干辣椒，去蒂，用开水泡涨，滤水后放入碓窝，舂碎，让辣味物质和香味得以充分释放，最后成糍粑状。据资料介绍，用糍粑辣椒调制豆花蘸水的做法始于富顺人刘锡禄，20世纪80年代驰名中外的富顺香辣酱，就是在他贡献的豆花蘸水配方上开发出来的。

富顺豆花的风味之所以别具一格，除了糍粑辣椒，鱼香菜和木姜子油也功不可没。鱼香菜，学名叫皱叶留兰香，又名绿薄荷、香薄荷、荷兰薄荷、青薄荷、香花菜。一种唇形科多年生草本植物，有香味，茎、叶经蒸馏可提取留兰香油。那股奇异鲜香味，能起到画龙点睛的作用。鱼香菜，自贡、泸州一带也有人叫它木姜菜，但它跟木姜子是两种不同的植物，前者是草本，取叶调味，后者是木

本，取其种子调味，最常见的是通过油浸法做成木姜子油。木姜子油的味道独特而浓郁，量一定要少，有的店是在桌上摆瓶木姜子油，里面插根筷子，只需滴几滴，能吃出隐约异香就行了。

除了上述三样，豆花店在调配蘸水时，还会从蒜泥、熟芝麻、红油、鲜小米辣碎、葱花、酱油、香菜、萝卜干、酥黄豆、酥花生碎等料中选取部分，从而形成自家独有的特色。

富顺城里的豆花店，似乎特别爱以姓氏和排行命名，如"雷三""李二""伍六"等。这几家我都吃过，卖豆花只是其部分收入，门店卖瓶装的豆花蘸水才是主要营收。不少富顺人都以自家调制的蘸水为傲，外出之时，随身携带的一瓶，跟家里就连着一根剪不断的线。不只是蘸豆花，那瓶蘸水可蘸一切。每年，我都会在富顺的一家手工作坊买些香辣酱，作为四川特色礼物寄给外地朋友。

▌代寺镇的何口味

走进"何口味"，实属偶然。十年前，我们开车从富顺县城向隆昌方向前行，因道路不熟而停车询问，路边一位警察同志听说我们在一路寻找乡镇美食，热情地推荐了这家馆子，还强调远在隆昌县的好吃嘴也经常开车去呢。

这家店现在还开着，老板叫何英树，厨艺来自家传，他父亲曾是一名大厨。在20世纪90年代初，他还专门到我的母校——四川烹饪高等专科学校进修过，算算时间，说不定我们曾在校园里擦肩而过呢。何师傅不光说话干脆，动作也干净利落，忙起来时，可同时炒三口锅。

何师傅做的菜味道好，价格也公道，最拿手的是软鲊肉丝和水煮泥鳅。以前我在自贡采访时，就已经了解到鲊是当地的一种烹调方法，其中最具代表性的一道菜叫豌豆洗手鲊。自贡的鲊与川东地区的鲊海椒完全不同，川南的鲊，与川菜当中的粉蒸系列菜更接近，只不过改蒸为炒——把煮熟的粑豌豆与蒸肉米粉一起下锅快速炒制成菜。这道菜是何师傅从父亲手上学来的，在传统的豌豆洗手鲊基础上加入了猪肉丝，口味更好。

何师傅把猪瘦肉切成丝，加盐和湿淀粉抓匀。锅里放少许色拉油烧热，下猪肉丝炒至散籽发白时，加入少许辣酱

炒香，掺入一勺清水，再舀入一勺煮熟的青豌豆，加盐、味精等煮开，再加入少许色拉油。接下来，他一边往锅里加入细米粉（大米和几种香料一起下锅炒熟后，再磨成的细粉），一边用细长的锅铲不停翻炒，视里汤汁的变化，分次加入米粉，同时根据粘锅的情况，淋入少许油。见锅里没有汤汁时，停止加粉。

软鲊肉丝制法独特，口感软糯，带有一股米香和青豌豆的清香。唯一的缺陷是盘边溢出一圈油，稍显油腻。如果在炒好后用密筛滤掉部分油，成菜效果应该会更好。

何师傅的水煮系列菜也广受好评，其中最有特色还要数水煮泥鳅。做法和水煮肉片类似，泥鳅口感更软嫩，味道更鲜美。

· 软 鲊 肉 丝 ·

▌怀德镇的王七妈鲊鱼

2012年11月，我参加了一次长途跨省寻味采访活动，从成都出发，经自贡、泸州的若干小镇，再穿过赤水河，到达贵州遵义。在富顺城里吃过豆花，我们先到赵化古镇，参观了刘光第先生发蒙的明月楼后，再往下一站怀德镇驶去。

怀德是富顺县一个普通的小镇，去那里是因为听说"王七妈酒楼"有一道特色鲊鱼。上一年在代寺镇"何口味"吃过软鲊肉丝，对自贡一带的鲊有所了解，所以一路上在预估这鲊鱼的做法。

· 鲊 鱼 ·

到了一看，不过是家普通路边店。老板叫王和国，还没来得及问他和"七妈"是啥关系，就跟着他进厨房观摩做法。他把一条大鲇鱼剁成块，加泡椒碎、小米辣、姜米、蒜米、盐、料酒、胡椒粉和蒸肉米粉拌匀，放一边，让米粉吸收足够的水分。腌鱼的时候，他手上没闲着，又把姜米、盐、胡椒粉、酱油、醋和鲜汤放小碗里调匀。接下来，王师傅把粘满米粉的鱼块摆进竹笼四周，再把装调料的小碗放在中间，放进开水锅。蒸了十来分钟，他端出蒸笼，用锅铲把鱼块铲到圆盘里，再淋上蒸热的味汁，浇上一勺炝了花椒的热油，撒点葱花。

这鲊鱼的做法确实超出了我们的预估，尤其是淋味汁和淋油的步骤。入口咸鲜微辣，鱼肉细嫩，表面那层粉刚好蒸透，不干不黏，确实有特色。店里还有一种春卷，做法也不同寻常，里面裹的是葱花猪肉馅，裹好后切成小节，再入油锅炸至金黄，吃起来外脆内嫩，肉感十足。

·川南古镇逢场天·

·花生豆花·

·豆花蘸水·

·荣 县·

　　荣县城里有南街、西街、东街、后山等街道，后山为餐饮集中区域，其中又以浑浆豆花店居多。

　　浑浆豆花为荣县独有的品种。何为浑浆？一般的豆花舀在碗里，附带的是清亮微黄的窖水，而后山做法是加花生浆，乳白浓稠。不光是上桌前需要加花生浆，在磨豆浆时，也要掺一定比例的花生米，除此之外，制作过程和常规豆花并无太大区别。

　　花生豆花的色泽比纯黄豆制作的豆花更洁白，没有絮状孔隙，口感更细腻，加之舀了花生浆，因此豆味淡，花生味浓郁。花生浆都是烧开了的，而且加得较多，为了防止端上桌时烫手，店家会用一种U形的叉状工具来叉碗。浑浆豆花的蘸水，加了脆韧的萝卜干，和柔嫩的豆花形成了明显的口感差异，这也是其特点之一。

宜宾

宜宾，位于四川南部，地处川、滇、黔三省接合处，是金沙江、岷江、长江汇流地。宜宾辖翠屏、南溪、叙州三区，江安、长宁、高县、珙县、筠连、兴文和屏山七县。

　　宜宾向来是川南、滇东北、黔西北一带重要的物资集散地和交通要冲，加之当地的酒文化、大江文化和竹文化，这就形成了宜宾杂糅并重、融会贯通的饮食风貌。同样地属川南，宜宾跟泸州、乐山、自贡等地风味有相似之处，但又独成一味，宜宾人爱用泡菜，重发酵之味，菜肴汁浓味厚。宜宾人同样喜用鲜椒、子姜，但宜宾菜辣度比内江、自贡温柔，又比泸州、乐山重。

　　我第一次全面接触宜宾美食是2012年，那次停留了好几天，有时待下来细品，有时又如急行军：中午品市区，下午逛长宁，傍晚尝江安，宵夜吃兴文，一天内连吃一市三县，创下寻味游吃的新纪录。那次还去了珙县、筠连、高县等地方，算是粗略领略了宜宾各地不同的饮食风味。

· 月耳池街老茶馆 ·

· 宜宾油炸粑 ·

　　宜宾饮食有诸多细节值得一提，就拿四川各地常见的腌卤凉菜摊来说吧，常见做法是刀切后配包辣椒面，但宜宾城区和附近的长宁、江安等处却有不同，摊主将各种荤卤菜或剁成块，或切成片，还要加红油、辣椒面、葱花等拌味。宜宾市区的卤鹅店也是一道独特的风景，涌泉街上挨着就有三家卤鹅店，其中开得最久的是"童妈卤鹅"，有40年历史。卤香浓郁，鹅肉有嚼劲，深受当地人所爱。

▌宜宾鱼鲜

"蜀酒浓无敌，江鱼美可求。"最配这句诗的蜀中福地，我只认宜宾。

我常在饭桌上对善饮的宜宾朋友说：从小闻着酒糟味儿长大，谁敢跟你们拼酒呢？中国酒都，名不虚传，刚出宜宾收费站，就能闻到空气中飘着阵阵酒糟味儿。到了宜宾城，有时间一定要去方圆十多千米的五粮液园区看看。园区内有家接待餐厅叫"百味园"，有名的五粮液烧白，就首创于此。烧白在川内各地都有，做法和味道相同，仅垫底有盐菜、芽菜、冬尖之别，肉片有厚薄之分。五粮液烧白的外形没有特别之处，但入口明显不同，闻，酒香味若隐若现，吃，咸鲜微甜。

宜宾有万里长江第一城之称，泾渭分明的金沙江和岷江在市区汇合，才正式称为长江，这也形成了"长江零千米"的地标。宜宾水系发达，盛产各种鱼鲜，而当地人的烹鱼功夫，在川内也是名列前茅。

活水，流动之水不腐也，宜宾特有的鱼鲜做法就叫"活水"，鱼不下油锅炸制，直接煮制，出锅前也不用它勾芡，也算是软熘吧。活水和不同的味型配合，就叠加变化出不同的菜。高县"严记鱼府"的菜单上，就有双椒活水、山椒活水、酸汤活水、家常活水、二黄汤活水等细分做法。

"二黄汤"跟中药汤剂并没关系，而是一道半汤菜，可吃鱼，能喝汤，略带乳酸味，微微辣，咸鲜开胃。曾应财是我认识多年的宜宾朋友，专业烹鱼二十余年。他给我讲述过其来历：过去宜宾高县、长宁一带人在收割谷子时，顺带把稻田里的鱼捉来打牙祭。他们从自家泡菜坛里捞出泡姜、泡椒、泡菜，一并切碎。铁锅里放猪油和菜油烧热，投入花椒炝香，再下泡姜、泡椒、姜片、葱段等炒出味，掺清水煮出味，再下鱼煮熟。泡椒的量加得不多，经混合油一炒，掺水煮开，汤色微黄（用四川方言形容即"二黄二黄"）。另有长宁的餐饮朋友王润说，最早按此法经常煮的是黄辣丁，后来才发展到煮清波、江团、鲫鱼、鲤鱼，等等。另有江湖传闻，这种做法是因长宁黄氏兄弟首创而得名。两相比较，我更愿意相信曾师傅所说。

泡菜是宜宾人烹鱼的秘密武器，专业厨师都会自己泡河鲜泡菜。以前曾师傅曾跟我说过其做法：河鲜泡菜更讲究选料，姜要选居于子姜和老姜之间"二老姜"。辣椒会用七星椒、子弹头、二荆条等几种，这跟炼红油用多种辣椒一样，有的取其辣，有的取其色，有的取其香。其次，泡的时间较长：姜至少要泡半年，辣椒要一年左右。在四川民间，姜和辣椒不能泡在同一坛里，否则辣椒会走籽软烂。酸菜也是河鲜泡菜中重要的一员，它用青菜的嫩尖泡制而成，常用于制作汤类或半汤类鱼鲜，如酸菜黄辣丁，两者放在一起简单熬煮，汤味就无比鲜美。

"大华渔港"是宜宾城里的鱼鲜名店，早年开在长江趸船上，后因整改而搬到岸边经营。该店的鱼鲜做法多样，还不乏以百香果调酸的这类创新。最经典的是五味鱼，选大鲫鱼，先炸后烧，麻、辣、咸、酸、甜，五味兼具，和川菜独一无二的怪味相近。

干烧是川菜里面最具特色的烹饪技法之一，在烧制的过程中，要求火力小、时间长，让汤汁全部渗入主料内部，让小料黏附在主料表面，从而达到紧汁亮油的效果。宾馆酒楼的干烧鱼，做法讲究，刀工精细，姜和蒜都要切成方正的小颗粒，冬笋、火腿、猪肉等辅料，要切成整齐划一的小丁。另外要加几节泡椒，味道醇厚鲜香，微辣。内江的大千干烧鱼，做法更为讲究。

宜宾小馆子的干烧鲫鱼，就不那么讲究章法，相当江湖，除了姜米、蒜米、泡椒等，还加入了鲜小米辣、鲜子姜、榨菜粒、青椒碎等，浓厚刺激。有一年，我进厨房拍摄过宜宾干烧鲫鱼的做法：小鲫鱼宰杀治净，纳盆加盐、料酒和姜葱拌匀，腌半小时，下入七成热的油锅，炸至表面金黄且酥硬，倒出来沥油。锅里放适量色拉油烧热，先下入泡椒末、泡姜米和蒜米炒香出色，再放适量鲜红小米辣碎一起翻炒匀。往锅里掺适量用姜葱和香料熬制的香料水，加入料酒、香醋和子姜丝，烧开后，下入炸好的鲫鱼，转小火烧制并加盐、味精

·十煸鳝鱼·

和鸡精调味。烧至锅里的汁水将干时，加入青椒碎和化猪油，出锅装盆，把多余的汁水氽进炒锅，烧开收浓并淋入香油，舀在盆内鲫鱼上面后，撒入葱花和榨菜粒即成。成菜卖相不怎么好，但是滋味更浓，鲜辣刺激，又是另一种风味。

▎宜宾竹笋肴

宜宾人待客，餐桌不可或缺的食材，除了鱼，还有竹笋。

2019年，我在参观五粮液园区时，到"百味园"吃过一顿饭，菜单对应了苏东坡的一首诗："竹外桃花三两枝，春江水暖鸭先知。蒌蒿满地芦芽短，正是河豚欲上时。"整桌菜运用当地应季食材，按诗句描述呈现，从味道到意境都有记忆点，其中蒌蒿则是以笋代替。

宜宾盛产竹子，境内有著名的旅游景区蜀南竹海，因此有中国竹都之美誉。"竹珍筵"是宜宾城里以烹竹闻名的老店，老板姓余名小江，也是主厨，大部分菜都是他开发的。他称自己没正式学过厨，看看就会了。自带三分厨艺，这似乎是川南一带人的天赋。

余小江说宜宾有四百多种竹子，除了部分观赏竹外，大部分可采笋食用，而且是季季有鲜笋。春笋主要为楠竹笋，每年1–3月大量上市。三月底当季的是苦笋。4–10月，陆续有水笋、刺竹笋、麻竹笋、方竹笋、罗汉笋、八月笋、菜笋和黄竹笋。十一月以后，楠竹冬笋又开始逐渐走进市场。除了鲜笋，还有各种笋干制品，薄如蝉翼的笋衣更是极品。

不管是切片氽熟拌食（餐厅多拌成椒麻拌味），还是切块片加泡椒烹炒，

·风味竹荪盖·

·竹笋炖鸡·

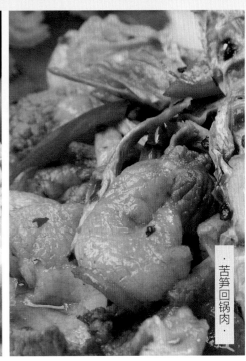

·苦笋回锅肉·

笋皆脆爽清香。当地人炒回锅肉，也喜欢加些笋片，以增加鲜味和脆爽的口感。苦笋烧鳝鱼，更是宜宾饮食一绝。

竹林里还产各种菌，最耀眼的当数被誉为菌中皇后的竹荪。竹荪生长在楠竹、平竹、苦竹、慈竹等竹林里，还有竹荪蛋（未出完的竹荪胚，乳白色，蘑菇状，清香嫩脆）、竹荪胎（竹荪蛋的外壳）、竹胎儿（竹荪蛋的内里）、竹荪盖（菌盖，又叫竹毛肚，凹凸不平，形似牛肚）、竹荪裙等区别，这类鲜品只能在宜宾能吃到，外销的多为干的竹荪干。

竹林里还产一种少见的食材——竹燕窝，学名叫海绵胶煤炱菌，生长在一种蚜虫的排泄物上。小时候，我曾在房前一丛叫硬头黄的竹子上就看到过，但那时不知道它是可以食用的珍贵竹菌。

"竹珍筵"除了有各种应季鲜笋菜，还常年做各种竹菌菜，比如泡椒炒竹荪蛋、桂花竹燕窝（与鸡蛋同炒）、腊香竹毛肚（与腊肉同炒）、番茄竹荪胎（裹粉炸制蘸番茄酱）和乌鸡炖竹荪。

·苦笋烧鸭·

▎宜宾面条

唐敏曾经是《成都商报》的资深美食记者，20世纪90年代，我刚接触餐饮就看她写的各种美食报道，没想到后来以吃会友，会跟她成为好友。唐敏出生于宜宾，江湖人送外号敏一嘴，我们亲切地叫她敏姐，常跟着她回老家寻味。

"早餐是一个城市的良心，而宵夜是一个城市的灵魂。"不知道这句话是谁说的了，反正时常见到。每到一个城市，我都会去触摸其良心、感受其灵魂。在宜宾，早餐必吃燃面，宵夜则少不了烧烤。

一方水土养一方人，地方小吃对当地人不仅是满足口腹之欲的美味，更是一种让人难以割舍的故乡情结，外来客有幸一吃，也算旅途中不期而遇的别样体验。宜宾小吃众多：红桥猪儿粑、洛表猪儿粑、葡萄井凉糕、筠边水粉等小吃名声在外。宜宾市区附近把猪儿粑叫做鸭儿粑，菜市上直接写在了牌子上。做法和川西的叶儿粑相近，差别在馅心——宜宾大都要加芽菜。

宜宾的面条在川内名列前茅，当地有略显夸张的一种说法：吃过宜宾面，天下再无面。敏姐带我吃过宜宾的燃面、姜鸭面、牛杂面、牛肉面、排骨面、豌豆面、乌鸡面、龙凤面、肥肠面、口蘑面（川内面馆的口蘑面，大多数用的是香菇）等多个品种。

头牌当然是燃面。按《川菜烹饪事典》的说法，因淋入热油时发出响声，犹如燃烧而得名，并非面可以点燃。现在通行的做法是淋调好味的红油，以色泽红亮，入口辣香来形容燃，这似乎更合理。

吃燃面，可以到街头巷尾的任何一家小面馆。若是讲究环境，想多尝些品种，也可以去戎州路中段德烨丽园的那家旗舰店。燃面干爽，没有一点汤水，厨师在挑面时，会提着竹篓快速甩几下，尽量去除水分。面条倒进碗里，会加点酱油和红油先拌一点，再舀上芽菜、肉臊、花生碎、葱花等料，如此这般，犹如干柴遇上烈火，怎能不燃！上桌后自己动手和匀了吃，臊子和调辅料附着其上，特别入味，因为有红油的滋润，干而不噎，和武汉热干面入口的体验完全不同。店内有文字介绍，号称燃面用了近三十种料，仔细看了看，发现其中不少料是用于炼红油，而不是直接加到碗里。

燃面一般用的是细的韭菜叶子面，煮得比较硬（俗称提黄），以保持嚼劲。个别面馆也卖宽燃面，比如月耳池街一家叫"兄弟夜宵"的小店。普通燃面加的是酥花生碎，有面馆打出"精粹"噱头，加的是熟芝麻。

龙凤面也是宜宾名面，汤鲜，而且真的有龙（蛇肉）有凤（鸡肉），但后面几次去都没有吃到了。让我惊艳的还有椒麻乌鸡面，乌鸡肉煸得干香，青花椒加得多，麻酥酥，香喷喷。姜鸭面，以子姜煸鸭块为浇头，辛辣干香，也有特色。

洞天街的“多味鲜面庄”，开了二十多年，也是不少宜宾人的心头好，招牌是牛肉牛杂面。牛杂有干拌和红汤两种做法，我更喜欢红汤的，牛杂软硬适中，微辣温润，面条入味。香辣牛肉面做法少见，牛肉切得薄，炸得干，再加干辣椒花椒煸炒成浇头，和牛干巴的口感相近。

宜宾宵夜

烧烤是宜宾宵夜的重头戏，当地的把把烧是近年烧烤界的黑马。顾名思义，把把烧就是小签小串，一把把拿着猛火熛烧，就如急火快炒，追求的是口感鲜嫩。它源于云南昭通，却扬名于邻近的宜宾。

宜宾街头巷尾的宵夜店有很多，它们以爆炒菜居多，火爆猪鼻筋、火爆黄喉必不可少，子姜鱼蛋则是应季供应。商贸路的“杨杨夜宵”，以前在成都红牌楼的武侯生活广场开过同名店，我经常去吃。干煸牛肉、蘸水小龙虾、辣椒籽炒鸡翅尖、火爆猪鼻筋等菜必点，个性鲜明，过口难忘。宜宾的店有上下三层楼，规模大，装修也算时尚，少了街头小馆子的氛围感，但冲着那些特色菜，还是专门去吃过。

·把把烧·

干煸牛肉，选的是肥瘦各半的部位，先高油温快速炸制，使其表面酥脆，内里又保留些许汁水，然后与大量干辣椒和花椒一起煸炒，加香料粉等调味，牛肉丝掩盖在辣椒丝下面，火辣辣、麻酥酥、香喷喷，不干不柴，适合下酒。辣椒籽炒鸡翅尖，做法跟干煸牛肉类似，用的是辣椒节和辣椒籽。我也算是吃多尝广了，但只在这家店吃过大量辣椒籽来烹菜，辣味没那么强烈，偶尔几粒辣椒籽与鸡翅同嚼，非常香，有不一样的味感。

猪鼻筋应该是宜宾人最早吃出来的一种原料，就如自贡人吃出了口口脆（兔肚）。一头猪只有两根，以前没有人单独拿来做菜。它口感韧脆，适合用来火爆和烧烤。宜宾的火爆和自贡不同，小米辣和子姜加得更少，还加了芹菜、蒜薹等辅料，温柔了许多，更适合我的胃口。

小时候，大人不准我们吃鱼蛋的，说吃了数不清数。我怀疑这是一个大阴谋，因为他们想独享这美味。鱼蛋鲜美，但腥异味重，必须施以重手，川南人常以大量子姜祛腥增香，同时还加酸菜和味。鱼蛋受欢迎，可能还跟其口感有关，咬起来毕毕剥剥的，有嚼感。剩下的汤汁，用来拌面是常规操作。在四川，菜汤能留下来拌面条，就是对一道菜最大的肯定。

嫩南瓜烧蛙，风味和自贡的子姜蛙类似，但辣度降了两个级别。这两者的搭配，是宜宾独有的做法，算是点睛之笔，南瓜清香微甜，缓和了子姜的辛辣，绝配。

·红烧鱼蛋·

·干煸牛肉·

珍晶果也是宜宾宵夜店必有的人饮料，但却没有像攀西的杧果汁、乐山的峨眉雪等四处开枝散叶，更没有在成都站住脚。它是用奇亚籽（又名芡欧鼠尾草籽）做成的，奇怪的是，产地在广东，却在宜宾畅销。喝的时候，直接用吸管就行，最好不要倒在玻璃杯里，以免引起密恐者不适，这也许是它流行不起来的重要原因。

李庄与李庄白肉

到了宜宾，除了饮食品类丰富，观赏游玩的地方也不少，蜀南竹海、兴文石海、僰人悬棺等，都是吸引游客的自然景观和人文胜地。

如果时间有限，市区附近也有去处。南江古街是市区东南方向南广镇的一条静谧古街。滔滔南广河水在此奔涌汇入长江，外面的繁华喧嚣似乎与这里无关，小巷两侧仍保留不少古旧的木制穿斗老屋，青石板路上写满了岁月痕迹，头发花白的老人悠闲地坐在家门口织着渔网，感觉时间静止了一般……

李庄古镇，位于翠屏区东郊长江南岸，沿江而建，已有一千五百年历史。这还是一处中国近代史值得大书特书的地方，在抗日战争时期，李庄接纳了数所迁至后方的名牌大学，以及众多的珍贵文物，还容留了不少文化名人，为保中华文化不被鬼子毁灭做出了不可磨灭的贡献。"同大迁川，李庄欢迎，一切需要，地方供给"，当时从李庄发送出去的这16字电文，至今仍让人热血沸腾。川人从来不负国，川军出川抗日，血战沙场，在后方的川人同样不拉稀摆带。

凡是做建筑设计或研究的，大都会到此一游。梁思成先生的《中国建筑史》就成书于此，他还把旋螺殿、奎星阁、九龙石碑、百鹤窗称为李庄四绝，以前李庄的古建筑群还有九宫十八庙的说法。

李庄有三白：白酒、白糕和白肉。白酒不用多说，白糕是把糯米炒熟磨成粉，再加入一些帮助消化的淮山粉，与白糖和匀，然后用模具压制成型。白糕香糯黏牙，最好是就茶吃，不然你会明白一个道理：为何古人筑城墙会用糯米作为黏合剂。

最绝的是白肉，虽然现在各地不乏打"李庄白肉"招牌的店，但到原产地吃，可能会感叹：过去吃的都是些啥子哟！

李庄白肉之所以有名，在于片出来的肉大、宽、薄，因此它在宜宾民间还有另一个不太雅的名字：裹脚肉。当街片

· 李庄白肉 ·

白肉是李庄一景，男女皆有此神功。店门口摆着一个大盆，里面用热水浸泡着煮熟的大块二刀坐墩肉。这样做有几个好处，一是防止猪皮风干后滞刀，降低刀工难度；二是猪肉饱吸水分，既有利刀工，又能保持软嫩的口感；三是上桌后仍有余温，入口不腻。现在都市餐厅做白肉，大都是煮好微冻，用刨片机刨成片，上桌冷冰冰、油乎乎，一股子冰柜味儿，能好吃？

菜墩摆在门口，下垫洁白毛巾，肉块放置其上，毛巾既吸收渗出的水分，又防止肉块滑动。厨师手持宽而大的菜刀，神情淡定，徐徐进刀。技高者，甚至能背着一只手操作。片出来的白肉，厚薄均匀，不破不损，薄可透光，无他，唯手熟尔。白肉铺摆在盘里，并不会像刨出来那般惨白平整，而是泛着油光，如同川中丘陵，高低起伏，层层叠叠。

张杰是李庄镇上片白肉的一等高手，曾去上海滩表演过。他以前摆摊卖肉，后来才开了一家名叫"李庄张杰"的小店，隔壁邻居刚好是"王思聪白糕"。张杰单手片肉的功夫炉火纯青，他右手执刀片肉，左手端着树枝状的餐具。每片下一片肉，顺势用菜刀挑起来，直接挂在树枝上，片片白肉如树叶般迎风摇曳，叹为观止。

片白肉有技术，吃白肉也有讲究。用筷子夹在肉片三分之一处，顺势一荡，让肉片卷在筷子上，跟着往味碟里一裹，再送进嘴巴，鲜辣不腻，嘴里嚼着，手里的筷子又迫不及待伸向盘里夹第二片。味碟也与众不同，刹碎的大蒜和鲜椒，加少许酱油、盐和味精调匀，绝不加红油和香油。

片白肉前，往往要修形，片下来的边角余料，张杰会将其炒成回锅肉。辅料除了蒜苗，他还加了当地人喜欢的麦粑（用面粉摊出来的薄饼），它吸收了油脂后格外好吃。

生爆肥肠也是这家店的必点菜，治净的肥肠切成块，直接下锅生爆到四周收缩中间鼓胀，再加泡姜、泡海椒、子姜等调辅料炒匀，成菜脆中带韧，跟加干辣椒、花椒等干煸出来的干煸肥肠，是截然不同的风味。

离李庄古镇几千米有村名安石，强烈推荐大家前往。五个建筑师以最不乡村的方式做最乡村的建筑，这算不算是建筑师对相邻李庄古镇的一种致敬呢？这里搭建的是城乡互联的平台，城里人在这里看到了更好的自然生态和乡村生活，村民也能享受新的空间和生活美学的文明浸染。

·生爆肥肠·

·川南回锅肉·

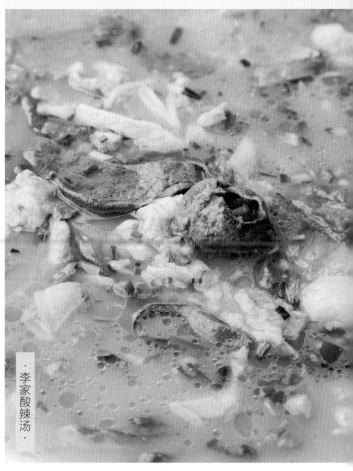

·李家酸辣汤·

▌饕乐李家菜

宜宾有镇名李庄，镇上的李庄白肉美名远扬。宜宾有餐饮老板也叫李庄，他开的"饕乐李家菜"在当地有口皆碑。

这家店背后有延续上百年的渊源。民国初年，万里长江第一县的洪州古城（今宜宾南溪区）是从宜宾到下江的第一站，也是川江航道上的重要水陆码头，常年商贾云集。李家先祖李洪顺在此创办了一家集餐饮、客房和贸易于一体的洪顺栈，以舒适的客房、美味的佳肴和便宜的收费在千里川江上声名远播。洪顺栈的第二代传人黄光国女士，乐善好施，在抗战初期的那段艰难岁月里，经常为从外省逃到宜宾躲避战火的客人提供收费低廉的吃住服务。

·啤酒卤鱼·

李庄是洪顺栈的第四代传人，职业厨师，他开的这家"饕乐李家菜"主卖川南家常菜，好吃不贵。和川西坝子的家常菜相比，川南菜的口味要重得多，姜、葱、蒜、鲜椒等调辅料用量大，鲜辣刺激。川菜经典的回锅肉，川南的做法也独具特色，其他地方是加郫县豆瓣酱，而宜宾却以泡菜为主。他做的麦粑回锅肉，就重用泡椒节和泡姜，突出乳酸风味，而不是酱香味。那软韧的麦粑，又可减轻油腻感。

该店的酸辣汤和川东地区的刨猪汤类似，里面有嫩滑的猪肝和滑肉片，还加了盐白菜和野山椒调味，鲜香酸辣，特别开胃，做法值得借鉴。啤酒卤鱼和李家豆豉鱼也是招牌，选料普通，做法独特，味道诱人。啤酒卤鱼，鱼先炸再卤，最后浇料汁。卤制时加了大量的啤酒，既可除腥又能增鲜，最后浇的料汁，由猪肉末、干辣椒节、碎米芽菜、青椒圈和红椒圈等调成，汁浓味厚，鲜辣刺激。李家豆豉鱼，妙在用了川南水豆豉，还加了大量的姜粒、鲜椒酱，入味。

▍九彩虹

"九彩虹"位于叙州区喜捷镇，距宜宾市主城区20余千米。依山傍水，远离城市喧嚣。从表面上看，九彩虹是一家高标准的农家乐，餐饮、娱乐、休闲会议和住宿服务一应俱全，可进去了解后，才发现它还是集生态农业观光旅游、无公害水产养殖于一体。墙上那一串串殊荣，让人眼花缭乱。创始人李兴海在2005年时被评为全国劳模，他曲折的人生经历，颇具传奇性，大家可以在网上搜搜相关资料。之所以要提这处地方，不只因为它是"打造田园美食文化，构建和谐新农村"为宗旨的餐企，还因为创始人的带领乡亲共同致富的初心：到九彩虹吃顿农家饭，就是帮助农民增收。

·大蒜甲鱼·

·极品土情蜂蛹·

·黄姜豆花·

·煎麦粑·

　　屋后的玉龙山上，有大片的观光农田，可到山坡上去体验农业活动，去池塘喂养甲鱼、娃娃鱼、江团等特种养殖水产，去田间地角采摘新鲜的蔬菜水果……大部分原料都为自产，或者是从当地农户那里收购。

　　黄姜豆花，是印象最深的一道菜。黄姜，又称姜黄，姜黄芭蕉目姜科姜黄属，多年生草本植物，其地下茎是一味中药，行气破瘀，通经止痛。那次厨房里的大姐还专门带我屋后山坡上刨了新鲜的黄姜。按常规方法把黄豆泡涨、磨浆、滤浆、煮浆，当豆浆快凝结时，放入鲜黄姜汁稍煮一会儿，豆花微微变黄，还多了一股清香。

　　煎麦粑也是畅销的乡村小吃，色泽淡黄，口感酥脆，一口咬下去，满口面香……该店的蜂蛹菜也值得一说，蜂蛹全采自玉龙山上，分为两种，小者如米粒，曰米蜂蛹；大则如小指头，曰极品土情蜂蛹。蜂蛹是高蛋白的野生好原料，直接入油锅炸酥，再加少许的盐和葱花，口感太好了。

·腊味拼盘·

· 兴 文 ·

兴文，古代僰人繁衍生息之地。原名戎县，明神宗取"偃武修文"之义，下旨改为兴文县。

兴文位于宜宾东南部，不少人是通过石海才知道它，该景区集世界特大天坑、地表石林、地下溶洞和卧虎景观于一体。越是偏远的地方，饮食更容易保持原有风貌，不容易受外来风味影响。2012年第一次到兴文，我们去了十余家馆子，感慨良多。从小吃抄手到大酒楼的乌鸡宴，从石海旁边"芦笙寨"的僰苗餐到大坝乡"叶山餐馆"的裹脚肉，以及"黑豆花""味乐饭店""麒麟饭店""邮政宾馆"等特色店，包括宵夜摊上的生吃牛肉、包浆豆腐、泡椒豆花烤鱼等，当时都打开了我口味新世界的大门。

石海的自然景观，无须赘述。在那参观时，我拍到一种叫石米的野菜，外形像某种多肉，绿油油、胖乎乎、水灵灵，后来在多家餐馆吃到用它做的菜，跟鸡蛋搅匀后，或蒸或煎，别有一番风味。

兴文县城必尝的小吃有"刘抄手"，开在县政府附近，老板叫刘元均，迄今为止有四十来年的历史，在当地算是名店。前店后厂，皮、馅、红油，都是在后面加工坊批量生产，不是普通小吃店所能比的。

川内各地都有抄手，各具千秋，这家的特点在于个大，皮薄，馅多且嫩，红油香。馅为传统的水打馅，加入了足够多的水，搅打上劲，才能够保证细

嫩。抄手皮较一般的更宽大、薄，能包入更多馅，因此肉感十足，其他地方吃二两，这家吃一两足矣。底汤为猪棒骨熬制，红汤需另加红油，另外还有只加红油的干拌抄手吃法。红油炼得好，香，不燥辣。

离"刘抄手"不远，还有家"山珍乌鸡面"。它是以乌鸡和野菌炖出来的汤作为底汤，然后把乌鸡肉撕成丝作浇头。汤味鲜美、面条筋道，在当地也颇有知名度。

兴文产一种山地乌骨鸡，皮、肉、骨皆乌黑，口感和鲜味优于一般鸡种。到了兴文，必尝乌鸡菜。城里的"康氏酒楼"专门推出了乌鸡宴，光凉菜就有酸辣乌鸡丝、蘸水乌鸡爪、花仁乌鸡丁、口蘑乌鸡胗花等好几种。热菜也有特色，龙穿凤翅，是把乌鸡翅与鳝鱼片绑在一起。苗家烤乌鸡，是把烤熟的鸡肉斩成块，配春卷皮、香葱丝和甜面酱上桌，吃法和北京烤鸭类似。竹笋炖乌鸡，不是常见的清汤，而是炖的浓汤，里面的笋脆爽鲜甜。另外还有酸笋乌鸡、乌鸡豆花、苦笋乌鸡、板栗乌鸡等特色菜。

兴文宵夜

那次到宜宾采访如同急行军，每个地方只能浅尝辄止，中午品市区、下午逛长宁、傍晚尝江安。摸黑赶到兴文，已经是晚上十一点，正好宵夜。

"邮政宾馆"附近有一条宵夜美食街，全是各种烧烤摊、烤鱼档，晚上人声鼎沸，热闹异常，可以每家叫一些拼在一桌吃。

现在成都的大多数烧烤店，甚至中餐馆都能吃到包浆豆腐，但十年前，不要说吃了，很多人都没听说过。我第一次吃包浆豆腐就在兴文的烧烤摊，当时惊为天味，后来基本没吃到有超越的。

跟把把烧一样，包浆豆腐不是纯粹的宜宾原产美食，但能在川内流行，宜宾人功不可没。它是把做好的豆腐打碎，加碱性物和匀，再重新塑形。经烘烤煎炸后，外表焦黄酥硬，内部细嫩软滑如浆，故而得名。现在很多店做包浆豆腐，要么油炸，要么铁板煎烙，内部无浆，吃着油腻，有的甚至只有干瘪的两层皮，名不符实。兴文烧烤摊的包浆豆腐，是用两块铁网夹着在炭火上烘烤，直到表面金黄，内里软嫩有浆，像一个个鼓气的小球。

·生拌牛肉·

除了烤制的口感特别外，调味也有所不同。不锈钢圆盘里面放洋葱、莲花白、木耳、香菇等料垫底，放烤架上稍烤，再放上烤好的包浆豆腐。主烤官就像乐队指挥，抓起辣椒面、花椒面、香料粉随意挥洒，最后淋红油和香油，撒折耳根和香菜。盘边全是调料，不讲究卖相，热气腾腾上桌，下面还配有加热的炉子，边烤边吃。热气一冲，各种滋味扑面而来，那种活色生香的感觉，光想想就流口水，岂是现在大都市时尚店那些装盘讲究、温文尔雅的包浆豆腐所能比！

不锈钢方盘盛装的烤脑花，和包浆豆腐的味道相近，也是重料重味，优于我吃过的很多大店。

烤鱼在川渝各地常见，但兴文的泡椒豆花烤鱼也让我们开了眼界。豆花先放在泡椒炒制的红汤里煨入味，等鱼烤好调味后，再用漏勺舀到其四周。同样是重调料多配料，看着粗犷不整洁，但汁浓味厚，麻辣刺激，远超都市时尚烤鱼店。川南人吃烤鱼，还有一点跟其他地方不同，上面还要撒一层鱼香菜。这种香辛蔬菜跟薄荷外形相似，都属留兰香属植物，但叶面的褶皱更明显，有相近的清香味，但无薄荷的清凉口感。

在兴文的烧烤摊，我还第一次见识了生拌牛肉，这也算宜宾宵夜的灵魂菜。讲究点的店，选细嫩的牛里脊肉，切成薄片，装在生菜叶垫底的盘里，配鲜椒、酱油、芥末膏等调成的碟子蘸食。宵夜摊做法粗犷豪放，牛肉片放盆里，加辣椒面、盐、味精、鲜椒碎、葱花、酱油等拌匀就好。当地人喜欢吃这种生牛肉，但我只能敬而远之，不敢碰。

·兴文烤鱼·

·苗乡腊排·

叶山餐馆

大坝乡与云南的威信县接壤，离兴文县城要有一个多小时车程。之所以去如此偏远的地方，是慕"叶山餐馆"之名。

兴文境内多山，到大坝乡更是山路崎岖，快到乡政府时，地势才逐渐平坦开阔。村镇口还有一处叫大小鱼洞的风景点，其实是暗河相通的溶洞，因过去有娃娃鱼游出而得名。

"叶山餐馆"是镇上的名店，开在一条逼仄的小巷子，招牌上面的那个"餐"字，还是废弃的二简字，破旧程度完全可以拍老电影。多年前就已是如此，现在有人评价其是"危房"，甚至夸张地说，是冒着生命危险在里面吃饭。

·大坝裹脚肉·

老板叫叶永强，排行老三，餐馆取名"叶山"，是指卖山野菜。大坝是苗族乡，屋里有块牌匾，上面有"大坝裹脚肉，苗乡第一刀"两排字。裹脚肉正是叶三的拿手菜，做法和李庄白肉一样，用整块二刀坐墩肉片成大而薄的片，像旧时的裹脚布，因此得名。抗战时期，内迁文人觉得这叫法过于粗俗，跟吃相背，所以建议改为白肉，而大坝乡民反而坦然接受，依然沿用旧名。

叶永强手中片肉的那把刀，并无特别之处，刀身黝黑，跟窄头宽，刃口不像一般菜刀那样有弧度。刀只是工具，技高一筹方是本事，他片肉得心应手，一气呵成。趁肉温热下刀，上桌时仍有余温，蘸着蒜味浓郁的鲜椒碟子，能真切感受到啥叫肥而不腻、满口鲜香。

这家店的其他山野菜也风味别具，比如菜豆花，在点制时加了蔬菜碎，多了份清香。酸菜红豆汤，自然发酵之味悠长。新挖的笋子，切片加青红椒炒，清甜爽脆。苗乡腊排，跟其他地方的做法不同，采用暴腌暴熏之法，新鲜排骨加盐、花椒等腌半天，再挂在柴灶上方熏烤七天就吃，颜色和味道都不像老腊排老腊肉的重，颜色红润，盐味和腊味恰到好处。

· 高 县 ·

高县在宜宾南边，地处四川盆地南部边缘。自唐以降，均因山川险峻而得高县之名。说起高县饮食，离不开土火锅和沙河豆腐。

第一次吃土火锅是在2012年，在高县一家叫"厨艺酒家"的小店，这种土到极致的形式当时让我大开眼界。2014年，还将它引进到桥妈的小龙虾店，作为过冬产品。

跟很多地方特色饮食一样，土火锅原来只在高县范围内能吃到，邻近的筠连、珙县等则无迹可寻。锅用陶土烧制而成，粗拙土气。中间是突出的烟囱，下通中空的底座，以木炭为燃料，四周是码放荤料的锅膛，形状和北方涮羊肉的铜锅近似。这种土火锅通气性好，初次使用的炙锅，内装米汤烧制，或用煮熟的芋头反复涂抹内壁，以填充砂眼。用的时间越久，锅体饱吸了各种滋味会越显油润。

装锅讲究顺序，先灌入棒骨汤（还需加干墨鱼和金钩增鲜），接着放芋头、山药、菜头等根茎类素料垫底，再放入炸酥肉、猪蹄块、鸡块，继续放竹笋、黄花、海带，最后整齐地码上一圈尖刀丸子，盖上盖子。这样既避免焖底，也更美观。放进去的多为生料，需提前煨熟，从烟囱顶部夹入烧红的木炭，煨两小时，再揭盖撒姜米和葱花，配干碟（由刀口海椒、盐和味精调成）或水碟（由鲜小米椒、葱花、泡菜水等调成）上桌。吃完锅里的料，还可以加汤，烫豌豆尖、菠菜、白菜等素料。

沙河豆腐跟剑阁豆腐、西坝豆腐、河舒豆腐并称为川内四大豆腐菜。

沙河镇是南丝绸之路上的古驿镇，从宜宾城区出发约1小时车程。路况不错，但重型大车多，司机开得野，需特别注意。临近镇子时，公路两侧就出现打着豆腐招牌的餐馆，不是普通的路边小店，多为气派的独幢建筑。

高县朋友说，沙河豆腐源于清，成名于20世纪50年代。豆腐的品质，跟水质有很大关系，沙河镇的

·鸡哈豆腐·

水质偏硬，因此做出来的口感与众不同。沙河豆腐出名的另一个原因是做法多样，多达两百多种。

他向我们推荐了"张记麻辣豆腐"。这家店堪比城里的豪华大酒楼，地下一层，地下两层，至少有两千平方米，门前的大坝子停满车，生意火爆。

菜单上，密密麻麻全是各种豆腐菜，最招牌的是麻辣豆腐，乍眼会觉得是麻婆豆腐，其实做法不同，豆腐切成块，先炸至表面金黄，再回锅加豆瓣、花椒等烧制而成，颜色红亮，鲜、嫩、软、绵、细、麻、辣、烫。芙蓉豆腐是在豆腐表面挂蛋清糊，炸成浅黄色，蘸炼乳吃，小朋友爱吃。金牌豆腐是把豆腐和咸蛋黄做成馅，再用糯米纸包成条，粘面包糠炸至外表酥脆，咸中带甜，口味独特。

最有意思的是鸡哈豆腐，这道菜外地人估计摸不着头脑，四川人则心领神会。哈是四川乡音，拨拉之意，大家可以想象鸡爪刨豆腐是什么效果。做法不难，把豆腐搅碎，再与猪肉碎同炒成菜。豆腐丸子汤也有特色，豆腐搅碎，再混合少量猪肉末制成，软嫩，入口不腻，有豆香味，比纯肉做的更好吃。

沙河镇的板鸭也是远近闻名，选用当地出产的未下蛋的幼鸭。宰杀治净，去内脏，加香料腌渍入味，用竹片撑开风干水分后，再用独特的燃料反复熏炙翻烤。成品板鸭可蒸熟斩块食用，也可以油淋至表面酥硬再吃，还可以回锅做成糖醋或麻辣味。

▌刘家大院的九斗碗

九斗碗，又称田席，四川各地民间都有，但菜式和规格稍有差别。在多次去川南采风寻味的过程中，我多次偶遇做田席的场景，公路边、平坝上、小镇街道，人们就地砌灶安桌，场面热闹。蒸笼垒起两米多高，热气蒸腾、香味四溢，案板上，斗碗一字排开，凉菜重重叠叠，甚为壮观。

川南还有一些店专门以田席作为卖点，比如高县的"川南春酒刘家大院"。它位于宜宾通往高县的公路边，一座由堂屋、左右厢房等众多房间组成的大宅院。周末和节假日，人气非常高。

这家主要提供配餐，一大桌子菜只要四五百块。菜品在传统田席菜单配置上做了改进。最先端出来的是六边形木盒盛装的点心，有苕丝糖、萨其马、小米酥、麻圆、米花糖等七种。

其次是九道凉菜，荤类主要是腌腊制品，如腊猪脸、腊猪舌、腊猪心、熏猪肝、香肠和咸鸭蛋，以及怪味花生、拌黄瓜、山椒木耳等素菜。所有的凉菜都装在木托盘里上桌，四川民间称其叫掌盘，上菜时，传菜者手掌上翻托前端，后端放于肩上，扛着上桌。到了桌边，再由另一个人配合把菜放在桌上。现在这种场景已经不容易看到，因此成了吸引眼球的一大亮点。

热菜也是九道，仍然是放在木托盘里一起上桌，品种有蒸肘子、甜烧白、咸烧白、香碗等。氛围感和仪式感超过了味道本身，做得相对敷衍粗糙，稍微用点心，其实可以做得更好的。

除了这些配的点心、凉菜和热菜，还可以单点土火锅。

泸州

泸州，古称江阳，别称酒城、江城。位于四川省东南部，四川盆地的南缘。辖江阳、纳溪、龙马潭三区，泸县、合江、叙永、古蔺四县。

泸州和宜宾相邻，都出产白酒，饮食风味也相近。几年前去泸州寻味，发现城区的宵夜店主要集中在大白街及其附近的几条街。到了晚上，格外热闹，这些宵夜馆子门前摆着两米多高的巨型灯箱，以超大红字写着特色菜的名字和价格，非常醒目。自贡的宵夜摊以冷吃牛肉、冷吃兔、子姜美蛙、炒田螺等为主，而泸州则是各种干锅、汤锅，以及当地人喜欢的红烧鸭、风萝卜蹄花等。

▌泸州鱼鲜

泸州城被长江与沱江环抱，水产丰富，到了泸州，吃鱼鲜是必修课。每一座临江靠河的城市，都有一条滨江路或滨河路，而它们大都是当地的美食集中区域，泸州也不例外。堤岸边有不少休闲鱼鲜馆，蓝天白云、绿树沙滩，眼前

·川南民间坝坝宴·

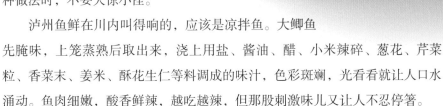

就是滔滔江水，在这样的环境里吃鱼品菜，会多一层味外之味。

泸州的鱼鲜品种较多，做法有渔溪鱼和河鲜鱼两种。多年前去泸州采访，一番刨根问底才搞清楚：渔溪鱼，主要是指河鲀的做法，麻辣鲜嫩，和资中的渔溪河鲀鱼味道相近，故以此代称做法。河鲜鱼，则是指重用当地泡菜。一方一俗，诸位到泸州吃鱼，看到菜单上写着这两种做法时，不要大惊小怪。

泸州鱼鲜在川内叫得响的，应该是凉拌鱼。大鲫鱼先腌味，上笼蒸熟后取出来，浇上用盐、酱油、醋、小米辣碎、葱花、芹菜粒、香菜末、姜米、酥花生仁等料调成的味汁，色彩斑斓，光看看就让人口水涌动。鱼肉细嫩，酸香鲜辣，越吃越辣，但那股刺激味儿又让人不忍停箸。

河鲜鱼汤汁较多，红艳艳的一大钵，其实辣度比凉拌鱼轻，加了不少的泡椒、泡姜和泡酸菜，味道反而更醇厚。川渝人烹鱼离不开泡菜，其质量直接左右鱼的味道。新津、宜宾、泸州等地的泡菜各有不同，这也是各地鱼鲜味道有别的原因之一。

渔溪鱼一般用的是河鲀，成菜基本没汤汁，比起资中球溪河鲀鱼大盘盛装的粗犷霸气和麻辣刺激，显得内敛秀气，味道也更趋平和，有一股浓郁的清香幽麻之味。这是因为泸州人烹鱼喜欢加鲜青花椒，不爱用红花椒或花椒油。

2011年，我曾在泸州边上的泸县玄滩镇吃过一家叫"吃不穷"的餐馆，虽然此店已经不在了，但有几道菜仍留在我的大脑里，不管是用料、技法，还是味道，都记忆犹新。鳝鱼炖土鸡，在玄滩又被称为龙凤配，这样的搭配，我在川内其他地方没有见过。土鸡斩块先炖至熟透出味，鳝鱼去骨并汆水，整条下锅炖熟，成菜汤味醇鲜，鳝鱼无腥味，口感略脆，重口味还可以蘸着煳辣椒碟子吃。折耳根乌鱼汤的搭配也少见，乌鱼取净肉，片成大片。鱼头、鱼尾及鱼骨斩块，先用油煎香，再加野山椒、泡椒丝、泡姜丝

·玄滩龙凤汤·

·折耳根炖乌鱼·

·油浸兔·

爆炒出味，掺水熬出味后，下折耳根一起煮软，捞出来放盆里。下码芡的鱼片汆熟，连汤带鱼倒进盆里，最后淋入炝香的干辣椒和花椒。做法类似水煮鱼，但味道截然不同，酸辣，又有折耳根的独特香味。

泸州人烹鱼，有时还喜欢加"蓼子"，这是一种蓼科植物，有"家蓼"和"野蓼"之分，用于烹饪的是"家蓼"，有近似折耳根的异香。

泸州鱼鲜，出众的还有烤鱼。现如今，川内各城市都不乏烤鱼店，但泸州城的做法有所不同，很多烤鱼都会搭配豆花，像"金山角古记豆花烤鱼"这类店，直接体现在招牌上。

泸州烤鱼，一般选一斤二两重的鲤鱼，活鱼现杀，从腹部剖开，背部保持相连，压成平板状，在鱼肉表面划上刀口，再夹在两扇烤架之间，烤至硬脆金黄且鱼肉快熟时，撒上辣椒面、孜然粉、花椒粉等。随后取出来放烤盘上，舀上炒好的麻辣、泡椒、香辣等料汁。

豆花烤鱼，是在上述制法基础上加入豆花，有的是把豆花直接放在盘里，加入炒好的料汁，上桌点火，煨至咕嘟冒泡，先吃鱼，再吃豆花。有的是事先用红汤把豆花煨入味，等鱼烤好装在烤盘后，再放进豆花，好处是内部入味，有热度，上桌就可以吃。豆花鲜烫，吸收了鱼肉和调料的诸般味道，甚至比鱼还好吃。

开在偏僻小街的"鱼味香木姜烤鱼"，我吃过几次，味道超级棒。招牌菜是木姜烤鱼，鲤鱼烤得外焦内嫩，烟火味十足，调料粉紧紧在黏在鱼皮上，分外入味。调味时加了木姜子油，有股特殊的异香，上桌前还撒了鱼香菜。鱼香菜，川南人也叫它木姜菜，烹鱼或调豆花蘸水时都少不了。

豆花火锅

和自贡一样，泸州酷爱豆花，泸州合江是跟自贡富顺是齐名的豆花胜地。除了吃豆花饭，泸州人还爱吃豆花火锅。

泸州城里有家名叫"富春"的老字号豆花火锅店，开了二三十年。豆花火锅跟豆花饭一样亲民，一般是按人头收费。我2011年在泸州城，吃过每客8元的酸菜豆花火锅，2017年再去时，每客也才15元钱。豆花火锅一般有白味和红味两种，白味以鲜汤为底，味道咸鲜。火锅盆下面垫有豆芽，中间放大块的豆花，表面以红色的番茄片点缀，配香辣碟子蘸食。豆花可以免费无限量添加，也可以另点酥肉、肉片、花菜等荤素料烫煮。红味则是以菜油、豆瓣、香料等炒香，加水熬煮成汤底，味道麻辣，火锅盆里除了放豆芽、豆花、番茄等料，还会撒一些干辣椒节和花椒。白味的特色比红味的更明显，能吃出豆花的清香味。

除了这种朴素版的豆花火锅，还有些店主推黑豆花火锅、肥肠豆花火锅、排骨豆花火锅等加强版。

泸州小吃

　　温润的气候和长江水的滋润，让酒城泸州的小吃别具滋味，白糕、黄粑、猪儿粑、窖沙珍珠丸、五香糕、桃片、豆腐鱼、麻辣豆筋……品种可谓丰富。

　　白糕已经有近百年的历史，形似飞碟，以松泡、香甜闻名全川，主要原料有大米、白糖、桂花糖、猪油，再以提糖法精制而成，故全称叫桂花猪油提糖白糕。

　　泸州最有名的小吃是黄粑，相传与诸葛亮有关，暂且不追根溯源。川南人都吃黄粑，为何泸州的名气最大呢？当地朋友说，因为包裹料不一样，其他地方大都是用竹叶，泸州用的是良姜叶。在蒸制过程，良姜叶独特的芳香之味渗入糯米，带来一种类似薄荷的香味，闻之提神，食之开胃。很多地方都有种良姜，为何只有泸州人才用来包黄粑呢？据说，只有泸州一带所产的良姜叶才含有芳香油成分，这可能与当地独特的地理位置和气候条件密不可分。

　　泸州城里有不少专卖黄粑的铺面，摊子上摆着成堆的成品。为进一步了解黄粑的详细制作过程，十年前，我还曾到食品厂参观过。在去工厂的公路两旁，随处可见一丛一丛的良姜，其叶宽阔修长、青翠喜人。撕下一张叶子稍一揉搓，能闻到一股沁人心脾的芳香味儿。黄粑制作难度并不高，许多家庭主妇都会做。传统的泸州黄粑是以糯米、大米、白糖和红糖（川南人俗称水糖）为主要原料。先把3.5千克糯米蒸熟，1.5千克大米泡涨了打成浆，放在一起，另加入1千克白糖和1千克红糖拌匀。刚拌的馅料水分较重，必须晾半小时，让表面自然"收汗"。等待的时间里，可以把摘回来的良姜叶放开水里氽一下，使其变软，再分开摊放在案板上。接下来，把馅料分成均重的饭团，逐一放在叶子上边。包制时抄起叶子的长端，折过来包住饭团，再将两侧折过来，将馅料包成长方条并用绳子捆扎好，用剪刀把叶子修剪整齐，最后放木甑子里蒸3个小时即好。

　　黄粑蒸熟即可吃，入口软糯香甜，也可以切成片煎着吃，外香脆内软糯。除了大个头的黄粑，现在还有拇指大小的袖珍黄粑，刚好一口一个。黄粑现在已经成了泸州最具代表性的一种小吃，外地人去了必尝，一般还会捎一些回去，与亲友有福同享。

　　泸州城里还有专门的猪儿粑店，大小餐馆也都有这道小吃。猪儿粑全用糯米粉制作，口感比黄粑更软糯细腻。刚出笼的猪儿粑色泽洁白，泛着油光，白白胖胖，就像一只只酣睡的小猪。猪儿粑有甜馅和咸馅两种，甜馅用桂花、橘饼、白糖、

·黄粑制作·

·豆腐鱼制作·

玫瑰糖等制成；咸馅则是用鲜猪肉、香葱、冬笋、冬菇等制成。

　　到了泸州城，还要到街头尝尝豆腐鱼，吃完你肯定充满不解：既没有豆腐，也不见鱼啊？！当地的朋友也解释不清，只说是约定俗成。在流动小吃推车上，放着几个塑料筐，里边摆着一串串煮熟了的藕片、西蓝花、豆皮、土豆等，边上还有两个装味汁的调料缸，有点像成都的冷锅串串。用竹签穿起来的蔬菜卷就是豆腐鱼，外边是氽过水的莲白叶，里面裹的是蔬菜丝。一元两串，递过钱，自己拿两串，往调料缸里一蘸，再迅速放进嘴里。蘸汁有酸辣和麻辣两种口味，深受女生喜爱。

　　泸州城还有另外一种豆腐鱼。在钟鼓楼下斜坡处，有一个打着"百年豆腐鱼"招牌的小吃摊。这是饶新全师傅祖上传下来的一种特色小吃，他从酒楼离职后，每天上午在家备料，下午才和妻子出来摆摊。许多泸州人都是吃着他家的豆腐鱼长大的，以至饶师傅的父亲在住院时，医院的小护士都亲切地称他"豆腐鱼爷爷"。

　　饶师傅做的百年豆腐鱼，与蔬菜版豆腐鱼完全不一样，倒是与遂宁的"冲"相近。他拿起一叠春卷皮，稍微一搓，使其分开，再取一张摊放在掌心，挑一点芝麻酱抹在上面，放上一些绿豆芽、藕丝和萝卜丝，包成襁褓状。要吃辣的，除了抹芝麻酱，他还会另外抹一点辣酱。挑馅的薄片，是用猪肘上的小骨头做成的，那是从他父亲手上传下来的，算得上是古董。

当年饶师傅还给我们示范了如何吃：倒一小碗醋汁，用筷子夹住豆腐鱼的根部，用开口处在醋汁里一舀，马上塞进嘴里。面皮薄而韧，吃起微微有点脆、细嚼，能品出面香，再混合芝麻酱的醇香和醋汁的酸香，很是奇妙。

醋是饶师傅专门熬制过的，酸味柔和，芝麻酱也是自制的。面皮当然也是自制的，和春卷皮相近，但更小，更薄，制作难度高，调面浆的稠度、炙锅的温度、制作的速度都要掌握好，任一环节出了差错，都会前功尽弃。

·叙 永·

叙永县位于泸州南边，接壤云贵，俗称鸡鸣三省。清朝时期，有叙永知县开通江门峡航道，叙永遂成为川盐外运云贵的要道。运盐的船只从自贡釜溪河进入沱江，再南下泸州，通过纳溪南行，逆流而上进入永宁河，最后在叙永上岸，由马帮运往云贵。叙永也因此成为川滇黔商品批发集散地。水运衰落后，叙永的码头优势才逐渐丧失。

叙永饮食，广为人知的是荤豆花。它源于江门，算是普通豆花的升级版吃法，除了要加瘦肉片，还需加酸菜调味，边煮边吃，吃完锅里配的料，还可以下蔬菜、肉类烫食。到叙永寻味时，我们发现城里有一条鱼凫美食街，仿古式建筑，街道两旁有不少以旧时风俗为题材的雕塑，古韵幽然。

叙永是泸州市少数民族人口最多的县，十年前有部热播的电视连续剧《奢香夫人》，女主角奢香就出生于叙永县（旧时叫永宁宣抚司），当时街上有一家"奢香公馆"。店开在二楼，门口的屏风上方有牛头装饰物，下面摆着酒瓶、酒缸，突出民族风情。店堂仿四合院风格，中间有木头搭建的小舞台。大厅和包间都以苗族彝族的乐器、织布、服饰等装点，包间则以当地少数民族的人名或地名命名。店里的服务员身着苗族或彝族传统服装，在客人吃菜喝酒时，她们还会在旁边唱祝酒歌……

叙永饮食，广为人知的是荤豆花。它源于江门，算是普通豆花的升级版吃法。

·汽锅鸡·

菜肴以苗家菜、彝家菜为主，苗家汽锅鸡、彝家烤鹅、彝家点心、苗彝美酒，被称为该店四宝。

大厅墙角处放着一溜大陶坛，里面腌渍的是当地流行的风海椒和鲊海椒。风海椒不同于常见的泡椒，选用立秋后产的青辣椒，摘把洗净，加盐拌匀后装坛，坛口用竹笆卡紧，上面放少许青花椒，盖上坛盖，掺满坛沿水，密封发酵1个月。成品口感脆爽，辣味适中，酸香可口。鲊海椒也是酸辣风味，但制法不同：先把青椒或红椒剁碎，加盐和粗米粉（糯米和饭米各半，与少许香料入锅炒黄后，再打成较粗的粉末）拌匀，装坛密封，腌渍1个月。用风海椒炒的油底肉，用鲊海椒来蒸排骨，风味特别。

·苗家鲊排骨·

·麻辣鸡·

· 古 蔺 ·

古蔺县位于四川南部边缘，秦汉时称夜郎之国，如今是酱香酒生产基地、郎酒之乡，当地的豆汤面、麻辣鸡、牛肉干等美名远扬。

据说，古蔺麻辣鸡最早出现在清末。当地人进山采集香料，用来调配卤水卤肉。有次某人把鸡也放进去卤，没想到香气袭人，皮脆肉嫩，远胜白水煮鸡，于是这种方法就传开了，这就是古蔺麻辣鸡的雏形。

到了民国时期，古蔺出现卖麻辣鸡的小贩，其中最有名的叫聂墩墩。

·古蔺街头拌鸡摊·

·手工面·

　　古蔺多山地，当地人习惯散养土鸡，这些鸡上蹿下跳，吃虫啄草，肉质紧实，味道鲜香。制作麻辣鸡，一般选用三四斤重的散养仔鸡，太嫩不耐煮，易皮破肉烂，且缺少嚼劲，太老又过于绵韧。卤鸡的卤水，各家都宣称有秘方，其实并不重要，主要目的是将鸡卤熟，使其有底味和卤香味。火候反而是关键，和广东人煮白切鸡一样，骨头要见一线红，不能煮过火。另一关键点是调红油蘸碟，选当地龙山所产辣椒，炕香打碎，再炼成色艳香辣的红油，再跟上好的花椒面、芝麻等调成蘸碟。一定要下重手，麻中有辣，辣中有麻，两者必须协调。卤好的鸡斩成块，蘸着味汁吃，方回味无穷。有人另辟蹊径，用苦蒿和木姜子油调出带有异香的味汁，也是别有风味。后来，麻辣鸡传到外地，有人写作了椒麻鸡，也许是因为误写，也许是故意为之（减轻人们对麻辣的畏惧），其实做法和味道没有变，仍然是麻辣味。

　　古蔺手工面是与麻辣鸡齐名的另一种地方特产。在公路两旁，随时能看到制面的手工作坊，洁白的挂面迎风轻扬，老远就能闻到面香味。古蔺手工面分为水面和干面两种，以后者居多，因为方便长时间储藏和长距离运输。古蔺多风干燥的气候，特别适合做干面，和面时加碱量较重，其特点是耐煮、不浑汤、筋道。

·拌牛舌·

当地面馆用的全是水面，最有名的品种是豆汤面。开在古蔺中医院对面的"姜家面馆"，已有四五十年历史，典型的夫妻店，以前是老两口，后来是小两口。女店主手执长筷煮面，脸被水蒸气蒸得通红。面条煮熟，挑进碗里，男店主马上接过舀两勺酸菜汤进去，再舀上半勺臊子，转身递给客人。

煮面锅的旁边还有一口汤锅，里面熬的是棒子骨、酸菜和一些香料，热浪蒸腾，飘散着令人愉悦的酸香味。

豆汤面和万州的豌杂面差不多，都加的是豌豆肉末臊子，只不过万州豌杂面加的是压粑的老豌豆，口感粉面，而古蔺豆汤面加的是青豌豆，质感欠粉面，却多了股清香味。

牛肉干是古蔺又一饮食特产。古蔺是四川省的养牛大县，在2010年就达到了存栏近20万头的数量。当地有不少牛肉加工厂，生产的毛条牛肉、麻辣牛肉干，畅销全国。为了解古蔺牛肉产品的特色，我还去过当地有名的一家"钟跷脚"。

初见店招，以为它和乐山的跷脚牛肉有关系。见到了老板钟胜宏，方才释疑解惑。钟胜宏的父亲从20世纪50年代就在工厂里加工牛肉产品，退休后自己开了厂。1998年，钟胜宏接过厂子，注册了商标，进一步扩大生产。从小耳濡目染，他讲起牛肉方面的知识头头是道，如何找"牛偏儿（交易中间人）"估价；齐口牛（指刚长满牙的牛）的肉最适合制作毛条牛肉……

钟胜宏涉足餐饮是在1994年，他以"钟跷脚"为名开火锅店，四易其址，从最初百余平方米的小店，后来扩大到一千多平方米。牛肉火锅最有特色，牛的各个部位都可以下锅涮烫。最有名的是牛三巴，锅底为白味，烫涮牛鞭、牛尾巴和牛嘴巴（牛唇）。白味的汤锅是用牛骨、牛肉等料熬成的，汤面浮着一些枸杞和大枣。煮料时一定要先喝汤，入口有股淡淡的中药味，一碗下肚，感觉一股暖流由嘴到胃流动，继而全身暖和。

下料烫涮的空档，可以来点五香味或麻辣味的毛条牛肉暖场。牛鞭、牛尾、牛唇、牛头皮、牛肉块、牛蹄等都是事先煮好的，烫热就可以吃，口感或柔韧或脆爽，牛肉片和牛肝则是现烫现吃，口感鲜嫩。如果嫌白味汤锅味道过于清淡，可蘸麻辣味碟吃。

这家店有两道小吃也不能错过，桂花包子的馅心是桂花糖和猪肉粒做成的，咸甜并重。玉米酥饺的皮坯是用玉米粉和糯米粉制成的，酥脆甘甜。酸菜泡饭也非常有特色，以当地酸菜、红腰豆、火腿粒与米饭烩制而成的，鲜香微酸。

·牛三巴火锅·

川中

四川

资阳

3.5万年前，古人类已经在今天的资阳地区活动。资阳，古代为资州下辖的资阳郡。现辖雁江一区，安岳、乐至二县。

我老家与资阳接壤，土挨土、田挨田，两地饮食风味基本一致，临江寺豆瓣算是资阳最有名的特产，有金钩、香油、红油、鱼松等30多个品种。资阳城区的饮食品类不算显著，下辖的安岳、乐至二县，反而特色更为突出。乐至是开国元勋陈毅元帅的家乡，当地烤肉在川内小有名气。

· 安 岳 ·

安岳，因"安居于山岳之上"而得名，在唐宋时期（那时称普州）已经是知名的巴蜀重镇，现今则以中国佛雕之都和中国柠檬之都闻名于世。盛于唐宋的安岳石刻，具有极高的史学和艺术价值，目前遗存的摩崖石刻造像仍有200余处。

安岳地处成都和重庆的中间地带，饮食风味明显受这两大川菜名市的影响。安岳与内江接壤，故当地大厨的烹饪方式又与内自帮风味有所融合。我第一次接触安岳美食是2012年，以柠檬风味宴扬名的"美食美味"，以坛子肉作为卖点的"东方维纳斯"，以传统家常菜为主的"闇五"，以融合菜为主的"蒋记"，以海鲜菜为主的"维多利亚"，以数道特色家常菜当家的"源泉"，以汤锅作为亮点的"大寨门"，以另类大盘鸡为卖点的"双椒大盘鸡"，以一鸡三吃为特色的"吴名烧鸡"，以烤鱼、鱼杂担纲主角的夜宵店"小三峡特色烤鱼"，都给我留下了深刻印象。

　　安岳的米卷和伤心凉粉颇有特点。安岳伤心凉粉源于周礼镇，跟成都龙泉驿洛带镇的客家伤心凉粉不同。周礼镇距安岳县城约40千米，地处安岳、内江和资中交界处，因"周公制《周礼》以治天下"的典故而命名。周礼的凉粉以豌豆淀粉制作而成，味道为传统的豉香麻辣味，熬制酱料是关键，需把豆豉剁碎，与郫县豆瓣一起下锅熵香，晾凉，再加红油、酱油、花椒面、醋等调匀。

　　米卷为大米磨浆后蒸制而成，与其他地方不同的是，成品裹成筒状，外形和广东的素肠粉相似。米卷吃法多样，煎烤炸拌烫皆宜，最常见的是切成寸段，抖散开来，拌酸辣味。

▍柠檬美食

　　1929年，留学美国的安岳龙台人邹海帆也许是出于好奇，从纽约威廉斯堡带回了两株柠檬幼苗。他没想到的是，那两株幼苗现已发展到了上千万株，种植面积20多万亩。如今的安岳，已成为全国唯一的柠檬商品生产基地县，产量占全国柠檬总产量的70%。

　　安岳属浅丘地貌，地跨沱、涪两江的分水岭，常年雨量充沛、气候温和、无霜期长，适合种植柠檬。

·柠檬嫩兔丝·

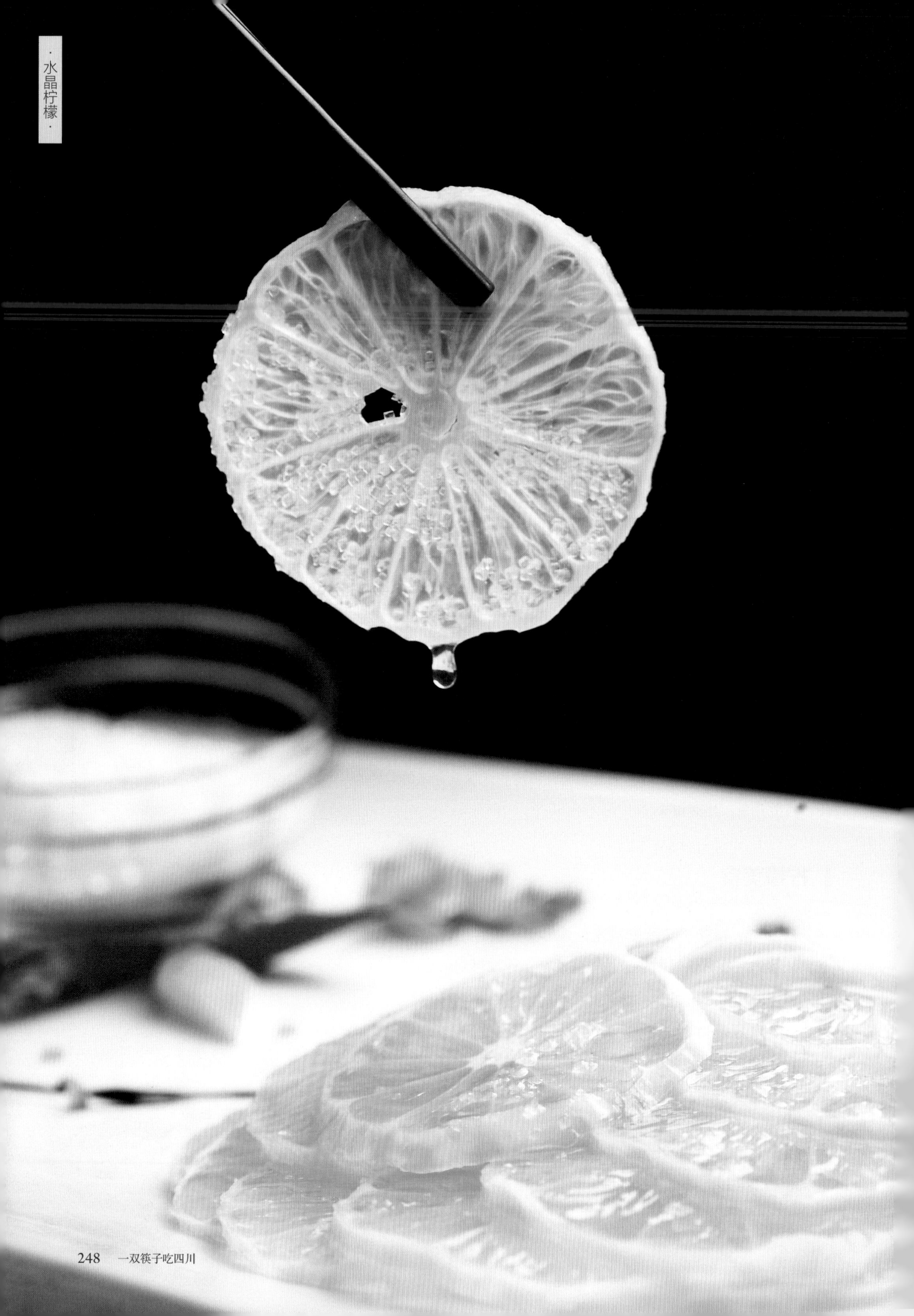

安岳柠檬品质上乘，部分理化指标超过了其他柠檬生产大国。柠檬可除腥去异、增白添鲜、调酸加味……安岳餐饮人取果肉榨汁，取果皮切丝入肴，取果壳作盛器……将柠檬做菜发挥到了极致，用柠檬制作的冷菜、热菜、小吃等，已经达百余道。安岳人还用柠檬制作出果酒、香精、食品等系列产品。

"美食美味"创建于1996年，创始人肖述明出身于烹饪世家，其父曾师从成都餐厅的孔道生大师。2009年，他主持研制的柠檬风味宴被有关部门评为了四川名宴。

直接吃柠檬的果肉，光想想就让人牙齿发酸，而水晶柠檬却取柠檬果肉切片，再配白糖上桌，意想不到的是，在甜味过后，嘴里只微微有点酸味，留下的是清香的果味与清凉爽口的口感，感觉奇妙。糖醋里脊本是一道传统川菜，调酸用的是老陈醋，安岳厨师则用柠檬汁来代替。外酥内嫩的炸里脊肉粘裹上柠檬味汁，酸甜可口，又带有一股清香味。把柠檬皮切丝，与酸菜和兔肉丝一起烹制成柠檬嫩兔。用柠檬果肉与风干排骨一起烹制的柠檬焖风排，口味都出乎意料。秘柠龙眼最为独特，晃眼一看，那就是一盘普通的龙眼烧白，尝了后才发现端倪，原来糯米饭当中加了些柠檬蜜饯，比普通甜烧白多一份清香。猪肉里面除了裹紫薯（这也是安岳的特产之一），同样也加有柠檬蜜饯，这样既减轻了油腻感，味道也更好。

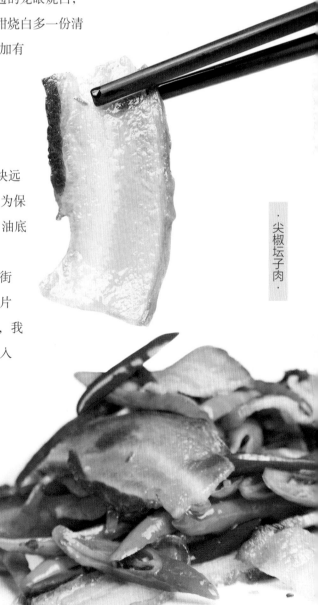

·金柠雪花鱼·

·尖椒坛子肉·

普州坛子肉

坛子肉是安岳餐饮的明星菜，是安岳人的思乡味，带上一块远行，与家就是天涯咫尺。坛子肉，是人们在欠缺保鲜技术年代为保存猪肉而无意创造出来，现如今，它却成了与腊肉、风吹肉、油底肉等腌腊制品并列的乡土特产。

过去，安岳农家经常制作坛子肉，家里来了客人，不用上街买肉，从土坛里掏出一块，洗净煮熟，或切片直接上桌，或切片与青椒等辅料爆炒，就是待客的好菜。现在一般是工厂生产，我曾在厂区参观制作过程。带皮五花肉切成长条，加盐和香料腌入味，入油锅炸至皮黄肉熟，捞出来晾凉，撒上料酒，涂抹一层粉料（一般是大米粉、黄豆粉、玉米粉混合而成），装入大陶坛，每层之间用腌菜隔开，静置保存，三个月后取出来，分装抽真空。部分工序和攀西的油底肉相近，只是不用油封保存，而是混入了腌菜增味。

吴名烧鸡

"吴名烧鸡"，最早叫"无名烧鸡"，老板娘姓吴，后来才改了名。创始于1983年，算资格老店了。第一次去时，开在安岳城郊，环境简陋的路边店，第二次去时，已经搬到一幢大楼里。

鸡用的是当地的土鸡，现点现杀，最有特色的是一鸡三吃。第一吃是烧鸡，融合了四川家常烧鸡和新疆大盘鸡的做法。鸡肉斩得大块，先入油锅煸炒干水分，再加泡椒、泡姜、豆瓣酱、干辣椒节等炒香出色，掺少许水，加盐、酱油、胡椒粉等调好味，倒进高压锅里压几分钟，再倒进炒锅，加青椒节等配料，收至汁水将干。盛菜用的是以前放暖水瓶那种搪瓷大平盘，粗犷豪放。肉质紧实，鸡皮软糯，好吃。

第二吃是鸡杂粉条，红苕粉条也是安岳特产之一，久煮不糊汤，顺滑，筋道。鸡杂同泡椒、泡姜、豆瓣酱一起下锅炒香，掺适量水烧开，再下泡好的粉条烧至入味，起锅之前一定要淋点醋，泡菜的乳酸和陈酿的醋酸融合在一起，酸辣开味。味道比烧鸡更有特色，2017年我曾带成都"田园印象"的熊总一同去考察过，他把此菜引入成都门店也成了畅销菜。

第三吃是鸡血汤。做法简单，凝固成型的鸡血切成大块，直接和蔬菜煮汤，只放点毛毛盐，清淡，可缓解烧鸡的麻辣。

· 青椒烧鸡 ·

▍源泉中餐

    "源泉中餐"开在奎星街一个农贸市场边上，位置偏僻，但在安岳城里的名气却不小。我在这家吃过最好吃的烧鸡公，最特别的炸酥肉。

    和川北西充一样，安岳广种红苕，当地人喜欢用红苕淀粉出粉条，还爱用红苕淀粉来制作滑肉、酥肉和凉粉。川式滑肉，一定要用红苕淀粉，猪肉表面一定要粘足够多的粉，使其形成一层半透明的保护层，余煮出来的滑肉外表光洁，口感顺滑且有嚼劲。安岳、资中和内江一带都喜欢吃滑肉，做法差不多，区别在于所加配料不同，有的加风萝卜，有的加榨菜，"源泉"的配料是少见的盐菜和米粑粑，盐菜可以提鲜，米粑粑口感软糯，与顺滑的滑肉相得益彰。

    酥肉是每家火锅店的必备菜，中餐馆相对少见，能达到"源泉"这种口感的，就更少了。先取部分红苕淀粉做成熟芡（即用开水烫搅，使其糊化成熟），再与干红苕淀粉、清水调匀，然后把腌好味的猪肉放进去裹匀，一定要裹得够多够厚，最后放入五成熟的油锅炸熟。成品外表金黄酥脆，有一层细密的小泡，里面却有水煮滑肉的口感，柔滑细嫩，堪称一绝。

源泉酥肉

游氏滑肉汤

烧鸡公做法也跟其他店不同，鸡肉斩成块，下油锅煸炒出油，加豆瓣酱、姜米、花椒等炒香，掺水烧开，再倒进高压锅内压熟。出菜前，还要在锅里炒香姜米、蒜米、泡椒节、子姜丝、青椒节等料，再把压好的鸡肉倒进去和匀，收至汁将干再出锅上桌。这样做出来的烧鸡公，汁较少，调料的滋味都进到了鸡肉内部，鸡皮软糯，鸡肉入味，好吃。

闆五大酒店

"闆五大酒店"开在解放街的一条巷子里边，初见招牌上的"闆"字，我愣住了。进门向老板彭明贵请教，方知是繁体的"板"字。原来，彭明贵出生于农历六月，排行老五，于是从小便得了"板五"之绰号。板乃借音字，有"爱动爱折腾"之意，四川有句俗语叫"六月间生的娃娃，没缠得好"，即指这小孩子在襁褓当中没包裹好，挥手踢脚爱折腾。他开餐馆后，直接用儿时绰号作招牌。后来，有人建议他换成繁体的"闆"，从字形上看，门里坐着三个人在品味，既形象又有趣。

彭明贵是一位经验丰富的老师傅，擅长做传统家常菜，干煸肉丝、洗手鲊肥肠、酸鲊肉等，现在已经不容易吃到了。

干煸肉丝非常考验火候，现在很多厨师嫌麻烦而放弃。这家的干煸肉丝色泽红亮，水分基本上煸干，味透肌里，嚼起来有如吃牛肉干一般。最好是搭配姜丝和干辣椒丝同吃，这样口感层次会更加丰富，咸鲜麻辣之味交织在一起，欲罢不能。

在烹饪术语当中，鲊是指把米粉等粉状物与荤素原料、调料拌和在一起，后续的加工方法不同，成菜的风味也不一样。第一种做法是把鲊好的肉储存在

·干煸肉丝·

·酸鲊肉·

坛子里，等其发酵变酸了再吃，如鲊鱼和酸鲊肉。旧时保鲜技术欠缺，于是人们想出各种方法来保存一时吃不完的肉类，才有了坛子肉、酸鲊肉之类的半成品食材。这家的酸鲊肉是先将鲊好的猪肉片下入油锅，炸至酥脆，再与香辣酥一起翻炒成菜，口味独特。

第二种做法直接上笼蒸熟了吃，如粉蒸肉（四川许多地方也称蒸鲊肉）。洗手鲊，则是第三种做法——炒着吃。洗手鲊肥肠，据说做法源自客家。先把蒸肉米粉入锅炒香，再掺入汤汁，下入蒸熟的肥肠下锅一起炒制，成菜比粉蒸肥肠更滋润入味。

挂霜茄糕是一道甜菜，其做法也是难得一见。先把茄子拖蛋液粘生粉，入油锅炸熟以后，再粘裹熬好的糖液。待其晾凉翻砂后，会在表面形成一层糖霜，看上去很美。外脆内软的口感和纯甜的味道，食之难忘。

·洗手鲊肥肠·

遂宁

遂宁别称斗城、遂州，下辖船山、安居二区，蓬溪、大英两县，以及县级市射洪。遂宁位于四川盆地中部腹心，有川中重镇之称，与成都、重庆构成一个等边三角，饮食风味也介于两者之间。

　　首次接触遂宁饮食是十年前，借采访四川省第四届烹饪技术大赛川北赛区的机会，我们顺带对遂宁城区饮食做了全面的采风，后面又去过几次，不少特色餐馆给我留下了深刻印象。这不光是一些招牌菜的做法和独特味道，还包括其背后那些有趣的故事，比如开在渠河边的"逸园肥肠鱼"，老板以前曾经是川剧团的武丑。"梁子湖大闸蟹"是一间窄小的路边店，却是以大闸蟹来制作香辣蟹，而老板开店仅仅是因为偶然的一次网聊。排骨炖汤不稀奇，可把腌渍风干的盐排骨用来做汤锅却是遂宁人的日常吃法。尖椒鸡是到遂宁必吃的江湖菜，当地几十家农家乐靠它就红火了几十年。印象最深的是一家名叫"原创老池盘龙鳝"的店，招牌的盘龙鳝干香、麻辣、鲜美，老板为了防止秘籍外泄，拒绝打包，至今仍念念不忘，可惜后来不知何故关门，只能在脑海里回味。

▍遂宁小吃

　　冲、拷拷凉粉、拷拷面、炉桥面，以及烤发糕、烤蹄、凉皮、水饺等等，遂宁小吃的品种特别多，名称叫法足以勾起好奇心，而其做法、味道和口感更是超出想象。

　　冲是很多遂宁人的童年记忆。阔别家乡，回家第一件事就是去街头吃冲。冲的形状跟春卷相近，又名芥末春卷，但做法稍有不同。成都市区的菜市，一般仅春节前后的短暂时间内才有春卷，遂宁的冲却常年可见。卖冲和吃冲的都以女性为主，小贩游走于街巷售卖，她们先在春卷皮上抹一点自制的辣椒酱和用芥菜籽做成的淡黄色粗芥末糊，再放上丝料，裹成襁褓状。边裹边

冲·

问买主要咸口还是甜口，然后从没封口的顶端倒入相应的味汁。接过冲来，一定要眼疾手快，塞进嘴里就得扬起脖子。黄芥末的强刺激跟醋的酸劲在嘴里打转，鼻涕眼泪齐飘，转而周身通泰，爽！

红苕是遂宁的特产之一，当地出产的524品种，曾参加过世博会展览。产量高，吃法自然多样，其中以红苕淀粉做酸辣粉、凉粉最为常见。用红苕淀粉做成的凉粉，比豌豆淀粉做的色泽更深，但更有韧性和嚼劲。川内各地其实都有红苕凉粉，在制作时，水加得适中，成品冷却后有弹性，可切成条或块，再加料拌食。不过，遂宁人却喜欢把红苕凉粉做得像稠粥一般，称其为拷拷凉粉。四川人称半流质状糊状食物为"拷拷"（借用其音，没有相应的准确汉字）。做拷拷凉粉，红苕粉用清水调匀，直至没有颗粒，再倒进开水锅，边倒边缓缓搅动，不能太快，也不能太用力，以防筋性过大，直至淀粉完全糊化熟透。要掌握好水的用量和搅拌的速度，水量差不多是常规凉粉的两倍。因为太稀，没办法切成条或块，得用勺子舀着吃。加的调料也别具风味，大头菜粒、煳辣椒面和豆豉酱（豆豉剁碎炒香，加水熬出味，再勾芡收成酱状）必不可少。

遂宁人还喜欢直接用红苕做菜，红苕丸子就是当地的一道传统菜。过去是把红苕切成细丝或刮成茸，再加蒸肉米粉、腊肉粒等拌匀，捏成丸子后上笼蒸熟。现在有了改进：先把红苕切成片，再加腊肉丁、蒸肉米粉等拌匀，装进小笼，上火蒸熟，取出来撒上蒜苗花。蒸肉米粉就像黏合剂，把红苕的粉香、腊肉的脂香融合在一起。

炉桥面，因形状像以前土灶的炉桥而得名，是遂宁城里的传统面条品种。当地人公认为比较好的一家开在街市花园电信营业厅的对面。据店主冉大姐说，他们夫妇已经卖了三十年面条，生意好，就是太辛苦，随时都有歇业的想法，所以现在可能关门了。

案板上摆着一摞擀好的面片，每张面片长约30多厘米，宽约10厘米，中间被划了好几条口子，可四周又相连不断，形状跟普通的面条大不同。除了这种长方形的炉桥面，遂宁城里还有做成半圆形状的，不奇怪，原来土灶的炉桥真有长方形和半圆形两种形状。

面片极薄，下到开水锅里稍煮即熟。捞进碗里，晃眼看像是抄手皮，色白光亮，几近透明。四川的铺盖面同样是以面片大而出名，但那是用手扯出来的，不如擀出来这般薄而均匀。入口滑爽，甚至有些脆，面条居然做到如此口感？！冉大姐笑称这属于家传独门绝招。同行的人有异议，说它吃起来缺少碱味和面香，还欠筋道，人各有好，倒也正常。这家炉桥面馆受人欢迎，还在于臊子品种丰富，分量足。清淡味道的有炖鸡臊子，红味的有肥肠、牛肉、鸡杂等臊子。在吃红味臊子时，面碗里还要另外加一点粑豌豆，这也是遂宁面馆里惯常的做法。粉面的粑豌豆与爽滑的面条相搭配，对比强烈。

炉桥面在遂宁城随处都可见，但拷拷面却只有一家，那就是"利君面工厂"。当年去吃这家店时，招牌严重褪色，很难看清楚，醒眼的倒是周围停着的那一排汽车，以及门口或坐或站等着吃面的人。

遂宁人的口味真是独特，把凉粉做成拷拷状似乎还可以接受，可是这拷拷面条就无法理喻了。大家都知道，面条一定要煮得清爽硬朗才好吃，煮得黏糊糊的，能好吃？

按常理推断，把面条煮得像拷拷一样，要么是煮面师傅开了小差，煮得太久了，要么煮面的水久煮不换，以至面汤浑浊不清像面糊，煮出来的面条也黏黏糊糊。像这种故意煮得像拷拷一样，而且还大张旗鼓、广而告之，相信诸君会跟我一样惊诧。哪怕到了店门口，内心仍在纠结吃不吃，但职业习惯又促使想试一试。

·炉桥面·

当地喜欢吃拷拷面的人可不少，店里面坐得满满当当，门口还站了一排，心急的人已经顾不上找座位了，或站或蹲地在店门口就稀里哗啦地吃起来了，全都一副享受的神情。

看起来，这拷拷面除了色泽偏黄，似乎跟其他面条并无多大的区别，并非像面糊一样。用筷子稍稍一搅，把表面的海带丝、粑豌豆、烧牛肉跟面条和匀。吃起来软绵绵、黏糊糊的，这确实不是我喜欢的口感。面条碱加得重，色泽发黄。吃炉桥面时，有朋友抱怨缺少碱味，可当她面对这碱味偏重的拷拷面时，又连呼碱味过重。

好奇地询问旁边一位吃面的当地大哥，"你们平时都喜欢吃这种面条吗？"他埋头吞完一筷子面条才回答："喜欢呀，你看这生意就晓得嘛，这面条煮得软，面汤少，吃起好巴味哟！"

这面条确实煮得软，挑进碗里又没掺啥面汤，再加上表面加了炒豌豆和烧牛肉臊子，显得干巴巴的。粉面的炒豌豆相当于勾了芡，只需用筷子稍微一搅，各种调料就全巴到面条上了，当然入味。

周围的人埋头吃得欢，我勉强吃完臊子，这黏糊糊的面条无论如何都吞不下去。"口之于味，有同嗜焉。"孟子这句话并不一定全对，像拷拷面这样的面条异端，不是每个人都能接受。

农家土鸡鲜

遂宁城边有一座西山，山上有广德寺和白雀寺。白雀寺上边有一处地方叫兔子沟，那里散布着数十家农家乐，它们大都以土鸡揽客。据说在那里开店的第一家是"君乐园"，它开启了土鸡点杀的模式，才引得同村人效仿开店。第一次去是黄昏，招牌和环境看不太清。招牌菜是尖椒鸡，现杀的土鸡斩成大块，入油锅加姜、蒜、豆瓣等料稍加煸炒，倒进高压锅，加水压熟后，再倒出来与大量青尖椒一同翻炒，最后以粗犷豪放的大碗盛装上桌。这种现杀现炒现

·煳辣鱼·

·青椒黄焖鸡·

压的鸡肉，鲜香入味，鸡皮软糯，辣椒的清香鲜辣味进到鸡肉里面，和平时在城里吃到的鸡肉口感完全不同。除了尖椒鸡，这家店还卖香辣肾宝（即头刀菜）、刨猪汤、大娘麦饼、火爆肾肠、巴骨鱼等农家风味菜。

在广德寺旁边的卧龙山公园里的"蓬莱阁"我还吃过另一种做法的青椒黄焖鸡。这家农家乐环境得天独厚，绿树成荫，湖水环绕，对岸有三座拱桥将湖中小岛连在一起，斜倚在湖边的躺椅上，隐约有处身小西湖一般的惬意。

土鸡也是现点现杀，但没有用高压锅压，焖烧的时间相对较长，得提前预订。青椒的鲜辣渗到了鸡肉里面，更为入味，鸡皮没尖椒鸡那般糯，但鸡肉更有嚼劲。

盐排骨汤锅

遂宁盐排骨和常见的腊排骨做法不同：先在盐里加入花椒粉和五香粉，拌匀后抹在整扇鲜排骨上，腌一天再吊挂起来，经过三四天的风干，盐味和香料味渗透进骨头，就形成独特的咸香风味。

盐排骨的盐度高，用来做汤锅前，需先用清水浸漂，除去多余盐分后，再斩成块，跟鲜猪骨和鲫鱼一起熬成汤。把盐排骨和汤放在汤盆里，加白萝卜、海带等上桌，加热吃。盐排骨汤锅是遂宁多数餐馆的必备菜，十年前，我吃过船山区银河路口的"猴王鸡杂盐排骨"，店不大，装修简陋，现在仍开着。老

板姓侯，因此以"猴王"为招牌。他把盐排骨汤锅和干锅鸡杂组合在一起，盐排骨汤锅在下，可点火加热吃，上面摆不锈钢架子，放干锅鸡杂。一咸鲜，一麻辣，绝佳搭配。

·回锅乌鱼片·

冯乌棒

那天，我们从遂宁主城区船山区出发，沿318国道前往安居区的安居镇，一路打听，只为找寻一家名叫"冯乌棒"的特色店。

这家店是一位朋友强烈推荐的，因口音的问题，我把"冯乌棒"听成了"红乌棒"（川内好多地方h和f不分，包括我们家乡）。乌棒是川渝人对乌鱼的俗称——外表乌黑，身体修长似木棒。

到店时已经过了中午饭点时间，守店的是老板的妹妹冯女士。他们已经卖了20多年乌鱼了，在当地名气很大，因此大家都叫他"冯乌棒"。这家店原来叫"鸿源饭店"，后来干脆以此绰号为招牌。因为有地处318国道边的优势，名气越来越大，甚至有从南充、达州开车过来吃的。周末生意稍淡，周一到周五生意高峰期时，安排几个人杀鱼都忙不过来。这么多年下来，冯老板自然是赚得盆满钵满，以前的小店改建成了一幢四层高的楼房。一些相熟的顾客开玩笑："这楼房的一砖一瓦，都是我们吃出来的哟。"

见我们远道而来，冯女士连忙打电话叫厨师回来。乌鱼都是现点现杀，轻则三四斤，重则七八斤，可以选择几种做法，比如回锅乌鱼片、泡椒乌鱼片、清烧乌鱼片，还不是我们在别处常见的香辣、红汤或番茄等半汤菜。

一位吴姓师傅赶了回来，他跟着冯老板已经干了二十多年。他边操作，边跟我们分享：乌鱼的肉质较其他的鱼肉更为结实，所以适合炒、爆、熘、炸等方法做菜……我们选择了回锅乌鱼片和鲜熘乌鱼片这两种做法。他先把乌鱼宰杀治净，片下两扇净鱼肉后，再把鱼头、鱼骨斩成块；鱼皮去鳞后，斩段。净鱼肉斜刀片成片，与鱼皮一起纳盆，加入盐、料酒，磕入一个鸡蛋清，再加入湿红苕淀粉，用手轻轻拌匀，然后下入六成热的油锅炸至表面硬挺。

吴师傅先做的是回锅乌鱼片。他在锅里下入蒜瓣、姜片、葱节、花椒、干辣椒节和豆瓣，炒香出色，再下已经摊好了的红苕粉皮（红苕淀粉加清水调成浆，入锅摊成的面皮）炒匀，稍后下一半炸好的鱼片继续翻炒，其间加盐、味精、鸡精等调好味，淋入香油便出锅装盘，撒葱花，点缀香菜，回锅乌鱼片就做好了。味道香辣，口感软嫩又有弹性，当中加的红苕粉皮软糯入味，也算是一种特色。

鲜熘乌鱼片的做法则更为简单，把剩下的乌鱼片与甜椒块、青笋片和水发木耳一起炒匀后，调咸鲜味便成了，味道平庸，并不出彩。

四川有这么一句顺口溜：鲤鱼头，鲫鱼腰，乌棒脑壳当柴烧。乌鱼肉没有细刺，而且结实脆爽，利用率高，但乌鱼头却是骨多肉少，以前少有人吃。吴师傅把乌鱼的鱼头、鱼骨和豆腐一起熬成的汤却鲜美可口，和回锅乌鱼片很搭。

盘龙鳝

川内不少城市都有盘龙鳝这道特色菜，我在金堂、简阳、内江等地都吃过，但印象最深的，还是十年前在遂宁吃的"李三娃原创老池盘龙鳝"，这辈子都无法忘记。

老板姓李名伟，小名叫三娃，职业厨师。他最早在老池镇开店，专做盘龙鳝，后来才搬到遂宁城里的南城靓居门口。我去吃的那天，刚好李伟在店上，他透露了两点做盘龙鳝的诀窍：第一，鳝鱼得鲜活，下入高油温锅炸制时，才能在骤间受热盘成龙。第二，只能选笔杆粗细的鳝鱼，过于粗壮，炸制时卷曲效果不佳，还容易外煳内生，炒制时难以入味，太细小，鲜香味差，没肉头。

盘龙鳝刚端上桌，一股浓郁的香辣味就扑鼻而来，盘成蚊香状的鳝鱼，掩映在红亮的辣椒节里边，闻其味，观其色，难免暗吞口水。李伟说他的秘诀藏在辣椒里面，那是事先用十多种香料制成的油浸泡过的，香辣不燥，口感酥脆。详细的配方和制作细节，他自然不会透露。当时菜单上还有条奇葩的规定：打包盘龙鳝，需另外加收42元钱。他说这是为了防止秘密外泄，但我觉得逻辑说不通，真为了学技术，在乎多给这几十块钱？

做盘龙鳝有讲究，吃也有技巧——烹制时需鲜活下锅，带骨连内脏呢！一手捏着头部，一手扯着尾部，用门牙轻轻咬断头部后面脊骨一侧的肉，顺势往下一撕就肉骨分离了。把这侧的肉吃进嘴里，再如法炮制吃另一侧，这样就避免吃到骨头和内脏。鳝鱼肉干香滋润，香辣鲜美，辣椒和香料余味悠长，食后嘴有余香。确实不会吃，服务员会帮忙，戴着塑料手套帮着把肉撕下来，但没有自己动嘴撕着吃有感觉。

这家盘龙鳝的味道和口感的确太有特色了，因此我第二年又专门又去遂宁吃了一次。几年后再搜这家店，已消失无踪。此味成绝响，现在只能在脑海当中回味。

· 大 英 ·

大英，因大英卓筒井而得名。大英卓筒井的深钻汲制工艺蜚声国内，这种钻井、制卤、晒卤、煎盐的工艺流程最早可追溯到宋代。

大约一亿五千万年前，地球的两次造山运动在大英县形成了地下古盐湖盆地，盐卤水储量丰富，其含盐量超过了22%，以氯化盐为主，类似中东死海，人在其中漂浮不沉。大家前往大英死海度假休闲时，景区内餐厅有几道特色菜一定要尝尝。

盐为百味之首，有如此丰富的自然资源，当地厨师自然会巧加利用，卓筒鸡就是用盐卤水制作的，选用仔鸡，用天然盐卤浸泡入味，再以十几种香料熏制。经过一番预处理，再把鸡肉斩成块，放进砂锅，与藕、土豆、香菇等烧制成菜。如此料理的鸡肉，咸香味独特。

第二道招牌菜是卓筒鹅，做法与卓筒鸡差不多，鹅肉的口感更有嚼劲，里边加的方

· 死海卓筒鸡 ·

竹笋和花菜，多了脆爽的口感，比卓筒鸡更具特色。

第三道招牌菜是一品状元红，其实就是烤猪脸。据说这道菜是某位厨师从某个乡镇挖掘出来的：某位同学考进了一所著名高校，其父大办筵席宴请乡亲，乡厨子专门用整猪脸制作了一道菜，以示祝贺。此菜麻辣刺激，口感特

·一品状元红·

殊，成菜大气，所以这种做法后来在当地流传开来。大厨在制作时，也是先用盐卤水将整猪脸浸泡入味，再放入卤水锅煮至软熟，取出来时用尖刀将皮肉划成相连的块状，送入烤箱将其表皮烤至金黄香脆，最后倒入炒香的青红椒。这道菜看上去霸气外露，很有卖相，无论质感还是味道，都值得一吃。

·射 洪·

射洪是诗骨陈子昂故里，"前不见古人，后不见来者。念天地之悠悠，独怆然而涕下。"一首《登幽州台歌》引发多少失意文人的共鸣。射洪产酒，餐饮也发达，现在在成都非常火的"陶德砂锅"，就源于射洪，2009年第一次前往，它只是街头一家不起眼的小店，也是算是进军省城的佼佼者。我对射洪饮食最有印象的是牛肉，当地有很多馆子都是以牛肉为主打，如"麦地纳餐厅""麦加餐厅"等等。

·坛子牛肉·

从牛头皮、牛肉、牛内脏到牛蹄、牛筋、牛尾，这些餐厅把牛身上的各个部位都用到了极致。牛肉做的坛子肉、回锅肉、开门红等等，你想得到和想不到的吃法，在射洪的各家馆子里都能吃到。

·彩虹牛排·

C H U A N B E I

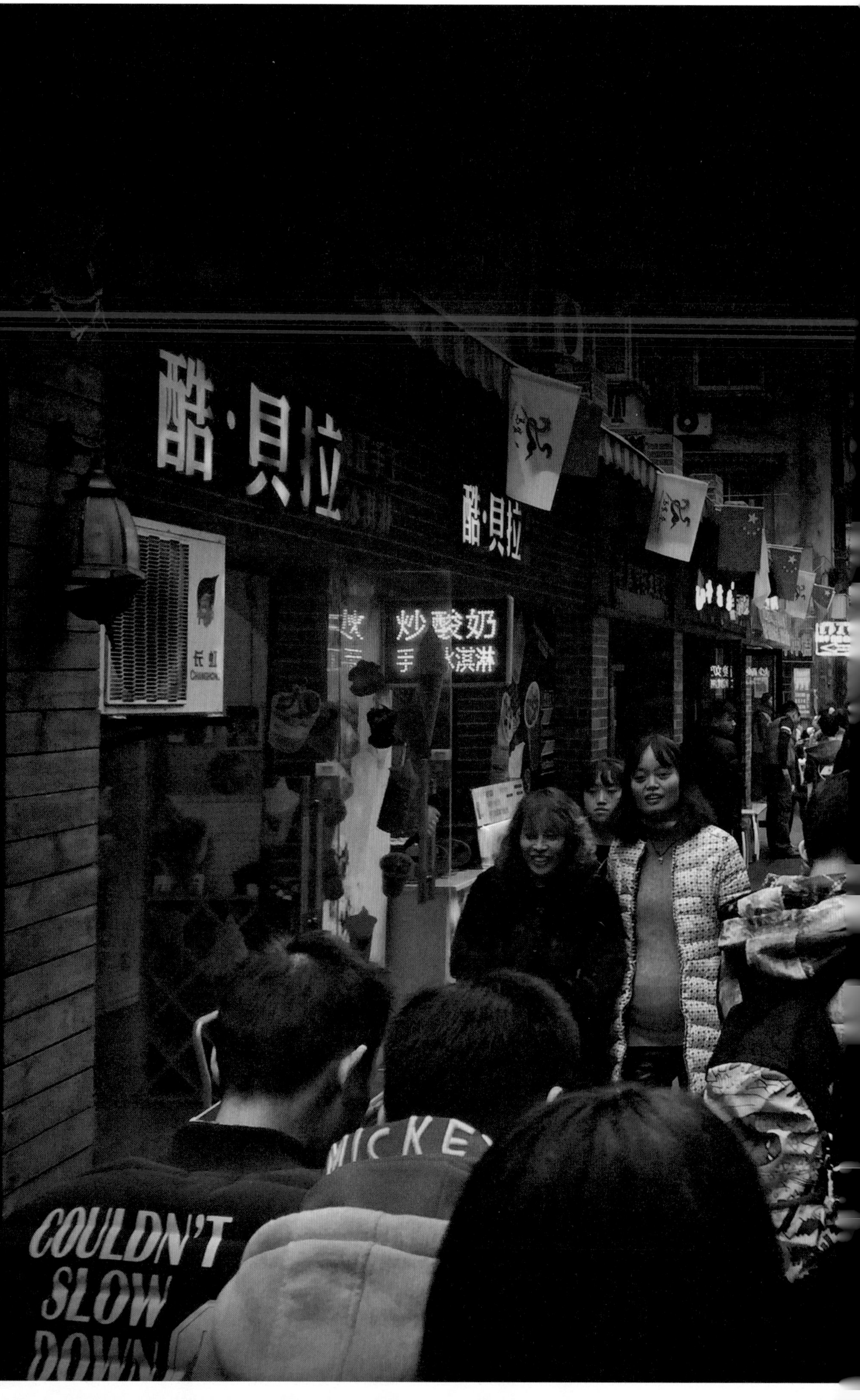

德阳

德阳，别称"旌城"，位于成都平原东北部，下辖旌阳、罗江二区，中江一县，代管广汉、什邡、绵竹三市。德阳是一个重工业城市，也是一个美食城市，各类餐馆多不胜数。市区距成都仅一个多小时车程，我曾多次前往寻吃，"天地人和""写庭""今日东坡""天韵"等中高档酒店，"正兴老菜馆""蜀味堂""快哉家宴""好记哑巴兔""龙华烧鸭子"等特色菜馆，都留给我深刻印象。

"好记哑巴兔"开在黄许镇新新村，离德阳市区有十余千米。看到如此店名，肯定有人会联想到是哑巴开的，至少我当时是这么想的。店老板姓江名山，以前曾在大酒店做过厨师。他说"哑巴"有两层意思，一是说招牌菜特别好吃，除了不停动筷子，根本顾不上说话；二是此菜麻辣刺激，吃的时候除了不停地呼气咂舌，根本说不了话。

低矮的瓦房前面有一排笼子，里面关着灰白毛色的肥兔，看中哪只，现杀现做。做法有泡椒、红烧、水煮、干煸，可以选择一兔两吃或两兔四吃。店门口还挂有提前做好的烟熏兔，等热菜时，可先斩半只下酒。

现在多数城市取缔了活畜活禽宰杀，点杀只能在乡间才能吃到。兔子不像点杀鸡那样等得久，因此无须预订，人不多时，十来分钟就可以吃到。有一年在资中一家叫"好吃兔"的餐馆采访，从杀兔到上桌，厨师仅花了七八分钟，堪称超级快手。

·红烧兔·

·干煸兔·

·泡椒兔·

·烟熏兔·

　　厨师舍得放调料，菜都是大盘大钵盛装，粗犷豪放。干煸兔用的是兔头和骨多肉少的部位，辣椒和花椒加得多，卖相不甚好，味道却不错，香辣中又带有浓烈的孜然味道。

　　红烧兔特色不算明显，唯一的亮点是加了大量的油酥花生米和芝麻。水煮兔和水煮鱼有点类似，兔肉隐藏在大量的干辣椒和红油下面，看着就过瘾，里面还加了酸菜，起到了中和麻辣刺激味道的作用。四川人的厨房，离不开泡菜坛。

　　最具特色的是泡椒兔。泡椒不是平时常见的二荆条辣椒，也不是短粗的子弹头辣椒，而是青尖椒和小米椒。据江山说，这两种辣椒不能久泡，用野山椒水泡两三个小时，成品介于鲜辣椒和泡椒之间，集鲜辣与酸辣于一体，味道特别，口感也更脆爽。

　　泡椒兔用的是兔后腿肉和背柳肉，全是精华部位，肉质鲜嫩滑爽。白嫩的兔肉与翠绿的辣椒看着清爽，其实暗藏玄机。兔肉刚入口，就如冷兵器时代两军对垒，刀光剑影，激烈厮杀，越吃越辣，越辣又越想吃，需同时饮冰啤酒或冰水，方能压住阵脚。这时，毛毛药炖肉汤就成了救火队，那是用新鲜鸡矢藤、折耳根、金钱草等野草野菜，与五花肉、棒子骨一起炖出来的，有一股山野清香味，可以平息口腔里的刺激感。

　　离"好记哑巴兔"不远，另一家"龙华烧鸭子"在当地也有名。它开在主路边上的一条小道上，非常隐蔽，由农家小院改建而成，朴素简陋。

　　鸭子论只卖，烧制时候较长，需提前预订，一只118元，青豆另收钱。鸭和青豆这种搭配，倒是不多见，做法很乡村。烧的时候加了较多的小米椒，鲜辣刺激。味道有一定的特色，但卖相不佳，这也是多数农家乐的通病，只重味道，不顾颜值，当然，到这吃饭的人，也不会在意，只要好吃就对了。

·缠丝兔·

·广 汉·

广汉因"广至汉水"而得名，省直属，德阳代管。广汉的三星堆遗址是距今5000年至3000年的古蜀文化遗址，被称为20世纪人类最伟大的考古发现之一，举世瞩目。考古证明，它是长江文明之源，将古蜀历史前推了2200年，从而改写了中华文明史。作为四川人，一定要去看看，身临其境，你会被青铜神树、青铜大立人、青铜面具等展品震撼。

广汉距离成都市区不远，饮食风味相差无几。源于广汉的缠丝兔、金丝面、连山回锅肉等，在川西坝子有口皆碑。广汉向阳桥与成都青白江的唐家寺相邻，当地也以宰牛出名，据说每年屠宰牦牛超十万头，因此当地的鲜毛肚火锅全川闻名。号称从牛的肚子到你的肚子，只需要一小时，够新鲜。

缠丝兔，现在成都市场不多见了，时光倒退三十年，那可是人们居家旅行、馈赠亲友之佳品。色泽红润、肌肉紧密、肉香浓郁、入口化渣，这是其官方描述，没吃过的人，可以凭此去想象其形其味。去皮整兔加料腌码24小时，用长麻绳将其捆扎成圆筒形，再悬挂起来风干。其实就是风干兔，不过经麻绳这么一缠，就赫赫有名了。缠麻绳也并非多此一举，至少形体上会更美观。从前的很多名优特产品，就是因为注重这些小细节上而赢得口碑的。连山回锅肉也如出一辙，就因为切得大片，就能在饮食江湖扬名立万。

金丝面在川西坝子名气非常大，最早源于广汉，把面粉、鸡蛋和成较硬的面团，用压杠的方式压擀成薄面皮，再用大刀切成细丝。成都有名的私房菜"玉芝兰"，老板兼主厨兰桂均就是靠大刀金丝面扬名业界，其成品色泽金黄，点火即燃，下锅即熟，配开水白菜的高级清汤，精细程度让人叹为观止。普通小吃店的金丝面没那么讲究，一般是切成韭菜叶般宽窄，配普通鲜汤，吃起来的感觉不同。

▌连山回锅肉

　　有一种人，无肉不欢，有一种肉，常吃不厌。川菜第一菜的殊荣，只能是回锅肉。

　　回锅肉源于民间祭祀，煮熟的刀头肉敬鬼神、祭祖宗之后，再切成片回锅炒制，故而得名。一家炒肉，香飘邻里，也叫过门香。煮肉时加点萝卜、冬瓜，又成了一锅好汤。拈一片油红发亮的回锅肉，就着白米饭，喝一口汤，一举多得，这是川渝家庭最普遍的吃法。

·连山回锅肉·

川菜的精髓是一菜一格，百菜百味，而回锅肉的妙处则是一菜百味，千家飘香。广汉连山镇，因回锅肉而享有盛名，当地的回锅肉张片宽大，长约20厘米、宽约7厘米、厚仅0.2厘米。一般的回锅肉只能论片，只有连山的回锅肉才能说张。

连山回锅肉的创始人叫代木儿，1985年，四川省第一届物资交流会在广汉举行，他现场烹制的超大版回锅肉受到了一致好评，从此一炒成名。现在整个广汉打着连山回锅肉招牌的餐馆多不胜数，大家一定要认清招牌。传统的回锅肉制法，是将煮至八分熟的二刀坐墩肉切成片，放热锅里炒出油且干香，再下豆瓣酱、甜面酱等炒上色，最后放蒜苗节等辅料炒匀。瘦肉不绵软发柴、肥肉鲜香不腻方为高标准。回锅肉的诀窍就在于一个熬字，一定要用小火，慢慢熬出油脂，等肥肉熬至边沿翘起成灯盏窝状，方可下调料同炒，所以民间又俗称其为熬锅肉。

连山回锅肉比普通版的更有视觉冲击力，大片的肉在盘中逶迤起伏，如连绵不绝的丘陵，正暗合了连山镇的地名。跟普通回锅肉一样，配料可随意加，蒜苗、青椒、盐白菜、野菌、干豇豆、蒜薹、泡菜，不一而足。最相配的莫过于锅魁，切成块，一定要炸得够干够脆，肉熬出油以后，再下锅同炒。吃的时候，用大张的肉包住锅魁块，这才叫名副其实的肉夹馍，肉软糯干香，锅魁嘎嘣脆，一起嚼食，那才叫满嘴冒油的幸福。

连山回锅肉比普通版的更有视觉冲击力，大片的肉在盘中逶迤起伏，如连绵不绝的丘陵，正暗合了连山镇的地名。

▌飞味鱼庄

"飞味鱼庄"开在广汉城郊的新丰镇，第一次去，周边还比较荒凉。进到院子里豁然开朗，流水翠竹，灰瓦青砖，别有洞天。老板叫蒋天飞，广汉黄丰镇人，没正式学过厨，却炒得一手好菜。

2004年，他把老家住房稍加改造，开门迎客。2008年旧房拆迁，才搬到了这里，就餐环境和经营规模明显提升。

蒋天飞擅长烹鱼，最拿手的是脆鳝。制作有诀窍，必须是土鳝鱼，必须掌握好火候，刚熟就起锅。那次，我们进厨房观看了烹制过程：土鳝鱼剔骨取净肉，切成菱形块再冲洗净血水。往锅里放较多的菜油，烧至五成热时，先下鲜青花椒、干青花椒、泡姜米、泡菜碎、泡椒碎和蒜瓣炒

香，再倒入青红椒节和大葱丁翻炒匀，随后下鳝块快速翻炒，加一点盐、味精炒匀，用湿淀粉勾点芡便好。如此料理出来的鳝鱼，口感脆爽。剔下的鳝鱼骨头，加盐、姜葱汁和料酒腌渍入味，再入油锅炸至酥脆，沥油后撒点椒盐，就是上好的下酒菜。

麻麻鱼，是四川民间对鳊条等小杂鱼的俗称。该店的家常麻麻鱼，采用的是广汉民间烧法，用大量泡姜、泡椒、泡菜、大蒜提味，不加豆瓣。

该店还有一鱼三吃，鱼用的是大花鲢，腹部的鱼腩凉拌、带肉的鱼排软烧，鱼头熬汤。凉拌最有特色，把鱼腩煮至刚熟就捞出来漂冷，再加辣鲜露、油酥豆豉、红椒圈和红油拌味，鱼肉鲜嫩，汁浓味厚。

绵阳

绵阳，地处绵山之南，依照山南水北为阳的古义而得此名。绵阳辖涪城、游仙和安州三区，三台、盐亭、梓潼、北川和平武五县，代管江油市。绵阳位于四川盆地西北部，是川北人文饮食的重点地区。"孤城西北起高楼"的越王楼、"烟霞古洞隔阊浮"的富乐山、"一龛同奉两诗魂"的李杜祠，旅游资源丰富、历史文化底蕴深厚。

2003年，我刚进杂志社不久，就先后多次到绵阳采访过。绵阳最知名的中餐企业莫过于"四海香"，高档餐厅有"兰庭十三厨"，由已故川菜史正良大师的得意弟子兰明路主理，在国内享有盛誉。

马家巷是绵阳城里有名的美食街，如果时间有限，可去那里一站式体验小吃。那条街最有特色的，我觉得是冷沾沾，据说它起源于江油，售卖方式独特；蔬菜、水果、肉类上面全插着牙签，整齐码放在大盘里，随意自取，在公共蘸料碗里沾一沾再吃，吃完数牙签结账。逛街的年轻人特别喜欢吃，我第一次看到如此场景，颇为意外。

绵阳城最有名的美食，非干锅、米粉莫属。

绵阳米粉在川内小吃榜上排得上名，特点是米粉细、汤料香。"胖米粉"和"开元米粉"算是绵阳米粉界的头牌，都开了30年左右。每天早上七八点钟，"胖米粉"就开始排队打拥堂。仍保留原来手撕票的传统，付款后凭票到明档窗口自己端，一两的为黑字，二两的为蓝字，三两的为红字。

明档前三人分工合作，流水线生产。细米粉是提前泡好的，掌勺抓一点在竹篓里，在那口咕嘟咕嘟的汤锅里快速冒一下，捞出来装碗。旁边的人往碗里浇一瓢汤，交给第三人舀臊子、撒葱花。一碗粉出

堂，从头到尾也就30秒左右，效率非常高。

臊子有肥肠、牛肉、猪肉丸子等几种，在总量控制的情况下，可以每样都加一点。米粉绵软且筋道，红汤格外香，隐约有一股卤油的香气。碗底加的豌豆是点睛之作，粉面软糯，和细软的米粉形成了反差，特别出彩。

干锅何时何地面世，现在少有人说得清。在干锅一词流行之初，川菜行业中有不少菜已经具备干锅干香、油润、少汤汁之特点，比如香辣蟹、爬爬虾、霸王排骨、炝泥鳅、盆盆虾等。

当干锅叫法被大众接受后，直接打出此招牌的店渐渐多了起来。绵阳和德阳是业界公认的干锅发源地，"六月雪""三之首""勇记"等店，都算是川内知名的干锅品牌。

干锅算得上是边角余料的主战场，最初大都是兔头、鸭唇、鹅唇、鹅掌、鸭掌、猪蹄、鸡脚、鸡翅等，味道则以香辣味、麻辣味、麻辣孜然味为主。经过多年的发展，干锅在主辅料、做法、味型等方面都得到了极大发展，品类多不胜举。抛开变化万千的味道不论，仅从做法来分，就有干香、卤香、糯香这三大派。

干香派，流行于早期，干香油润，少汤汁，这是干锅得名的重要原因。要达到干香的效果，不管是生熟主料，大都需要下油锅炸去部分水分，让其表面脆硬或酥香，再回锅炒制。炸制油温至关重要，高了容易焦煳，低了会因浸油而油腻。炒制时讲究锅气，需一气呵成，因此事先预制干锅酱和干锅油特别重要。不掺汤加水，但啤酒必不可少，既能增香去异，又可以让主辅料达到干香滋润的效果。

卤香派，干锅界主力军，主料需先卤熟，再入锅加调辅料炒制。卤，一是有味使之出（除腥去异），二是无味使之入（增加卤香味），三是制熟，让原料熟透，且达到柔韧或软糯的口感。表面上看，就是把卤好的主料炒成干锅菜。其实不然，因为除了具备炉灶基本功，厨师还需懂各种香料的特性，善调卤水，熟悉各种主料的质地口感。卤水配方，厨界江湖往往视为最高机密，绝不外泄。卤不同的主料，配方不一样，而且川菜还有五香卤和油卤之分。真正的大师，需熟悉各种香辛料的性味，不少品种药味重，像丁香之类还有苦味，熟知方能巧妙搭配。

糯香派，显著标志是成菜稍带汤汁，主料炮软入味。"六月雪"当初就是以糯香成名。糯香派的主料以鸡脚、鸭掌、鹅掌、猪蹄等富含胶质的原料为佳，粉面的雪豆则为最佳搭档。主料需要事先煨至软糯，雪豆也要提前煮至破皮粉面，针对不同的主料和不同的成菜味型，所用的方法有所不同，基础味道也有差异。餐具下配炭火，上桌能长时间保持温度，而且主料会越煮越炮软，越煮越有味。

绵阳的朋友告诉我，他们是吃着"六月雪"长大的。二十多年能长盛不衰，确实不容易。我最近一次吃"六月雪"是2021年国庆去绵阳巡店，特地和合作伙伴去了最近的茂业百货店。这家刚重新装修完毕，老店换新颜，和成都餐饮的流行风格差不多。感触最深的还不是装修，而是服务。在我的印象当中，这类老店的服务向来是弱项，而这家刚好相反，从门口迎宾到服务员都热情洋溢，自然不做作，非常有感染力。招牌的糯香掌翅香辣协调，味道稳定，粉面的雪豆和软糯的鸭掌、鸭翅相得益彰。创新的花甲鸡烤鱼，把香辣花甲、辣子鸡和烤鱼融合在一起，一锅多料，味道也不冲突，颇有新意。

和老牌店相比，"干锅先生"算是绵阳干锅新秀，创始人何小峰是职业厨师，在菜品创新上有优势，比如他用牛里脊和洋葱做出了牛肉干锅。

▎特色馆子

李家老店

·杨志耳片·

有一年组织成都"田园印象"的厨政团队到绵阳考察时，朋友推荐了"永兴大酒店"，说它是当地民间风味的代表之一。听后半信半疑，一家大酒店，跟民间风味有啥关联？

这家店开在绵阳城边的永兴镇新生街，正逢赶场天，人流如织，热闹异常。我们跟着导航在那条老旧的长街找了一圈，没发现有啥大酒店。向路人打听，才知道就是眼前那家破旧老店。招牌是某电信公司赞助的，下面有四个小字——"李家老店"，这才是真实店名。

不要小看这家街边苍蝇馆子，路边停满了豪车，桌子直接摆在了街道两侧，仅在中间留下了窄小的通道，电瓶车左扭右拐蛇行穿过，偶尔有汽车鸣笛求通过，桌边的人

得起身搬板凳让路。

去那儿的大都是老熟客，没有菜单，直接给女服务员报菜名，或听她安排就行。一男一女坐在门口记账收钱。厨房就设在门边，锅边火焰蹿起老高，香味外溢。记账靠手，传话靠吼，按现在流行的说法，就是沉浸式体验20世纪八九十年代的小馆子氛围。

卖的不过是回锅肉、咸烧白、烧鸡、家常肘子等普通的家常菜，没有特别惊艳之处，但味道和火候拿捏到位，凭这一点，就够它立足多年。开餐馆并不一定要新、奇、怪，只要能长期保持稳定，一样不缺客人。

肘子烧得软糯，用筷子一挑，皮肉和骨头就分离，豆瓣、姜、葱、蒜等味道协调。肝腰合炒做法和成都做法不同，加了干辣椒和花椒，略带香辣。软烧鲫鱼是先炸后烧，汁浓味厚，吃完鱼肉，连汤汁都舍不得剩下，这时需要添碗白米饭。

三碗不过岗

一家以水浒文化为主题的特色菜馆，店堂为古色古香的木质构造，还特意在大厅里制造出高低错落的布局，弄出了小阁楼、小平台等不同区域。为了营造江湖氛围，菜单特意做成了古代竹简状，用毛笔书写菜名。店里最引人注目的是那位身着古装的迎宾大叔，他就像一位演员，除了引导客人入座，还时不时手打竹板儿，即兴表演一段山东快板，瞬间把气氛拉满。

菜名非常有个性，大都和《水浒传》里的人物有关系，及时雨煨猪蹄、杨志大刀耳片、扈三娘桂花糖醋排骨、顾大嫂葱香牛肝菌等，好吃又有趣。

九三爆炒庄

绵阳的宵夜名店，老板与老板娘是九三级同学，才取了这个名字。厨房设在临街的门脸里，两个厨师在狭小的空间里也能挥洒自如。菜单上以急火快炒的爆炒菜为主，点菜时就能看到锅边随时蹿起的火焰，起到了活招

牌的效果。爆炒蛙、爆炒脑花、酸辣鲫鱼都是必点菜。川北和川南的爆炒菜风味差别较大，干辣椒和花椒加得更多，麻辣味重。

哑巴兔

开在绵阳机场附近一家农家小院内，名气和德阳的哑巴兔不相上下。

活兔点杀，可以做成哑巴兔、酸菜兔、馋嘴兔、红烧兔等十余种口味。哑巴兔加了大量的青小米椒，回味有较为明显的白醋的尖酸，但依然辣得人哑口无言。这时，需要开花馒头来平抑口腔内的强刺激。有理由怀疑，店主是为了促进馒头的销量，才做得这般辣！

酸菜兔就温柔多了，辣味较淡，酸味较明显，除了酸菜，还另外滴了些许白醋，开胃。

·酸菜兔·

·江 油·

江油位于四川盆地北部边缘的涪江中上游地带，饮食发达。"川乡园"是当地最有名的中餐酒楼，有私密包间和零星卡座，也有宽敞大气的大厅，适合婚宴和寿宴。老板林岚是史正良大师的弟子，主营菜肴既有传统菜的基础，又有融合创新的元素。像傣式牛舌、文蛤哑巴兔、虾仁白肉、川式肉夹馍等，创意和味道都不错。

"马记酒店"的老板叫马远学，他的创业过程颇有传奇性：1983年开始摆腌卤摊，1989年开火锅店，1999年自建了集餐饮住宿于一体的综合型酒店。餐厅装修古色古香，摆放了大量的文玩和根雕。名为酒店，但价格实惠，最有特色的菜品是腊排。

江油是诗仙李白的故里，故有诗城之称，现境内有李白故居陇西院、其胞妹故居粉竹楼，以及磨针溪、洗墨池等景点。对美食爱好者来说，江油最吸引人的是中坝酱油和肥肠。

有人说："在江油，肥肠不仅是早餐，更是一日三餐。"江油城里人的一天，大都是从肥肠开始的。"周肥肠""健民肥肠""小小吃""杨肥肠""川罗肥肠""雍罗肥肠""小罗肥肠"……江油堪称肥肠爱好者的乐园，每个人都有自己心仪的店。

我第一次到江油吃肥肠，是十多年前在"小小吃"，它算是江油的肥肠名店。店不大，老板脾气却不小。那时，老板就在门口直接贴出"不卖酒，不接

·马记大排·

·七禧肥肠鸡·

待酒客"的告示，还明确拒绝打包外卖。只卖半天，早上六点半开始营业，中午两点半就关门打烊。

江油肥肠，大家默认的是红烧肥肠。制作没有太多秘密，不外乎掌握好选料、清洗、烧制火候等环节。有的是汆水后直接红烧，有的需要先煸炒再红烧，但对成菜要求都差不多：色泽红亮，微麻微辣，味道协调，肥肠要烧得软糯，又不缺弹性和嚼劲。

肥肠店基本都是以小碗装菜，江油人早餐的标配一般是一小碗肥肠，一碗甑子干碗，再配一碗海带（丸子）汤。花钱不多，吃个热和。吃肥肠、喝早酒，是老一辈人的生活方式

除了红烧肥肠，我在"周肥肠"还吃到过蒸、拌、炖、卤、爆等多种做法的肥肠。

·梓潼·

梓潼县位于绵阳的东北方向,其名源于夏商,素有"五谷皆宜之乡,林蚕风茂之里"之美誉。梓潼有着深厚的文化积淀,诸如以长卿山司马石室为代表的汉文化,以卧龙山诸葛寨等遗迹为载体的三国文化,以古柏林和翠云廊为背景的生态文化,以国医圣手蒲辅周为代表的中医文化,以七曲山大庙为代表的文昌文化。当地有饮食三绝,分别是梓潼片粉、酥饼和镶碗。

片粉是将绿豆淀粉调成稀浆,再加入青菜汁调色制成的,成品口感柔韧、滑润凉爽。一般是用来制作凉菜,鲜品可直接拌味,干品需用热水泡发再拌。一般是加蒜泥、豆豉酱、花椒面、香醋、红油、香油、芥末等拌成酸辣味。

镶碗是民间田席"三蒸九扣"当中的一道必备菜,但各地做法稍有不同。有的是用摊好的蛋皮来裹猪肉馅,有的是在蒸好的猪肉馅上抹蛋液,因此成菜的形状有所不同。梓潼镶碗属于后者,而且是把蛋黄和蛋清分别抹在猪肉馅上面,这样蒸熟后就有三种颜色。初坯晾凉,切成长条,再分别切成厚片,放蒸碗底部摆好,分别摆上炸酥肉、水发木耳、水发黄花、响皮、炸豆腐等料,灌入调好味的清汤,入笼蒸30分钟,取出来倒扣在垫有氽熟青菜的窝盘里。

酥饼俗称薄脆子,发源地在梓潼许州,故又称许州酥饼,始创于唐天宝年间。以面粉、化猪油、白糖、芝麻等制成,成品香而酥脆、入口化渣。

梓潼城里的餐馆大都以经营川北地方土菜，我吃过一家原来叫"九大碗"店，因为合伙人分家而改名"老菜馆"。除了卖梓潼片粉、镶碗等，还有一些升级版土菜，如大刀回锅烧白、烧白泼辣鱼，把两道常见菜结合在一起，味道层次更丰富，很有意思。

咸烧白（简称烧白）和回锅肉都是四川民间受欢迎的家常菜，把两者结合在一起，既保留了咸烧白的香味，回锅炒制又增添了香辣味，吃起来没那么油腻。制法不难：在带皮猪五花肉的表面抹上老抽，入油锅炙皮上色后（即行业上说的跑油锅），顺长切成约15厘米长的厚片，加生抽、姜末、味精、胡椒粉等拌匀后，分别摆在大蒸碗底部，表面盖上盐菜，上笼蒸至软熟。锅里放少许油烧热，先下蒸好的烧白炒至出油，再放入豆瓣酱、豆豉炒出味，最后下青椒节炒至表面呈虎皮状。

烧白泼辣鱼则是把烧白和水煮鱼组合在了一起，增加了一股特殊的脂香味。这道菜是把蒸好的烧白扣到窝盘里，再按水煮鱼的做法，把鱼片放红汤里煮熟，倒在烧白上面，最后倒入炝香干辣椒节和花椒。

·回锅大烧白·

广元

广元位于四川北部边缘，为山地向盆地过渡地带，辖利州、昭化和朝天三区，旺苍、青川、剑阁和苍溪四县。广元为苴国故地，也是三国时期的入蜀要塞，文化底蕴深厚。物产丰富，青川木耳、剑阁火腿、剑阁土鸡、苍溪雪梨等名声在外。

以前吃过广元的一些大店，比如"一和城邦""紫金印象"等，但对广元饮食印象最深的要数热凉面。

凉面在川内比较普遍，制法大同小异：把毛线签粗细的水面放进烧开的宽水锅，煮至刚过心，捞出来拌上生菜油，用风扇快速降温。售卖时，以氽熟的绿豆芽垫底，浇上以蒜泥、酱油、白糖、醋、红油等调成的酸辣汁。广元热凉面做法截然不同，这叫法就挺分裂。首先，它不是面制品，而是米制品，跟汉中的热凉皮是同一类产品；其次，它不只是凉吃，冬季还可热吃。

多年前，在广元人防路一家毫不起眼的小吃店，我拍摄了热凉面的制作过程。当时这家店的门头极其简陋，只有"热凉面"三个字，没有店名，连招牌都是调料厂商赞助的，但是它在当地的知名度却非常高。

店员头天晚上把粳米泡好，凌晨三四点钟就起床磨浆，准备妥当，差不多就六七点了。这时把大锅里的水烧开，开始拉面皮。整个过程和广东的肠粉（布拉肠）极其相似，当年我在银杏酒楼厨房工作，上早班做早茶的工作之一就是拉肠粉。店员在蒸笼里铺上湿纱布，舀入一勺米浆，快速荡平，端上锅蒸一分钟左右，把纱布提出笼，倒扣在竹簸箕上，揭下纱布。另外一个人把面皮卷起来，一手握刀把，一手捏住刀背，左右向前挪动，将其快速铡成粗条后，抓起一把放在垫有氽熟绿豆芽的碗里，舀上酱油、红油、醋

·杜仲鸡·

·剑阁火腿·

·米凉粉·

等调料，最后撒酥花生碎和葱花上桌。操作者手脚麻利，一套动作下来耗时也就两三分钟，如此循环往复，一早上就要卖掉六七桶米浆。

热凉面入口温热，滑爽又不乏筋道，味道香辣，价格便宜，广受当地人喜爱。

·剑 阁·

剑阁位于广元的西南部，是四川省历史文化名城，境内有一夫当关，万夫莫开的剑门关。

剑阁新县城所在地为下寺镇，普安镇为老县城。每到逢场天，普安镇上的集市就无比热闹。逢场是四川方言，附近场镇按照约定的日子赶集，一般是每三日一场，一四七、二五八、三六九错开，小贩可以在周边转场，也便于乡民购买物资。

逢场天最热闹的地方莫过于菜市，无比嘈杂，人间烟火气十足。摊主用烧红的铁棒给猪头除毛，空气中飘着毛发烧焦的味道。腊猪腿需放在炭火上炙皮，这样拿回家煮熟后，其皮才松泡易嚼。宰鸡杀鸭的摊档上，小贩手脚极其麻利，只需四五分钟时间，一只鲜活的鸭子就变成了光鸭……这类原本熟悉的市井场景，现在只有在县城场镇才能见到。

菜市上好些原料都带个土字，土酸菜、土鸡、土魔芋、土鲫鱼、土鲤鱼……土鸡和火腿，无疑是当地最有名的食材。2012年去剑阁时，我还参观了

一处杜仲鸡养殖场和剑门火腿加工厂。

剑阁土鸡的名气在川内特别响亮，就连成都的一些宾馆酒楼都以其招徕顾客。这些土鸡以散养为主，不管是农户还是专业的养殖场，都是敞养，让鸡在野外自由活动。剑阁城北镇石庙山，还有一处杜仲鸡养殖场。在茂密的杜仲林木下面，成千上万只鸡神采飞扬，自由地啄食。杜仲是一种较为名贵的中药，具有补肝肾、强筋骨、降血脂血压等功效。剑阁是四川杜仲最大的产区之一，仅这处养殖场就有400余亩杜仲林。

刚孵出来的雏鸡就散养在杜仲林里，任其啄食虫蚁草籽，同时投喂混杂了杜仲皮（叶）、山药、当归等中药材的玉米、豆粕等杂粮……这样喂养出来的土鸡，肉质结实有弹性，鸡味更浓郁，可谓是土鸡当中的战斗鸡。卖价当然不菲，十年前，红鸡每斤就卖60元，黑鸡每斤卖到了110元。在"剑阁宾馆"，我们吃过清炖的杜仲鸡，鸡肉的口感和鸡汤的味道让大家交口称赞。

山高寒冷之地，向来盛产腌腊制品，剑阁也不例外，当地还有腊肉之乡的美誉，剑门腊肉、剑门火腿、蝴蝶猪头都有名。当地农户普遍养猪，大都是用自产的五谷杂粮喂养，这为制作腌腊提供了良好的原料。

在普安镇边上的一个食品加工厂内，我们看到堆积如山的火腿，工人正对自然发酵完毕的火腿做最后的处理。制作火腿，需每年立冬时开始下料，选用肥瘦适度的猪腿，经过腌、洗、晒、整形、腌制发酵等数道工后，历时数月方能制作完成。剑门火腿爪弯腿直，腿心丰满，色泽金黄，状如琵琶。将火腿切开，肥肉乳白，瘦肉嫣红，干爽且富有弹性。

当年，"剑阁宾馆"的王培勇师傅还给我们分享了处理火腿的经验。首先，将火腿皮面用火燎烧一遍，放水盆里刮洗干净后，再用清水浸泡12小时。火腿一般要煮2小时，水一定要宽，中途最好换一两次水，以去除盐分。煮制时，还可以加少量的糖和味。旱蒸剑门火腿，就是把煮好的火腿切成片，先放蒸碗里摆好，再放入发好的干豇豆，入笼蒸一小时，取出来翻扣在盘里。旱蒸火腿咸淡可口，肥不腻口、瘦不嵌牙，品质并不输于宣威、金华等地的火腿菜。

菜市的腌卤摊上有一种凉山牛肉，软烂化渣，满嘴生香。此凉山非彼凉山，而是剑阁的下属镇名，取当地产的黄牛肉，经过切、腌、煮、洗、晾等工序加工而成。除了五香牛肉，还有表面沾满了辣椒面和花椒面的麻辣牛肉。

剑阁一带的水质偏硬，故当地人普遍喜欢吃酸菜来平衡酸碱度。在普安镇的菜市场上，有不少用盆或桶装着出售的土酸菜。这种酸菜切成了短节，微黄，以勺为计量单位售卖，一勺三五毛不等。

这种土酸菜与四川其他地方的酸菜差别很大，更接近西北地区的浆水菜。选用山油菜（收割油菜时掉在地里的油菜籽长出来的幼苗）、莲花白、萝卜缨等蔬菜，洗净，切成短节，投入沸水余熟，捞出来沥水，放进瓦缸，倒进老酸水。如果没有老酸水，可以用1升温热水和200克面粉放一起调匀后倒在缸里一起发酵。密封好以后，夏天放一两天，冬天放置两三天。制作时，可以加一点芹菜节增香，但不能放盐，酸菜一旦敞风就会变黑。

当地人常用这种土酸菜制作酸菜面馕馕、酸菜豆花、酸菜稀饭等。面馕馕的制作比较有意思，把面粉放盆里，用手洒入少量清水，边洒边用筷子搅拌，使其结成一个个黄豆大小的面疙瘩。水量要少，否则面疙瘩会变稀并粘连在一起。锅里放少许油烧热，下土酸菜炒香，掺水烧开，放盐调味后撒入面疙瘩，边撒边用勺轻轻搅动，等熟透以后，撒入葱花。调味时只加盐，不能放其他的调味品，否则味道怪怪的。

米凉粉在四川属于常见的乡土原料之一，前些年，大厨们搭配鲍鱼等食材，创出了米凉粉烧鲍鱼之类的流行菜，犹如穷小子配上了富家千金。在剑阁菜市，我还看到有一种水分更少，质地更结实的米豆腐，像砖头一样在摊位上摆着卖。除了黄褐色的方形米豆腐，还可以做成微黄的圆柱形。

据当地朋友介绍，米豆腐以陈米制作为佳，新米反倒效果不好。先把

柴灰放桶里搅匀，调成弱碱性的草木灰水，再浸入装米的布袋。浸泡一夜的大米会逐渐变黄，倒出来淘干净，用石磨磨成浆，再倒进柴火锅煮熟，然后倒进方形模具或圆柱形的模具内冷却成型。

按传统方法制作的米豆腐色泽比较深，碱味较轻，口感较好。现在的作坊都是批量生产米豆腐，往往省去了用草木灰水浸泡的过程，直接用清水浸泡，入锅煮制时加食用碱一起搅匀，从而促使其凝固。色泽较浅，碱味较重，口感欠佳。米豆腐可以采用煎、炸、烤、炒等技法做菜，也可以用来涮烫火锅。

▍沁香源

"沁香源"酒楼的位置不好，当年去的时候，装修也很普通，却是当地县城生意最好的酒楼之一，原因在于味道好。

软烧鲫鱼、鱼香茄饼、沁香豆花是最畅销的招牌菜。软烧鲫鱼汁浓味厚，甜酸可口，姜葱蒜味浓郁，鱼肉鲜嫩入味。制作时，先在锅里把郫县豆瓣、姜米、蒜米和花椒炒香出色，掺水烧开，再下入炸至表面硬脆的鲫鱼，烧至软熟时，加盐、醋和白糖调味，用筷子把鲫鱼夹出来装盘，用湿淀粉将汁收浓，起锅前淋点醋，再浇到鲫鱼上面。

让我印象深刻的还有野板栗烧土鸡、嫩南瓜炖鸡、玉米馍炒腊肉这类风味菜，以及用米豆腐、土酸菜做出来的香煎米豆腐、酸菜面花、酸菜尖刀丸子等特色菜。

剑阁土鸡品质出众，跟当地产的小板栗一同焖烧，前者软糯鲜美，后者粉面甜香，堪称绝配。炖鸡和嫩南瓜的组合少见，鸡肉软韧、鸡汤鲜美，嫩南瓜清香脆嫩，好吃。酸菜面花就更少见了，酸香开胃。制作也有意思：面粉、鸡蛋和清水调成较稀的浆，用干净的竹锅刷往热油锅里边挥洒，使其呈片状贴在锅边，煎至面花定形变黄后，再翻面煎黄，随后下土酸菜一起炒香。

·软烧鲫鱼·

·嫩南瓜炖老母鸡·

剑门豆腐

老坛豆腐·

从剑阁县城出发，到剑门关古镇约30千米，大部分为山路，路面不宽，但路况良好。沿途要经过古柏森森的翠云廊，相传是当年张飞种下的，中途还可远眺连绵起伏的七十二峰。古镇有两大吸引点：剑门天下险，雄关豆腐绝。前者巍峨雄壮，后者柔韧软嫩，也算是阴阳互补。剑门关居于大剑山中断处，两旁断崖峭壁，直入云霄，峰峦倚天似剑；绝崖断离，两壁相对，其状似门，俗称天下第一关。

古镇房屋大都为粗糙的仿古建筑，沿街的铺面挂着黄色吊旗，大多写着剑门豆腐字样，随处可见豆腐制品：红亮半透明的豆腐片、用竹篾穿成串的豆腐块、用礼品包装的豆腐干。甜的、咸的、辣的、麻的、香的，口味多样。古镇有一菜市，里面有不少豆腐摊，上面摆的豆腐除了白色的，还有金黄色的。

剑阁人喜欢豆腐到了啥程度呢？我在街上看到有豆腐馅的包子，普通的包子皮，里面包的是豆腐丁和葱花、豆瓣等调成的馅，红油浸润到包子上，染出斑斓红色，滋味跟常规包子不同。

古镇上有不少制作豆腐的加工坊，供应附近百余家大小豆腐饭店和居民日常所需。一家叫母师傅的豆制品加工厂，曾在2003年制作了一块超级大豆腐——长2.2米、宽1.2米、高0.9米，重3.3吨，曾被收录进了吉尼斯世界纪录。当我们慕名而去时，却发现不过是一家普通作坊，环境糟糕。作坊旁边烟雾缭绕，墙根处有一个白铁皮搭起的简陋熏房，一个大娘正在熏烤豆腐干。那块吉尼斯纪录的金色牌匾扔在了房角，灰尘满布，跟低调的主人一般，深藏功与名。

老妈豆腐·

剑门豆腐之所以与川内的西坝豆腐、河舒豆腐、沙河豆腐齐名，不外乎豆好水佳。剑门关山区的石沙地，土质干燥，透风良好，适合种植大豆；磨豆浆的水，为剑门七十二峰的山泉水，含有丰富的矿物质。当地豆腐质地细嫩，韧性强，无论切块、拉条、开片、切丝，成形好，不碎不烂。

剑门豆腐的历史，有说始于三国时期，有说始于盛唐，也有说成名于清朝年间。剑门豆腐真正让外面人知道，还是20世纪70年代末的事。那时没有高速公路，出川入川的客车货车沿108国道途经剑门镇，长途车司机和乘客经常在此镇歇脚吃饭，镇上的豆腐物美价廉，于是剑门豆腐的名气就传了出去。

"王麻婆豆腐庄""天香园豆腐庄""姜维豆腐老店"……镇上餐馆大都打着豆腐招牌，哪一家味道更正宗呢？当地人说：味道各有千秋，差距不算明显，但要说环境，还得数"帅府大酒楼"。这家店的木质门头和木构青瓦的回廊恢宏大气，店堂宽敞明亮，最佳用餐位置是临街那处颇似吊脚楼的回廊。

剑门关为川北入蜀咽喉，地势险要，历来为兵家必争之地，不少武将在此建功立业、名扬千古。三国后期，姜维在剑门关以三万人抵挡了钟会十万大军的进攻。姜维统率三军，官至大将军。老板卫少能说，取"帅府"之名，就是为了跟姜维挂钩。

该店创制的豆腐菜多达200道，长期售卖的也有50余道。杂拌豆腐、八角豆腐、五香豆腐干、崩山豆腐、怀胎豆腐、老坛豆腐、老妈豆腐、皇后豆腐、锅塌豆腐、锅贴豆腐、剑门豆花、肘子豆腐、熊掌豆腐、麻婆豆腐、排骨豆腐、口袋豆腐……涵盖了煎、炸、炖、炒、熘、烩、烧、拌等技法，麻、辣、酸、甜、咸、鲜、香兼备，滋味百变。

崩山豆腐是道有意思的热拌菜，崩山，是指其外形，用手将豆腐掰成不规则的块，形如乱石。豆腐在盐水里浸煮以后，去除了泹水味，质地也变得更扎实。趁热装盘，再浇淋油酥豆瓣、油酥豆豉、红油等调成的味汁。豆腐半浸在红艳的汤汁里，红白相间，色泽诱人，入口软中带韧，麻辣鲜香。

皇后豆腐颇似粤菜里的脆炸鲜奶，只不过主料是豆腐，外酥内嫩，甜香可口。口袋豆腐软嫩细滑，老少皆宜，做法与其他地方相去甚远。常规做法是把豆腐块炸至外表硬脆，掏空内部，酿入肉馅再烹制。这里是把豆腐搅成泥，再与猪肉末等搅匀，捏成橄榄形的丸子，入油锅炸至外硬内软，再回锅烧烩。

剑门豆腐与其他三大豆腐胜地不同之处，在于跟三国文化紧密结合。在正式的豆腐全宴上，每道菜都跟三国典故相关，如张飞卖肉（肘子豆腐）、孔明用计（怀胎豆腐）、草船借箭（崩山豆腐，豆腐上插上牙签比喻箭）、曹操攻心（麻婆豆腐）、长坂坡之战（熊掌豆腐）、孔明点灯（卤牛肉炒豆腐干，包在铝箔纸内，周围放固体酒精，上桌后点燃）……

南充

南充，地处四川盆地东北部，因位于古充国南部而得名。境内曾广泛种桑养蚕，故又有"绸都"之美誉。南充是川东北重要城市，现辖顺庆、高坪和嘉陵三区，营山、西充、南部、蓬安和仪陇五县，代管阆中市。南充的各区县都有名声在外的美食，比如顺庆的米粉、南部的肥肠干饭、西充的铜火锅、营山的凉面、仪陇的客家水席、蓬安的河舒豆腐、阆中的牛肉及蒸馍，等等。

　　流经南充的嘉陵江，境内干流就有三百千米长，盛产鱼鲜。南充市区的鱼馆多以鱼火锅为主，再搭配少许鱼肴。"何家渔厨"是我最近去南充才吃的一家鱼鲜馆，该店的椒麻锅底味道较为普通，但是却见识了当地人喜欢的一种吃法：他们在煮鱼的同时，会点份油渣煮进去。这种油渣不是炼猪板油剩下的产物，而是把五花肉切成片，入油锅炸至脆硬金黄。把它放进锅底同煮，既能增加脂香味，又不会太腻，而且煮软后吃起来软韧鲜香，口感也有特色。

· 南充小吃 ·

顺庆米粉

川内各地都有米粉，南充米粉有啥特色呢？据说，顺庆羊肉粉在清代就远近闻名，有粉鲜、馅鲜、汤鲜之誉。

南充市区内米粉店数不胜数，"文兴粉馆"的名气最大，我去的是顺庆区延安路的总店（只营业到中午）。担心店前不好停车，我们早早把车停在了附近的一条美食街，大多铺面早上都没有开门，街道两旁边就成了停车场。左拐经过一排老旧的铺面，一路向前，走了一两百米也没发现目的地。向路人打听，一位大姐热心地指路：就在街对面，一定要吃第二家哟！

对面有两家粉店，一家冷清，一家座无虚席，有人端着碗在门口吃。人多的正是"文兴粉馆"。先在门口购票，再去后面的厨房档口前排队端粉，然后见缝插针找座位。

南充米粉比绵阳米粉粗，比盐边米粉细，我觉得这种粗细是最合适的，既有绵软的口感，又能保证入味。我对米粉一类小吃的兴趣并不高，二两米粉下肚，一两个小时就饿了，但这家的米线油气重、分量足（臊子单加，15元起，分量是成都小吃店的两三倍），饱腹感强。最难得的是汤底和臊子的味道协调，底味足，微麻微辣。牛肉和肥肠烧得软糯适中，肥肠尤其处理得好，肠油撕扯得不多不少，这样就保留了其独有的脏器味，吃起来又有肉感和咀嚼感。

油干是南充人吃米粉的标配，金黄酥脆的油干，与米粉的爽滑绵软相得益彰。其他地方的米粉，大多是撒上葱花或香菜，而南充人爱加韭菜段，辛香味不同。

方锅魁

四川各地的锅魁品种很多，比如军屯的酥皮锅魁，成都市区松软的白面锅魁、外脆内软的红糖锅魁等，不管口感如何，填充的原料怎么变化，但外形都是圆状，可南充却有方形的锅魁。在南充市区、西充县和蓬安县，我都吃到过这种方锅魁。

制作方锅魁所用的面团和普通锅魁差不多，都是老面加碱揉制，区别在于擀面手法。

一般的锅魁，是把面团擀成圆饼状，而方锅魁则是先擀成薄薄的长片，再像叠被子一样折成方形，如此反复操作两次，在饼坯的一面粘上芝麻，稍微擀薄再放到烧热的平锅上面烙制。烙熟定形，再夹至平锅下面的炉膛壁烘烤。

烤好的方锅魁膨胀变大，形似纸袋，经过反复擀制，酥层松泡明显，直接吃，外表脆硬，内里软韧，面香宜人。常规吃法是窄边端切开一个口了（或者从中间切成两半），装入拌好味的凉面或凉粉。必须现做现吃，不能久放，方能吃到外热内凉、外脆内软的独特口感。

除了独特的方形锅魁，南充锅魁也有圆形的，同样是先煎烙后烘烤，整个面饼膨胀变大，从侧边划一道口子，形成大蚌壳，可以填入更多的荤素原料，所夹原料中，最经典的要数川北凉粉。因为夹的料多，所以南充锅魁更抵饿，在成都也有不少卖南充锅魁的店，有时中午太忙，或找不到饭搭子，办公室楼下买一个南充锅魁，就可以管半天。

·西 充·

西充因早年大量种植红苕，故民间戏称"苕国"。西充最出名的美食，一是用红苕制作的各种菜点小吃，二是铜火锅。

在县城纪信广场周边，有不少小贩推着车在卖红苕粉皮。我们平时所见的粉皮多为大米磨浆制成的，色泽洁白，较厚，而西充的粉皮则是用红苕淀粉做成，薄，灰白色。有人购买，摊主就夹起一些放进铝瓢，配一点海带丝和绿豆芽，放盐、味精、酱油、醋、红油等调料拌匀，再装进盒子递过去。粉皮在阳光照射下呈半透明状，看着有食欲，吃起来筋道，味道酸辣，特别受女性欢迎。

用红苕淀粉制作凉粉，在巴蜀民间很普遍。制法不难，锅里烧水，另用清水把红苕淀粉搅成稀浆。锅里水开后，一边倒入淀粉浆，一边搅动，观察到淀粉完全糊化且熟透时，舀出来放到木托盘里摊平晾凉，便得到了半成品。吃的时候，把凉粉切成条或块，加调辅料拌食，而西充的热凉粉在做法和吃法上却不一样。

在西充城的鹤鸣路，有两家打着热凉粉招牌的小吃店，人气最旺的是"许凉粉"。窄小到只能摆两三张桌子，还是由两家人在共同经营，一边卖热凉粉，一边卖锅魁，而这种合营模式在西充很常见。

西充的热凉粉呈半流质状，装在垫有细纱布的大盆里保温。有人点食，店主就用勺子把温热的凉粉舀进碗里，再加入豆瓣、豆豉、酱油、红油等调成的味汁，递过去让他们自己搅匀了吃。

热凉粉和南充市区的拷拷凉粉一样，只不过叫法不同，呈浆糊状，热乎乎的，口感和味道都与我们平时所吃到的凉粉大相径庭。西充人似乎特别喜爱这种热凉粉，不管是男女老少，或坐或站，稀里哗啦，就像是喝稀饭一样，一大碗很快就下了肚。

这家店的门口还有一口铁锅，里面是烧好的豌豆凉粉。豌豆凉粉切成粗条，加姜、葱、蒜、豆瓣等调料烧入味。这是夹在锅魁里吃的。有人点食，店主取一个刚烤出来的锅魁，用小刀从侧面剖开一道口子，再把凉粉塞进去。除了夹这种热豌豆凉粉，还可以塞入旋子凉粉，先把豌豆凉粉刮成筷子粗细的长条，加盐、酱油、红油等拌匀后，再塞到锅魁里面。吃起来外脆内软，滋味丰富。

铜火锅在西充出现的历史不过百余年。当地的朋友说，它跟北方的涮羊肉有点关系。旧时有西充人去北方事厨，返乡时带回来了涮烫羊肉的铜火锅。西充缺少优质的羊肉，于是他就把本地的腊肉、香肠放进去煮着吃。后来，这种做法传开了，当地人就养成了冬天吃腊味铜火锅的习惯。

到了冬天，西充城多数餐馆都会增添铜火锅，而南街的"蒲记铜火锅"，四季常开。看门面，并不起眼，进去发现空间挺大，连着有好几间屋。在进门那间屋子里，放有立式保鲜冰柜，透过玻璃可见里面塞满了香肠和腊肉。老板

· 西充铜火锅 ·

叫蒲海晏，在西充卖铜火锅已有20年。冬天生意非常好，每天要卖好几十锅。秋冬时节，他们提前把原料装进铜火锅，放进木炭煨着，有人点了就直接端上桌。夏天生意相对冷清，原料就备得少。

西充铜火锅的做法其实和攀西地区的铜火锅类似，只不过两个地方所用的原料不同。先把泡涨的干豇豆、萝卜干、木耳、黄花菜等素料放于铜锅底部，再放上一层酥肉，肥瘦参半的腊肉和香肠则整齐地摆在最上面。掺适量鲜汤并盖上盖子，往烟囱里夹入烧红的木炭，端到室外去煨制，为了让木炭的火力更旺，还用鼓风机对着铜锅底座上的空洞吹风。

蒲海晏说，做铜火锅的腊肉和香肠，只能选自然风干的，不能烟熏，否则影响汤味。

铜锅的中间是一根高约20厘米的烟囱，顶端的盖子可起到调节火候的作用。这根被炭火烧得滚烫的烟囱还有妙用——如果觉得腊肉太肥，可以将肉贴在上面烙炙，逼出部分油脂，这样吃起没那么油腻，还多了一份焦香。

这家店免费提供的茶水也有特色，它是用当地一种叫香茹的草药熬水，入口回甘，据说有清热解毒之功效。

▎农家乐的凉拌鲫鱼

这些年，西充一直着力打造有机生态农业，县城周边一些农家乐，除了设有休闲垂钓、餐饮娱乐等常备项目，农业观光也是其招徕生意的一大亮点。有些店的招牌菜格外出彩，比如开在晋城镇观音庵六村一社的这家农家乐，凉拌鲫鱼是一绝。

普通的一排楼房，前面是一方池塘，屋后的坡地上种着绿油油的作物。去那吃饭不像下馆子，更像是走亲戚。主人是杨斌和杨超两兄弟，我想到知道凉拌鲫鱼有啥独特之处，提出去厨房看看，他们并没有以绝技不外泄的理由拒之门外。

整个操作过程不复杂，把池塘里捕捞起来的鲫鱼宰杀治净，在鱼身两侧划几道口子，加盐、姜、葱和料酒稍加腌渍，再摆在铁盘内，上笼蒸6分钟，取出来滗去汁水后，再舀上用姜米、蒜米、小米辣碎、葱花、醋、酱油等调成的味汁。临上桌前，厨师又舀了些红油淋上去。鲫鱼被大量的调辅料和红亮的红油掩盖在下面，色泽红亮，油香味四溢，令人非常有食欲。

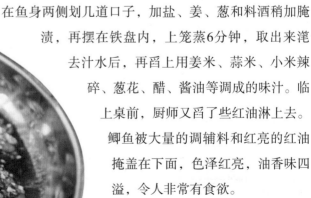

现在许多餐馆都在卖凉拌鲫鱼，但做法千差万别，有的调成酸辣味——以大量的姜葱蒜、鲜小米辣和醋来调味，不加任何油脂；有的调成家常味——除了姜葱蒜，还要加油酥豆瓣；有的调成豆豉味——在家常味基础上加入豆豉；有的剑走偏锋——用了大量洋葱、鲜小米辣、薄荷、醋，在酸辣中还带着一股清凉的异香。这家的凉拌鲫鱼，在加大量姜葱蒜和小米辣调味的同时，又淋入了大量的红油——姜蒜的辛辣、小米辣的鲜辣和红油的香辣融合在一起，让滋味变得来更丰富。

▎青龙湖的鱼鲜滋味

青龙湖在西充县城西北，离城区约28千米。李顺江是最早在青龙湖畔做餐饮的人，早在1988年，他就在自家屋里为游客烹制河鲜。如今，以他名字命名的"顺江度假村"已颇具规模。他没有请过厨师，所有鱼肴的做法都靠自己摸索，平时执勺炒菜的是他爱人冯俊芳。

鱼肴做法较多，我最感兴趣的是麻辣冷锅鱼。我们跟着老板到湖边，他从大树下的网箱里捞出一条鲤鱼，里面最小的鲤鱼也有五斤多。鲤鱼送进加工间，冯阿姨便开始了表演。她取下两扇净肉片成厚片，把鱼头和鱼骨剁成块，先加盐拌匀腌渍片刻，再用流动水冲净。

冯阿姨端着鱼到二楼的厨房，往大锅里倒入菜油烧热，投入姜片、蒜片、花椒和干辣椒节炝香，掺大量清水，放入土豆片，又舀了两勺事先炒好的底料进去——那是用豆瓣、酸菜、泡姜、泡椒、泡萝卜等炒出来的浓香酱汁。随

后，她从盆里拣出鱼头和鱼骨，加入盐、味精、料酒、生抽、花椒面和适量红苕淀粉拌匀，等锅里的水烧开，再把鱼肉逐片放锅里。鱼肉煮至刚熟，舀进一个大的不锈钢盆，撒上青葱节、干辣椒节和一勺花椒面。随后把锅洗净，放菜油烧至六七成热，投入少许干辣椒节炝香，出锅浇在盆中诸料上就大功告成。

比起城市里的餐馆大厨来，冯阿姨用料很简单，做法也粗犷，但味道颇具特色——麻辣味重，鱼肉鲜嫩，就着屋外的青山绿水享用，别有一番滋味。

· 蓬 安 ·

蓬安是四川省级历史文化名城，西汉著名辞赋家司马相如出生于此，因此被称为相如故里。宋朝理学鼻祖周敦颐因仰慕司马相如而到蓬安讲学，后人因此把县城附近的一个村镇叫做周子镇，建濂溪祠以纪念。

周子镇三面环山、一面临水，距今已有一千四百多年的历史，被称为嘉陵江上最后的码头古镇。古镇有上河街、下河街、盐店街（又称红军街）、顺河街四条古街。除了濂溪祠，镇上还保留有万寿宫、武圣宫、画江楼、沿仙观等古建筑遗址，大都为明清风格的穿斗木结构。

周子古镇距离南充市区有六十多千米，没有商业开发，也不收门票，游客稀少，基本保持着旧貌。青石板的凹槽刻着时光的印迹，步履蹒跚的老人藏着岁月的记忆，当地居民就这样过着平静安宁的生活。镇上有麻花、馓子、豆干、鱼干等特产。麻花口感脆酥，有咸、甜两种口味，十余个品类。豆干随意摆在墙角的纸箱里，没人看管，旁边贴有二维码，付款后自取。

离周子古镇约十里远坐落着河舒镇，是川内四大豆腐胜地之一，其余三者为高县沙河、广元剑阁、乐山西坝。2013年12月，河舒豆腐获批国家地理标志保护产品称号。河舒镇上卖豆腐的餐馆有二三十家之多。从南充前往河舒镇时，我做过一些攻略，最后选择了"四季香豆腐王"。对于这种开在偏远小镇，而且是以豆腐为招牌的餐馆，我其实没抱太大希望，只是抱着到此打卡一吃的心态。

河舒豆腐做法多样，"四季香豆腐王"有纸包豆腐、肥肠豆腐、炕豆腐、锅炸豆腐等招牌菜。等菜期间去了趟卫生间，正好路过后厨，只见地面干净整洁，调料摆放整齐，顿生好感。小镇餐馆的卫生能做到这种程度，十分难得。

周子古镇距离南充市区有六十多千米，镇上有麻花、馓子、豆干、鱼干等特产。

·肥肠豆腐·

菜肴上桌，第一块豆腐入口，心里就踏实了，从市区过来这60千米没白跑啊。豆香味足，细腻柔软，细嚼，略有弹性。同行的老巫分析，这应该跟滤浆有关系。各地制作豆腐，方法都差不多，无非选豆、浸泡、磨浆、滤浆、煮浆、点卤、压形等流程，但是因为黄豆品质、水质和加工细节不同，品质千差万别。滤浆时，滤布的孔隙粗细、滤的次数，以及压形时力度的掌握，决定了豆腐的口感。

"两面黄"是川内家户人家做豆腐最常见的方法，把豆腐切成块，放进加有少许菜油的锅里，慢火炕煎至两面金黄。小时候，妈妈煎两面黄时，我们总是迫不及待地围在灶台前，煎好的豆腐，直接撒点毛毛盐就吃，香极了。炕好的豆腐大都要回锅烧制，一般是加豆瓣酱、姜蒜米做成家常味。这家店的炕豆腐做法不一样，豆腐只炕了一面就加料烧制，出锅里大翻勺，金黄的一面朝上装盘。这样做出来的

炕豆腐有两种不同的口感，一面干香绵软，一面柔嫩入味。

纸包豆腐是用春卷皮包豆腐馅，捏成石榴状，再炸制而成，形状漂亮，外脆内嫩。馅心是用捏碎的豆腐、猪肉末、葱花等调成的，软嫩鲜香、汁水丰腴。

川菜当中有一道甜食叫玫瑰锅炸，它是以面粉、淀粉、鸡蛋等调浆，放开水锅煮熟后，捞出来摊平，冷藏定形后切成条，下油锅炸制而成。这家店的锅炸豆腐在调浆时加了豆腐，吃起别有一番风味。肥肠豆腐，则是在红烧肥肠的基础上加入了豆腐。肥肠处理到位，不油不腻，软韧适中，豆腐吸收了肥肠的香味，细嫩入味，两者相得益彰。

· 纸包豆腐 ·

· 太安鱼 ·

· 南 部 ·

南部位于四川盆地北部，是川北地区交通枢纽和物资集散地，历来被视为四川的"北道孔衢，东西要害"。自古以来，交通便捷、物产丰富之地，饮食业皆兴旺发达。广受大众好评的有肥肠干饭、卧龙鲊、升钟湖的鱼鲜等。

南部县水利资源丰富，境内河流大都属嘉陵江水系，还有西南最大的人工湖——升钟水库，也叫升钟湖。升钟湖水域宽广，湖面最宽处达3800多米，最深处有170多米，自修建好以后就没干过，曾多次举行国际钓鱼比赛，因此有国际钓鱼城之美誉。如今升钟湖的旅游业态已经发展得很成熟，既有"假日酒店"这种高档的集餐饮住宿娱乐于一体的大型餐饮，还有"清禾园""临江一味"之类的农家乐。不管是高档鱼鲜菜，还是卧龙鲊等农家菜，都各有特点。

升钟湖盛产白鲢、花鲢、草鱼、翘壳、红梢子、鳊鱼、鳜鱼等。那年去南部采访，我们直接到升钟水库边上，看着渔民在湖里下网、收网，大鱼在网内挣扎跳跃，岸上的我们也跟着激动。同样在岸边焦急等待的还有从附近县域来的鱼贩子，他们把皮卡直接开到了湖边。升钟湖的花鲢比其他地方的要贵一些，但一样供不应求，不仅供应南充各区县，还远销到成都、重庆等地。这些花鲢重的

·卧龙鲊·

·南部沈肥肠·

·南部菜市上的蒸菜摊·

超过10千克，小的也有两千克左右，极其生猛，徒手不容易抓稳。

船上的两位捕捞能手都姓宋，是对岸村庄的居民，他们已经在升钟湖里捕鱼多年，捕过最重的鱼近百斤。据说岸边村民大多姓宋，靠山吃山，靠水吃水，他们靠打鱼和经营农家乐为生。农家乐的主打菜就是各种鱼肴，最常见的是烤鱼，口味并没有太突出之处，但因为是现捕之鱼，加之临水而食，感受还是不一样。

升钟湖畔的农家乐，平时除了卖湖里的鱼鲜，还有当地的特色渔家菜，其中最有名的当数卧龙鲊。"清禾园"是湖边比较有名的一家农家乐，老板宋泽勇是最早开店的那一批人。他说，卧龙鲊是湖区村民红白喜事宴席上的压轴菜，因张片巨大，制法独特而闻名。卧龙鲊与四川民间的普通鲊肉（即粉蒸肉的俗称）相比，主要有两点不同：第一，肉片切得厚而大张，有巴掌宽、筷子长，以前每片在半斤至一斤之间；第二，肉片粘上米粉后，是直接放在竹蒸笼里蒸制，就像长龙卧在笼里，故而得名。

制作卧龙鲊并不复杂：选带皮正五花肉，切成长而宽的大片，放盐水里浸泡30分钟，冲净后滤水，加姜米、盐、鸡精、胡椒粉、花椒面、鸡蛋液和少许淀粉拌匀，随后逐片裹匀蒸肉米粉，直接放进竹笼蒸制。肉片表面粘裹的蒸肉米粉，也与常规的不同：先把炒锅烧热，放入大米和少许玉米翻炒，其间加干辣椒、花椒、胡椒和八角（辣椒用量最多、八角最少），炒至八分熟时，倒出来晾凉，打成粗粉。

卧龙鲊关键的制作诀窍在于蒸，肉片不装在蒸碗里，而是直接放在竹笼里，在蒸制过程中，部分油脂直接掉进水锅，减轻了油腻感，蒸的过程当中，也不会因积水而导致表面米粉吸水过多而变得黏糊糊的。在蒸至五分熟时，需

·老腊肉·

将肉片取出来稍凉，再往表面喷洒清水，使米粉充分吸引水分，保持滋润，随后放入竹笼再次蒸制。如此反复，经过三蒸三凉，黄澄澄、香喷喷的卧龙鲊方能上桌。

卧龙鲊入口柔软，油而不腻，口齿留香。考虑到现在的饮食习惯，现在的卧龙鲊已经变袖珍了，张片缩小了近一半。

卧龙鲊在整个南部且都受欢迎，在且城的一个普通菜市场，我们就发现有卖卧龙鲊的半成品和蒸熟成品的摊档。一片片筷子长短、粘满米粉的肉片整齐地摆在盘里。剽悍的肉食，不需要解释。

"清禾园"的土豆辣子鸡和腊肉也有特色。土豆辣子鸡分量超大，鲜辣刺激。选用当地散养土鸡，宰杀治净并剁成块，下油锅煸干水汽，再下干辣椒节、花椒、豆瓣酱、姜片、葱段、蒜片等炒香，掺水，放入土豆块，烧至鸡肉软熟土豆粉面，开大火收汁并调味，最后放入大量的青红椒炒匀便好，做法粗犷豪迈。当地人在煮腊肉时，会放入萝卜干和干豇豆同煮，腊肉切片装盘后，再一起上桌。吃一块腊肉，再吃点干豇豆或萝卜干，既减腻又增香。

·土豆辣子鸡·

肥肠干饭

　　1985年，南部县正街的老人民餐厅改制，部分老员工退休后闲不下来，于是就在老乐群路的街边摆起了小摊卖肥肠干饭，慢慢就出名了，算起来快40年历史了。

　　据说最初的肥肠干饭不全用的是肥肠，还包括猪心肺，但对于那个年代的人来说，这已经是大油荤了。发展到现在，乐群路已经变成了肥肠干饭美食街，整条街的店铺大都以此为招牌。这些餐馆的门口一般都摆有一口不锈钢桶，里面是炖好的肥肠，上菜特别快。一般每天要卖五六桶。

　　肥肠干饭，既像小吃又像快餐，既是菜又算汤。都是以套出售，一碗肥肠一碗干饭，再加一碟泡菜，总价不到20块，经济实惠。配的干饭也与众不同，米饭蒸熟后，需与酸菜末一起入锅炒香，然后放竹笼里保温备用。

　　红烧肥肠的制法并不难，但工序烦琐，他们往往大清早就要开始忙碌。首先，肥肠要严格挑选，撕去肠油再加大量的面粉揉搓，清洗干净才放进清水锅煮熟，捞出来用流动水漂净，然后才改成块。炒锅里放少许菜油，先下适量豆瓣、姜、葱和香料炒香，再掺入大量清水，随后放入肥肠块、萝卜块和海带块一起炖制。这种肥肠的制法其实介于红烧与清炖之间：和红烧肥肠相比，豆瓣和香料的用量极少，和清炖肥肠相比，又多了些许辣味。

·阆中·

　　阆中，地处四川盆地东北部，历来是川北的政治、经济、军事、文化中心。阆中城被誉为中国现存最完好的四大古城之一，"三面江光抱城郭，四围山势锁烟霞"，宋朝诗人李献卿的《南楼》一诗，描绘出了"阆苑仙境"的绝佳景色。登上宏伟壮观的华光楼，放眼四周，目光所及几乎全是青砖灰瓦的老建筑。阆中还是古代四川的状元之乡、举人之乡，堪称人杰地灵。因为三国时张飞曾驻守阆中，所以当地还刻意营造三国文化氛围——装扮成猛张飞的彪形大汉，或在城门站岗，或带着随从乘坐马车威风巡街。

　　与我以往去过的一些商业氛围浓厚的旅游地相比，阆中古城显得更为质朴。过去阆中饮食有四怪：醋当饮料卖、牛肉熏黑卖、馒头盖章卖、凉面热着卖，当地的代表名菜阆苑三绝，就用到了保宁醋、白糖蒸馍和张飞牛肉。

阆中是国内四大食用醋产地之一，当地产的保宁醋，以麸皮、小麦、大米、糯米为主料，同时还加入了砂仁、麦芽、独活、肉桂、当归、乌梅、杏仁等多味中药材制曲，所酿之醋酸香适口。古城随处可见醋的专卖店，调味醋、饮用醋（苹果醋、桑葚醋等）、保健醋、泡脚醋等，展示的品种多样，包装各异。一些店家更是直接把醋缸摆在门口，有的还利用水车、磨盘等小道具让醋液循环流动，空气中弥漫着一股醋香味。

阆中城里有不少当街卖张飞牛肉的小摊，这种卤牛肉因表面墨黑、内里粉红，跟猛将张飞"面皮墨黑一颗红心向蜀汉"的特征相似。传统张飞牛肉不干不燥、不软不硬、咸淡适口。

馒头盖章卖，指的是阆中的保宁白糖蒸馍，在馍蒸熟晾凉后，要逐一盖章以验明正身。清咸丰元年的《阆中县志》有这样的记录："保宁面、最知名。川省之麦花于夜，而邑中之麦独花于午，磨而为面，有如乾雪，以重箩筛之蒸为馒首，名曰蒸馍，远行者携至千里外，虽外霉而内燥，蒸之移时，而色、香、味、型如故。"在市区公园路附近，有一条小巷叫蒸馍巷，足以见影响深远。

2014年到阆中时，我曾参观过一家保宁蒸馍厂，并在蒸馍生产车间了解了其制作工艺和流程。蒸馍保留了老面发酵的传统工艺，经过机器和面、按压折叠、切条扯剂、揉制面坯、静置饧发、入笼蒸制、凉凉盖章等流程制作而成。蒸好的馍白净柔软，顶部会裂开呈花瓣状。

保宁蒸馍耐储存，可以买回去后蒸热了吃，也可以切成丁或片，用来制作小吃或菜肴。

· 阆中保宁蒸馍 ·

· 阆苑三绝 ·

· 阆中银鲜牛肉面 ·

阆中饮食中最怪的是牛肉面。阆中街头有不少卖牛肉面、油茶、米粉之类的小吃店，知名的是"银鲜牛肉面"。那次去吃，好不容易才在这家找了一个拼桌的空位。原以为多为外地游客，一问方知多数是本地人。

成都的家常红烧牛肉面醇厚不燥，重庆的牛肉面则油多味重，牛肉大坨。这凉面热着卖的阆中牛肉面有啥特色呢？当服务员把一个青花大瓷碗端到我面前时，我以为她端错了，这看起就是一碗油茶嘛。左右打望，方才拿起筷子在碗中搅拌，将下面的面条挑了出来。稍一搅动，那芡粉就全粘面条上面了，黏黏糊糊，一点也提不起食欲。果然，这面条进嘴的口感不太好，才吃了两筷子就难以下咽。抬头看周围的人，却个个吃得津津有味，同桌的两个小食客，那吃面的馋样更是让人忍俊不禁。一方水土养一方人，某些地方特色饮食，初来乍到者得有一个适应过程。成都"小谭豆花"黏糊糊的豆花面，我也是吃了多次才逐渐接受的。

阆中牛肉面做法的确不同寻常，面条用的凉面，把面条放到开水锅里煮至八分熟，挑出来铺于案板上，加生菜油拌匀并用风扇降温。牛肉面臊制法也很独特，阆中的餐饮同行告诉我们，制作面臊分两个步骤。第一步是烧牛肉，跟普通的红烧牛肉差不多，锅里放油烧热，下郫县豆瓣、姜、葱、冰糖、香料粉等炒香，掺清水并放入氽过水的牛肉块，烧开后倒进高压锅，压至牛肉软烂待用。一般面馆做的牛肉面臊，到这一步就算是完成了，但对于阆中牛肉面臊来说，至此工序只是完成了一半。烧一锅水，先放盐、味精、辣椒面、五香粉等，用湿淀粉勾浓芡并淋入老抽（或糖色）调色，最后放入烧好的牛肉块。

·盐焗羊肾·

当客人点了牛肉面，伙计先往碗里放入黄瓜丝或余熟的黄豆芽，抓入凉面，再舀入滚烫的牛肉面臊，最后撒点葱花、韭菜碎。

阆中饮食除了保宁醋、白糖蒸馍、张飞牛肉、牛肉面这四绝，当地产的压酒也因酿法独特而远近闻名。某压酒厂的人告诉我们，保宁压酒已有三百多年的历史，酒曲是用天麻、肉桂、枸杞、半夏、砂仁、白蔻等中药制作而成。将这种特殊的酒曲放在蒸熟的大麦、小麦和高粱当中，经过固体发酵便获得压酒母糟。把普通酒曲与适量母糟与浸蒸后的粮食混合发酵，便可获得压酒的基础酒，往里边加入冰糖、花粉等料以后，用瓦缸盛装，窖藏一年，开缸便得到压酒。窖藏后的压酒呈半透明的琥珀色，酒精度会变低，所以大众喜爱。

▌牛羊合

看店名就知道，这是一家以牛羊肉为主的小馆子。老板姓杨，厨艺来自家传，开店多年，在选材用料上有独到绝技，店窄小而普通，但做出来的菜规规整整。

凉拌牛肚的做法和夫妻肺片接近，先把牛蜂窝肚白卤至熟，切成大片，再加红油、花椒面、姜末、盐、白糖、保宁醋等拌味，入口麻辣酸甜咸，诸味兼备。

·凉拌牛肚·

椒麻羊肉，从烹饪调味来分，叫椒盐羊肉更准确。因为川菜里的椒麻，是指用花椒和青葱叶剁碎，加鸡汤、盐、酱油调成糊，再与主料相拌。这道菜是把煮熟并切成片的羊肉，直接加花椒面、盐等拌匀而成。手抓羊排也和西北的做法不同，羊排不是直接放水锅里煮开，闷十来分钟就开吃，而是要放卤水锅卤至软熟入味，成菜的口感和味道完全不一样。

家常羊肾是招牌之一，它是用羊外腰（即羊睾丸）制作而成。羊外腰对剖后，切菊花花刀，入开水锅里淖熟定形，再加姜米、蒜米、豆瓣酱等炒成家常味，成菜形状美观，色泽红亮，味道浓郁。一品牛掌和烧牛筋也不能错过，胶质重，软糯黏嘴，味道浓郁。

除了牛羊肉，鱼香平菇一定要尝。它是把平菇撕成小块，挂鸡蛋糊，入油锅炸至外表脆硬后，浇鱼香汁上桌。光从外形看，根本分辨不出是素菜，入口细嚼，非常惊艳。

川东

达州

达州位于四川盆地东部，古称通州，现辖通川、达川二区，宣汉、开江、大竹和渠县四县，代管万源市。

这些年去过好几次达州，每次都有新感受。最长的一次吃程是2016年底，我不但去了达州市区，还去了下辖的渠县、大竹两县，甚至还到了渠县的三汇和土溪两镇体验川东民间乡土风味。"知味苑"这样的大店、"老外公乡村柴房"这样的土菜馆，还有江阳的酸辣鸡、三圣宫美食街的油卤，都给我留下了深刻印象。

油卤被称为达州饮食一绝，过去鲜为人知，现如今被越来越多的人熟知并接受。常规的五香卤水，香料配方各不相同，但制作流程都相近。达州油卤则多一套工序，荤素料用普通五香卤水卤熟后，还需放油卤水里面浸泡。油卤水

是用大量油脂和香辛料、花椒、辣椒炼制而成的。经过浸泡的卤菜，味道更为香辣，口感更为油润，保存期也更长。

萝卜丸子也是达州一带的特色民间菜，逢年过节不可少。旧时猪肉金贵，普通人家做肉丸子时，就会加些萝卜丝充数，后来发现这样挺好吃的，于是就流传开来。从营养、口感等方面来说，这种搭配是合理的，萝卜的清香可以降低猪肉的油腻感，猪肉又减轻了萝卜的涩味，整体的口感也变得更为柔嫩。达州的萝卜丸子有两种做法，一种是做成块状，外形和田席里的镶碗相似。把萝卜切成丝，投入沸水锅煮断生，捞出来挤干水分并稍微剁碎。把萝卜丝放盆里，加入猪肉末、姜米、葱花、盐、味精、鸡精、鸡蛋液和红苕淀粉，搅拌均匀，做成长方条，放蒸里蒸熟待用。吃的时候，将其切成厚块，上笼蒸热即可。另一种是把萝卜丝和肉馅拌好，捏成两头细中间大的纺锤状，然后上笼蒸熟。

达州人一天的饮食，大多是从一碗面开始的。达州面馆有一些独特的术语："带黄"，即面条要煮硬点，"干杂"，则是干拌炸酱面的简称。不只是当地人喜欢吃面条，就连外来客也对达州面条念念不忘。一个朋友曾经在达州工作过半年，他说那时每天至少吃两顿面，要是不陪客户，甚至一日三餐都在吃面条。达州面条有何魅力？第一，面条不同，成都面馆一般用的是圆而粗的棒棒面，而达州面馆常见的是薄而宽的韭菜叶子面，顺滑，入味；第二，达州面条的臊子品种比较多，口味比较重。除了鸡杂、烧牛肉、杂酱等常见面臊外，还有尖椒鸡丁、腊肉、姜鸭、猪蹄、红油猪耳、手撕牛肉，等等。腊肉臊子，是把腊肉切成筷子粗细的条，入锅爆炒出油后，再倒入鸡蛋液炒散而成。把腊肉臊子舀碗里后，面上还要撒一些盐菜末和葱花，黄、白、黑、绿等颜色混杂在一起，油丰水润，腊香扑鼻。

·腊肉面·

·萝卜丝丸子·

·腌卤摊·

·扣肉坯·

达州食材

　　想了解一座城市的饮食，深入菜市是必备之功课。过去，川西人、川南人对达州一带食材较为陌生，随着交通和信息的发达，尤其是部分餐饮人前往挖掘，一些好食材出现在成都餐馆，比如渠县黄花、开江豆笋、万源黑鸡、大竹醪糟，等等。

·松菌·

　　随便走进达州的一家菜市，都可以看到米豆腐、蕨粑、皮蛋之类的半加工品，糖蒜、泡藠头、豆豉、萝卜干等酱腌菜，岩耳、岩豆、苞谷菌、豆笋、土豆干、旧院黑鸡、黑鸡蛋、东柳醪糟、呷酒等特色食物。当地菜市还有专门卖铁罐罐的摊档，当地人用它来焖吊锅饭，或者是盛装蒸菜、烧菜，别具土味。在一家叫"粗茶淡饭"的土菜馆门口，就有吊锅饭明档，一排黝黑的铁罐罐冒着热气，相当诱人。

　　达州菜市还有专门卖豆腐干的档口，这也是川东土特产之一，且有宣汉豆干、石梯豆干、大竹豆干等品种之分。宣汉豆干仅指头大小，色泽黝黑，口感紧实，咸淡适中，五香味浓，适合当零食吃。

　　达州还产一种黄灰色菌子，当地人称这种菌子为"松菌""九月香"，是一种生长在松树林的野菌，带有松针的清香，味道鲜美，口感嫩脆。它就是《舌尖上的中国第二季》"时节"一集提到的"雁来蕈"，农历九月出产（农历二月出产的叫"燕来蕈"，也叫"桃花菌"）。

江阳酸辣鸡

　　鱼要吃得跳，鸡要吃得叫。中国人特别重视原料的新鲜度，菜地里新采摘的菜蔬、江湖里刚打捞的鱼虾、房前屋后现宰杀的鸡鸭，往往能使人得到最大的满足感。味觉是一种非常奇妙的体验，个体差异非常大，而且还有生理味觉和心理味觉之分。人们喜欢吃鲜，其中就有心理味觉的成分，现杀现烹的土鸡店，号称从宰杀到餐桌不超过四小时的潮汕牛肉馆，总是更能吸引关注。

　　按照当初在烹专原料课所学知识来说，家禽家畜等动物在宰杀后，肌肉组织转化成适宜食用的肉要经历一定的变化，包括肉的僵直、解僵和成熟等。猪和牛这类肌肉纤维较粗的动物宰杀后，胴体进行降温和一段时间的排酸后，酸碱度被改变，新陈代谢产物被最大程度分解和排出，同时改变了分子结构，肉质口感会得到极大改善，味道也更为鲜嫩。现在越来越多的人开始认同冷却排酸肉，但对鸡鸭鱼兔这类原料，还是更愿意现杀现烹，不管是心理味道，还是生理味道，总之就是觉得更好吃。然而，"鲜活"对很多人来说已经是可望而不可即。以成都为例，早在十多年前就禁止在中心城区以及三环路以内的市场和餐饮饭店进行鸡、鸭、鹅、肉鸽、鹌鹑、兔等活畜禽交易和宰杀。现在成都主城区已经没有现点现做的鲜活馆，但像达州的渠县、大竹这类城市还有不少这类特色店，它们既满足了人们吃鲜的心理诉求，在做法和味道方面又有自己独到的特色，所以生意不错。

　　客人在鸡笼前挑选好活鸡，店家当面称重，再交到后厨现杀现烹，鸡肉可以根据个人喜好选择一种做法或多种做法，鸡杂加芹菜等炒制，鸡血则加蔬菜煮成清汤。这些点杀的餐馆，无不以散养土鸡的由头来揽客，达州城里有家开了多年的餐馆，更是直接打出了"谷喂鸡"的招牌。菜肴一般都是大盘盛装，粗犷豪迈。烹制方法以炒和烧为主，味道则以酸辣、青椒、家常、泡姜、酒醉

等为主。每家店调辅料的品种的比例不同，做法各异，因此哪怕是名字相同的鸡肴，其风味也有很大差异。

达州一带风味介于重庆和成都之间，当地人偏好酸辣，喜欢用泡酸萝卜、泡椒等烹鱼煮鸡，酸辣鸡算其中最典型的代表，其风味在川渝两地也算独树一帜。达州酸辣鸡，以江阳最为有名。江阳是距离达州城区十余千米的一个乡镇，多年前就因酸辣鸡而远近闻名。2000年后，江阳酸辣鸡陆续进入达州城，后来又陆续开到了成都和重庆，一举成为川内有名的江湖大菜。

江阳酸辣鸡以泡椒、泡野山椒、泡萝卜等提酸赋辣，以山胡椒油增香，酸辣爽口，醇厚香浓。山胡椒油还有一个名字叫木姜子油，爱者恒爱，厌者拒而远之。它能增加一股独特的异香，这也是江阳酸辣鸡的关键。

"谷喂鸡"主营青椒辣子鸡、土豆烧鸡、酸辣鸡，其中最受欢迎的也是酸辣鸡。我在后厨观看了厨师的操作：土公鸡宰杀治净后，斩成小块。放入六成热油锅炸去部分水分，见鸡皮收紧时，倒出沥油。锅里放熟菜油烧至四成热，依次下干青花椒、泡姜米、泡椒节、郫县豆瓣酱、野山椒节炒香出色，再放入鸡块和泡酸萝卜丁一起翻炒，其间烹入料酒去腥增香。往锅里掺适量清水，加入洋葱块、香菇块、魔芋片和西芹块，加入白糖、生抽和味精调味，等鸡肉熟透且入味时，大火收汁且淋入山胡椒油，出锅装盘后撒入葱花和熟芝麻。

辣子鸡以重庆歌乐山为源头，在20世纪90年代的江湖菜浪潮里很快就红遍了巴蜀大地。它算是一道经久不衰的江湖大菜，粗犷豪迈，香辣刺激，满盘都是红通通的干辣椒和干花椒，鸡肉掩埋其中，顾客吃的时候，需要在一大堆辅料里挑选。后来，川渝厨师又在香辣辣子鸡的制法基础上创新出鲜辣味的辣子鸡，以大量的青尖椒（或青二荆条辣椒）代替干辣椒、以鲜青花椒（或干青花椒）代替干红花椒，同样是麻辣，但入口的感觉却截然不同。

"谷喂鸡"的另一道招牌菜就是青椒辣子鸡，青椒用量大，鸡肉掩埋其中。其制法如下：土公鸡宰杀治净后，斩成小丁，纳盆加盐、料酒、姜葱汁和胡椒粉拌匀，腌渍一会儿。下热油锅里炸至干香，倒出沥油待用。锅里放熟菜油烧热，依次放入干青花椒、干红花椒、蒜丁、姜片炒香，再下入青椒节和红尖椒节炒至表面呈虎皮状，倒入炸好的鸡丁一同翻炒，其间加盐、料酒、味精、鸡精调味，淋入香油后出锅装盘，撒上葱花和熟芝麻即成。

·尖椒鸡·

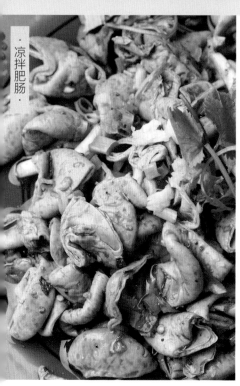
·凉拌肥肠·

·番茄肥肠·

·香酥肥肠·

赵家刘肥肠

肥肠，有人爱之深，有人恨之切。前者喜欢其特殊味道和绵韧口感；讨厌的原因就多了，有的是不喜欢其脏器味道，有的是嫌弃其高胆固醇……厨师对肥肠也是又爱又恨，因为撕肠油麻烦，处理异味考技术，不过一旦做好了，也能一举成名。2014年，我曾采访过达州一家名气特别大的"赵家刘肥肠"，上千平方米的大店，也许算是国内最大规模的肥肠专卖店了吧。

老板姓刘名伟，职业厨师，曾在广东等地的餐馆打工。2006年回到家乡赵家（达州达川的一个镇）开店，专卖肥肠。2011年，刘伟从赵家镇搬到了南外的石家湾，后来，刘伟又在达州城里开了这家大店。

店里光肥肠菜就有百余道，干煸肥肠、尖椒肥肠、清炖肥肠、酸辣肥肠、红烧肥肠、香酥肥肠、老干妈肥肠、子姜肥肠等等，做法不同，风味各异。刘伟俨然成了烹肠专家，当年采访时，他毫不保留，还让我们进厨房观看料理过程。

做好菜的前提是选好料，首先要看肥肠颜色是不是白净，肠壁够不够厚实。其次是初加工，要细心撕去肠油，撕得过多，肠壁变薄没肉头，撕得过少，又味大油腻。至于爆炒类肥肠菜，除了要扯肠油，还需撕下表面那层膜，这样口感才好。他洗肥肠的秘诀是加生菜油和醋反复地揉洗，再用流动水漂洗干净。如此处理出来的肥肠，哪怕是清蒸、清炖，也没有异味。

肥肠的不同部位要选择对应的烹饪技法，厚实的肠头适合剞花刀爆炒，或者粉蒸、清蒸；壁薄的中段宜凉拌、爆炒、干煸；边角料则适合清炖。

烹制肥肠，核心是掌握火候。比如凉拌肥肠，既要口感软糯，又要有一

定的韧劲，因此煮制时一定要掌握好时间。香酥肥肠，成菜需外表酥脆，内里有一定的嚼劲。制作时，肥肠要先氽透冲净，再放卤水锅里卤至软熟入味。捞出来切成小块，再下入六七成热的油锅，以小火慢慢地煸炒至酥香，最后放入辣椒面、花椒面、花生米和熟芝麻翻匀。

该店的粉蒸肥肠，分红味和白味两种，白味的只加了蒜泥、盐、菜油和蒸肉米粉，味道清淡，却吃不出异味。红味用到的调辅料要多些，制法也跟平时的认知不一样。肠头切成条，需先投入烧热的铁锅，不用加油，直接煸去水分，捞出来用流动水冲漂干净，再加豆瓣、花椒面、五香粉、红油和蒸肉米粉拌匀，最后装入小竹笼蒸约1小时。煸炒后冲洗，是为了更好地去除异味，蒸出来的口感也有所不同。

这家店的搭配也是五花八门，我竟然还吃到了番茄肥肠，清鲜，回口微酸甜，适合不喜欢吃肥肠的人士。

▎石梯蒸鱼

石梯位于巴河西岸，依山傍河而建，离达州主城区有50多千米，但为了镇上的这道蒸鱼，值得跑一趟。临江街的"石梯蒸鱼"无疑是镇上最热闹的餐馆，经常有我们这样的寻味者远道而去。粉蒸肉、粉蒸肥肠、粉蒸排骨、粉蒸兔肉之类的粉蒸菜司空见惯，但做粉蒸鱼的却不多。

·粉蒸鲇鱼·

石梯蒸鱼的创始人名叫严道权，他之前在巴河捕鱼为生，1988年才开始在镇上卖蒸鱼。巴河流经南江、巴中、平昌、达州，最后在渠县三汇汇入渠江。此河盛产鲇鱼、鲢鱼，石梯蒸鱼最常用的就是鲇鱼。巴河鲇鱼肥美硕大，每条约有4千克重。鱼都是现称现杀，宰杀后取净鱼肉，剁成块用于粉蒸，鱼头和鱼骨则拿来熬汤。鱼块放进拌料盆，先加多种自制的调料和匀，再加入粗米粉炒拌抖散，分装在竹蒸笼里面后，上火蒸约10分钟，揭盖淋香油、撒葱花即好。

当年我们以杂志社采访之名前往，得以进厨房听他讲解，看他操作。不过，他也留了一手。所有的调料都放在厨房靠里的橱柜内，加料时，他以背相对，看不太清楚手往哪个缸里抓料。同事从窗户探头过去他就会"砰"地一声立马关上玻璃窗，太警觉了。

凭我出入餐厅厨房十多年的经验，搭眼一看，还是瞧出十之七八。拌料时，除了盐、味精、胡椒粉等基础调料，另外还加了菜油、辣椒面、花椒面、香料粉等。最后拌入的粉，我用手蘸着尝了尝，除了有米粉，应该还有绿豆面、芝麻面等。

严师傅做的粉蒸鱼有红味、白味两种味道，二者的差别在于加辣椒面的量。红味的粉蒸鱼入口香辣，白味的相对清淡，但鲇鱼本身的鲜香味更突出。两种做法都吃不出腥味，鱼肉细腻。用鱼头和鱼骨熬出来的汤非常浓白，里面加的面块口感筋道，获得了我们的一致好评。

黄嘉肉汤圆

南北吃货在网络上为豆花吃甜吃咸争论不休，也会为椒盐粽和红糖粽引发口水战，要是知道这世上除了甜汤圆，还有肉汤圆时，会不会大打出手？

2014年到达州考察寻味，我第一次吃到了肉馅的汤圆。开在达州大西街的这家"黄嘉汤圆"，是由邻水人黄仲一创立的品牌，除了卖醪糟汤圆、黑芝麻汤圆这两种常规品种，最有特色是酱肉汤圆和鲜肉汤圆。

肉汤圆皮坯与普通汤圆并无不同，都是由糯米磨浆制作出来的，只是包了肉馅。肉馅有两种，一种是用猪肉末、盐、味精搅打而成的鲜肉馅，另一种是用酱肉丁制成的酱肉馅。

酱肉汤圆呈椭圆形，外形和叶儿粑差不多，甚至口味也相近。普通的汤圆煮好后，直接捞到碗里，舀点原汤。这酱肉汤圆，竟然加的是肉汤，并且还有海带丝、葱花等调辅料。鲜肉汤圆为球状，除了加肉汤、葱花和海带丝，还加了红油。如果不是亲眼所见，亲口所尝，真的是让人难以置信。有幸吃到这种奇葩的肉汤圆，也算是增加了饮食生涯的谈资。

· 一品酒米 ·

· 渠 县 ·

渠县早在新石器时期便有了人类活动，殷商时期賨人（巴人的一个分支）在今土溪镇城坝村建立了国都城。在相当长的历史时期都是川东北的政治、经济、文化中心，享有汉阙之乡、黄花之乡等称号，所产黄花畅销全国。渠县饮食业较为发达，还是全国粮食生产先进县、生猪调出大县、牛羊基地大县。

渠县是土地革命时期川陕省的一部分，1933年10月就建立了苏维埃政权，是川东有名的革命老区，现在县城内部分餐馆仍喜欢以此为主题，"红色记忆"就是其中之一。该店店堂四周的墙上张贴有新中国十大元帅的画像，柱子上还挂有斗笠、步枪、马灯等作为装饰物。

这家店在渠县名气颇大，主营川东家常菜，菜品粗犷豪迈、量大份足。就拿川内常见的粉蒸肉来说吧，常规做法是把猪五花肉切成片，加炒过的郫县豆瓣酱、姜米、味精、蒸肉米粉等拌匀后，装在垫有南瓜块或红苕块的小竹笼里，蒸熟后直接原笼端上桌，或者是倒扣在圆盘里上菜。这家店的粉蒸肉做法很新颖，猪五花肉切得厚而大，每片重量比普通的粉蒸肉重两三倍；码好料的肉片是放进垫有南瓜或红苕的高压锅里，压熟后连锅一起端上桌，霸气侧漏。这种做法在川东特别流行，在达州城区的"知味苑"，我还吃过把拌好味的猪肉、牛肉、肥肠等摆在同一口高压锅里压制的菜，口味更丰富。

· 高压锅蒸肉 ·

乍看菜单上那道"母狗皮回锅肉"，大吃一惊，细问之下才知是荙皮，因色泽灰白而得此俗称。摊好的荙皮不只是用来炒回锅肉，还可以和多种原料配合做各种菜。

最让我开眼界的是一品酒米，外表酥脆、味道甜香，我太喜欢吃这类菜了。酒米是四川人对糯米的俗称，因主要用来酿米酒而得名。酒米在川式菜点当中的运用也很广泛，甜烧白、汤圆、叶儿粑、珍珠圆子等都离不开。甜烧白是田席当中的一道压轴菜，最受欢迎的不是上面夹了豆沙馅的五花肉，而是下面那些甜香软糯的酒米饭，因此川东人在做田席时，往往会单独蒸一碗酒米饭。制作其实不复杂：先用温水把酒米泡涨，再放入开水锅里煮至七八分熟，倒出滤去米汤，再放进垫有纱布的笼里，蒸至熟透，取出来稍晾凉。取一大团蒸好的酒米饭，包入豆沙馅，用双手团成半球状，再粘裹匀白芝麻。锅里放色拉油烧至四成热，在酒米半球的顶端划两道交叉的口子，下锅浸炸至表面金黄且内热时，捞出来沥油，在顶端开口处放番茄丁点缀，最后撒白糖便好。

渠县也有不少点杀土鸡的特色店，"来凤人饭店"就是其中之一，该店有三大爆款：酸辣鸡、尖椒辣子鸡和醉鸡。

渠县酸辣鸡和江阳酸辣鸡的做法有区别，风味也完全不同。虽然都是以泡菜为主要调料，但渠县主要用的是泡青小米椒和泡红小米椒，没用泡酸萝卜；鸡肉斩得更大块；没有加魔芋、西芹等辅料；也没有加山胡椒油。具体做法如下：把斩成大块的鸡肉放六成热的油锅里炸去部分水分，紧皮时倒出沥油。锅里放泡椒油烧热，依次投入蒜米、泡姜碎、泡青小米椒和泡红小米椒炒出味道，再下鸡肉块同炒，其间烹入料酒，放盐、味精、鸡精和胡椒粉调味，起锅前淋入香油和花椒油，装盘后撒上熟芝麻和葱花。

尖椒辣子鸡跟达州"谷喂鸡"的青椒辣子鸡仅一字之差，但所用的调辅料、做法不同，因此味道口感也不一样。首先，尖椒辣子鸡用的是青尖椒和鲜青花椒，味道更辣，青椒辣子鸡的辣度较低，色泽青翠；其次，尖椒辣子鸡的鸡肉是直接生煸的，成菜后油较多，软糯滋润，而青椒辣子鸡是先炸后炒，成菜油较少，口感干香。土公鸡宰杀治净，斩成小丁，纳盆加盐、料酒、姜葱汁拌匀，腌渍一会儿。锅里放熟菜油烧至五成热，下鸡丁、姜片、蒜片和蒜节一起小火煸炒，其间分两次烹入料酒，等炒至水分将干且油变清亮时，再放入鲜青花椒、青尖椒节和红尖椒节一起煸炒，加盐、生抽、味精和鸡精调味，淋入香油即可出锅，装盘后撒葱花和熟芝麻。

醉鸡也是达州一带的特色鸡肴，很多餐馆都在卖，尤其是在一些活鸡点杀的餐馆。少部分做成凉菜，大都做成热菜，算是我吃过印象最深的醉鸡了。主要调料是红葡萄酒和醪糟汁，醪糟汁不但能提供酒香，还有增甜的作用。仔公鸡肉斩成小块，纳盆加盐、红酒和姜葱汁拌匀，腌渍一会儿。干灯笼椒剪成两半，跟干花椒一起放入五成热的油锅里，稍炒至出香待用。锅里放色拉油烧至七成热，下鸡块炸去部分水分且紧皮（不能炸得太干）时，倒出沥油。锅里留少许底油，下鸡肉块、姜米和小茴香一起煸炒出味后，掺少许清水，倒入红葡萄酒和醪糟汁，小火收至汁将干时，下提前炒香的干辣椒节和花椒翻匀，出锅装盘后，撒葱花和熟芝麻点缀。

葱香怪味鸡在达州各地中餐馆普及率相当高，几乎家家都在卖，它跟传统怪味鸡丝的做法有较大差异。煮熟的鸡肉不是撕成丝，而是斩成条；传统怪味鸡丝所用的调料主要是红油、花椒粉、味精、白糖、酱油、醋、芝麻酱等，不会突出某一种味道，讲究的是诸味协调。葱香怪味鸡重用剁碎的鲜辣椒、醋和葱花，突出的是酸辣和葱香。

土溪渔船探食

土溪位于渠县东北部渠江河畔，别以为它只是一个普通小镇，早在殷商时期，賨人就在土溪的城坝村建立了国都城。渠江常年通航，土溪是这条江上的热闹码头，而达成铁路过境渠县，也在土溪设有车站，作为人来人往的水陆码头，这里自然不缺美食。土溪有名的餐馆是"汉唐"，经营川东特色菜。

渠江是嘉陵江最大的支流，出产鲤鱼、鲫鱼、鲢鱼、鲇鱼、白条、青波、江团、白甲等多种鱼鲜，以鲤鱼为主，其次是鲇鱼。凡是临近江河的城镇，当地人都擅长烹鱼，土溪也不例外，江边停靠有两艘专门经营河鲜的大船。其中的一条船名叫"皇城渔港"，厨师最拿手的是红烧鲇鱼和凉拌鲫鱼。这两道菜在川内各地都有，但船上厨师的做法却有独到之处，一是就地取材，二是用料足，成菜汁浓味厚。那天晚上，我们摸黑到了土溪，边走边问才找到这条船。主人非常热情，还准许我们进厨房看烹制过程。现在凉拌鲫鱼在川内极为普遍，各地做法大同小异，味道却千差万别。这家厨师在拌鲫鱼时，加了大量青小米椒、红小米椒和蒜，将它们分别剁成碎末，和葱花一起放碗里，再加入生抽、香醋、白糖、味精、鸡精、香油和藤椒油，用勺子搅匀后，分别舀在煮熟的鲫鱼上面。

和川南一样，烧鱼离不开泡菜，比如红烧鲇鱼，就用到了大量的泡姜、泡椒、泡萝卜和泡酸菜，还用到了猪油、鸡油，成菜味道浓厚。

三汇水八块与心肺汤圆

渠县很多乡镇餐馆都在卖水八块，当地人公认城北三汇的最为正宗。三汇建于明代，因为巴河、洲河、渠江三江交汇于此而得名。虽然只是一个小镇，但三汇却上承千里巴山，下接万里长江，有小山城之称，是川东有名的水码头。

关于三汇水八块的来历，至少有两种说法。第一种，从前没有鸡精、味精，有钱人家都是用鸡来吊汤提鲜，汤熬好后，鸡肉弃之不用，码头工人捡来鸡肉，把它们大卸八块，拌而食用，后来就演变成独具特色的凉拌鸡。第二种是说它源自清末船工的开船肉，船工行船前为保平安都要杀雄鸡祭龙王，完毕再将煮熟的鸡斩成八大块，蘸上辣椒、花椒等调料后，分给船员们吃。不管是哪种说法，这水八块都跟码头文化有关，南来北往赶路的旅客和在码头辛勤劳作的工人需要充饥解馋，而时间和资金又不允许他们闲坐下来大饱口福，既需要快速，又得便宜，因此才诞生了水八块这类美食。

如此推断是有根据的，过去在川南乐山水码头，鸡肉也有类似的做法，用刀将煮熟的鸡斩成薄片，拌上调料后装在竹篮里，论片向码头工人和过往旅客出售。为了保证每片厚薄均匀，斩鸡时需以木棒敲击刀背，使刀不偏不离，这就是川南棒棒鸡的起源。

现在三汇做水八块较有名的是"太太水八块"，该店门口的冰箱里放满了煮熟的整鸡，点了之后，厨师现取一只去后厨斩块拌味。据他说，现在水八块的做法和以前有一些区别，不再把鸡肉带骨斩成八大块，而是取净肉斜刀片成大块，一份也不止八块。

·心肺汤圆·

表面看，水八块就是红油拌鸡，但其实和川内其他地方的拌法大不同，跟棒棒鸡相比，味道相差甚远。棒棒鸡的核心在于红油，一般选用的是二荆条干辣椒，在热锅里炕香后，再打成粗辣椒面，然后加烧热的菜油炼成红油，成品色泽红亮、香辣不燥，油香和辣香协调。在拌味时，红油和鸡汤的用量大，油汤基本要把鸡片淹没，另外还要加较重的白糖，成菜味道麻辣油润，回口有较明显的甜味。水八块的主要调料也是红油，但川东北的红油重辣、香味稍逊，拌制时用量较少，要加一些细辣椒面，麻辣味重，有股特殊的生辣椒面的味道，虽然也要加白糖，但量极少，主要是起和味的作用，吃不出甜味。

据说，重庆毛肚火锅的雏形也是从水八块演变而来的，现在一些还原老味道的火锅店直接打出了水八块的招牌，但用的不是鸡肉，而是牛杂等内脏。

在达州黄嘉吃到肉汤圆，已经让我大开眼界了，而在三汇还吃到了进阶版：心肺肉汤圆。这种小吃的形成也跟码头文化有关，从事繁重体力活的船工和码头工人需要多吃荤腥维持体力，可条件有限，于是猪、牛等动物的下水就成了最好的替代品，因此心肺汤圆这类特色小吃才应运而生，毕竟也算是油荤啊。

煮心肺汤圆必须先熬奶汤，大桶里掺清水，放入猪棒骨、猪心、猪肺等熬成乳白色，再把猪心和猪肺捞出来，晾凉后切成丝待用。汤圆都是随包随煮，形状与普通汤圆不同，糯米面团包入鲜肉馅，捏拢收口，再搓成水滴形。包好的汤圆放开水锅里煮熟，捞出来盛碗里，舀一勺奶汤，加一些心肺丝，撒点胡椒粉和葱花，软糯咸鲜，别有一番鲜香滋味。

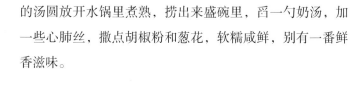

·大竹醪糟·

·大 竹·

大竹因竹多而得名，城郊有镇名东柳，所产醪糟闻名全川，大竹也因此荣获醪糟之乡称号。到了大竹，少不了要带几罐醪糟回家。

我在大竹吃了两家店，一家是开在东柳的江湖特色店"泡姜土鸡"，另一家是开在城区的家常菜馆"村上小厨"。"村上小厨"，也许老板是想突出"咱们村上小厨师炒的菜"之意，装修倒不是乡土风格，从门头到店堂都有设计感。环境氛围并没有影响该店的经营思路和菜品风味，翻看菜单，咸菜与荷包蛋同炒、糍粑与牛肉共烹、拌好的肫肝用铁铲盛装……光看这些搭配，就可以感受到浓郁的乡土气息。我们落座后，服务员倒的不是普通茶水，而是过去农村待客常见的炒米糖开水。

"泡姜土鸡"直接以菜名为招牌，简单粗暴，但也说明了老板的自信。活鸡点杀模式，除了泡姜土鸡，还有麻辣鸡，可一鸡单吃，也可一鸡两吃。泡菜在川菜当中的运用相当广泛，烹鱼烧鸡都少不了，厨师在烹菜时使用的泡菜品种和比例不一样，就可以变化出不同的味道。厨师在烧鸡时，除了重用泡姜，还有泡椒、泡酸萝卜等泡菜，成菜酸香辛辣，味道醇厚。该店厨师似乎擅长运用泡姜做菜，菜单上还有泡姜鱼头、泡姜鲫鱼、泡姜牛蛙等系列泡姜菜。

我们到店时，已经过了饭点高峰期，因此有机会进后厨看大厨操作。斩成小块的土公鸡，需要先投入热油锅炸至鸡皮收缩。锅里放化猪油和熟菜油烧热，依次下干青花椒、泡姜碎末、蒜泥、泡青椒节、泡红椒节、泡姜片和郫县豆瓣酱炒香出色，再放入鸡块和泡酸萝卜同炒几分钟，掺入清水，放入筒笋节，加盐、醪糟汁、味精、鸡精和胡椒粉调味后，倒进高压锅压15分钟。放气后，把鸡肉倒进大钵，撒葱花、点缀香菜就上桌。

·咸菜荷包蛋·

·泡姜鸡·

巴中

巴中，位于四川盆地东北部，地处大巴山系米仓山南麓，中国秦岭—淮河南北分界线南侧。辖巴州、恩阳二区，南江、通江、平昌三县。

　　巴中曾是全国第二大苏区，红色遗址遗迹数量众多，在恩阳古镇，现在还能看到不少革命标语。"筷乐老家""巴人外婆家"是巴中城区有名的家常菜馆，"老瓦房奇味粉"是有名的小吃店。说到巴中的美食，离不开枣林鱼和南江黄羊这哼哈二将。

　　枣林为巴州区北部的一个镇，靠近巴河，清滩电站拦河坝在那形成了近5 000亩水面的水库。水库产各种鱼，于是库区附近的人开发出各种吃法。据说，最早打出"枣林鱼"招牌的人叫李本直。和资中的球溪河鲇鱼一样，枣林鱼只是统称，不是具体的做法。现在常见的吃法有两种，一种是直接清炖，另一种叫船家子鱼，做法是加腊肉红烧。

　　成都羊西线三环外的高家庄有一家开了多年的"枣林鱼"，几年前吃过一次，但到原产地吃，感受又不一样。巴中城区回风北路的"枣林鱼旗舰店"，面积大，装修高档，适合宴请，该店鱼肴做法也多。

·恩阳古镇·

·枣林鱼·

巴中人对某些鱼的叫法和川内其他地方不同，他们把黄辣丁叫作黄角浪，把鳜鱼叫作刺茄鲍，这两种鱼适合做清炖版枣林鱼，以猪油爆香大葱、生姜和几节干辣椒，掺水，下鱼炖至汤色奶白，加盐、胡椒粉调味。大道至简，做法简单，汤味却不失鲜美，鱼肉细嫩，可以直接吃，也可以蘸豆瓣碟吃。

船家子鱼是先把腊肉条炒香，再加少许豆瓣、姜、葱炒出色，掺水烧开，再加剁成块的鱼肉一起烧。鱼肉吸收了腊肉的油脂和香味后，滋润美味。这家店还有一道隐藏菜叫牛肉烧鱼鳔，把每天的鲜鱼鳔收集起来，然后跟牛肉一起红烧，鱼鳔软糯，牛肉入味，有特色。

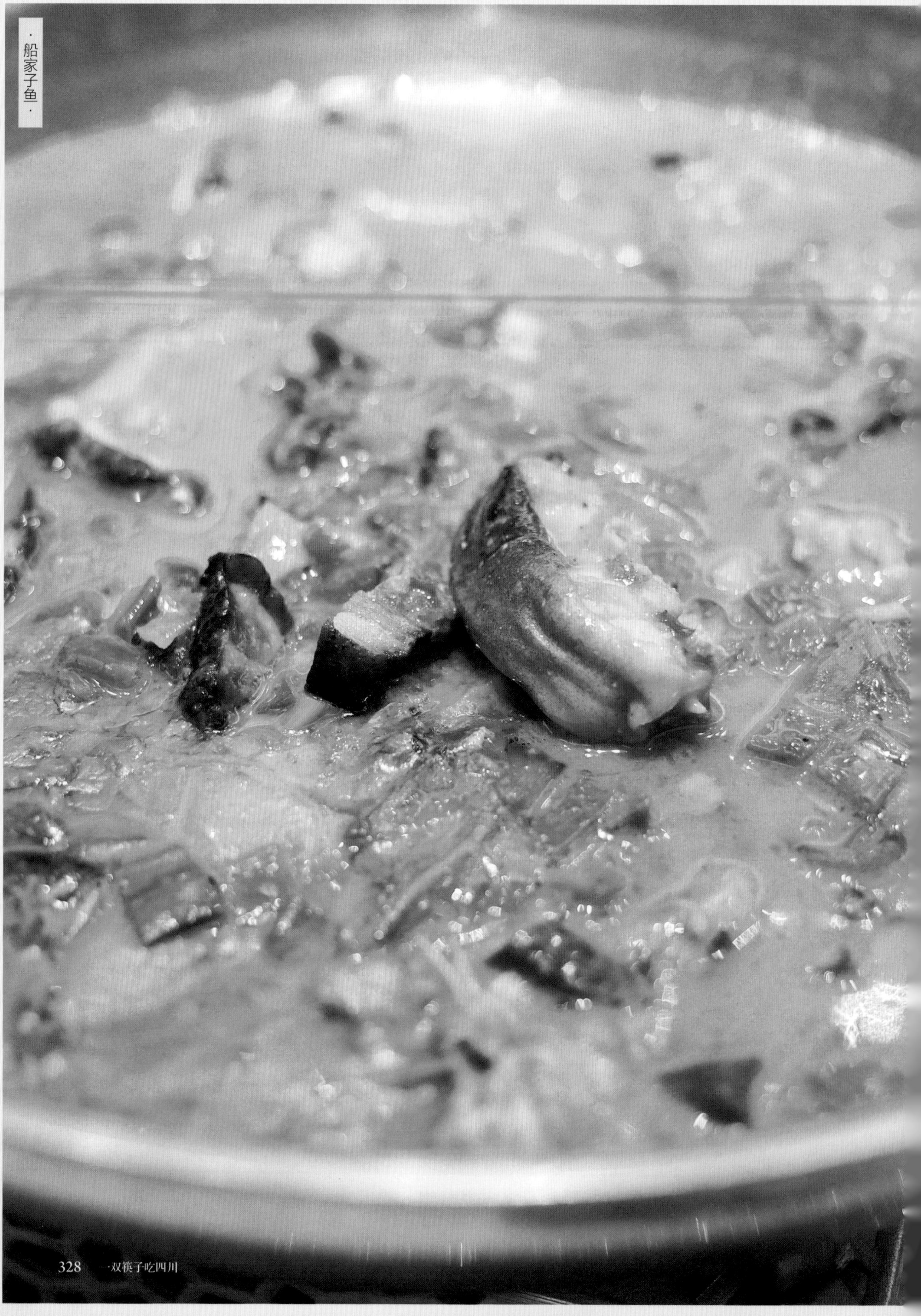

·船家子鱼·

·南江黄羊·

黄羊是巴中南江的特产，中国国家地理标志产品，四川名羊之一。黄羊毛短而黄，富有光泽，面部毛色黄黑，鼻梁两侧有对称的浅色条纹。巴中城里有无数打着南江黄羊招牌的餐馆，我吃过开在江北大道西段的"南江黄羊酒店"。

说是酒店，其实就一家普通餐馆，门头不起眼，从逼仄的楼梯上去，二楼倒是宽敞。楼梯转角处就是厨房，门口的铁架上挂着一排羊肉，有厨师正在用喷枪给羊肉炙皮。这家的黄羊是宰杀后烫毛，保留了羊皮。炙烤既能去掉茸毛，煮熟后，口感也更好。

·羊肉酥肉·

羊肉剁成块后，一般是加豆瓣、姜、葱、香料等红烧至软熟，再以火锅盆盛装，上桌后点火边煮边吃。色泽红亮，皮糯肉软，味道醇厚，微辣微麻，不算特别惊艳，但吃起来很适口，挑不出啥毛病。

该店的酥肉也是用羊肉做成的，吃不出一点膻味。羊杂汤浓白浓鲜，里面的羊肚羊肠蘸着鲜椒味碟吃，口感非常好。做法没有特别之处，原料好，味道自然差不了。

凉山

凉山彝族自治州（简称凉山）位于四川西南部，北起大渡河与雅安、甘孜接壤，南至金沙江与云南相望，南方丝绸之路重镇，是通往云南和东南亚的重要通道，辖西昌、会理2个县级市，木里、盐源、德昌、会东、宁南、布拖、普格、金阳、昭觉、喜德、冕宁、越西、甘洛、美姑、雷波等15县。

攀西地区的主要城市包括攀西大裂谷安宁河平原的西昌、攀枝花、会理、冕宁、德昌、米易等，这一带的气候、特产和饮食风俗相近。攀西地方菜是四川美食的重要构成部分，以鲜辣风味为主的盐边菜，曾一度风靡蓉城，十多年前的"大笮风"，近年的"阿斯牛牛"都是杰出代表。西昌烧烤更是挟烤小猪儿肉之鲜香，在成都遍地开花，让大家充分感受大块吃肉的豪迈之情，"凉山好汉""醉西昌"都是其中的佼佼者。

凉山多数县地处偏远，难得去一趟，但各种特产却已经进入千家万户，如雷波的脐橙、金阳的青花椒、盐源的苹果、会理的石榴等。金阳位于凉山东边、金沙江北岸，与云南昭通隔江相望，因"山北为阴，水北为阳"而得名。金阳种植花椒的历史可追溯到唐朝，该县平地不足总面积的1%，多山地，气候和土壤适合栽种花椒，所产青花椒色泽碧绿、颗粒大、油润、油包

密集饱满、麻味醇正，种植面积、产量和品质在国内都名列前茅，金阳因此享有中国青花椒第一县的称号。因为地处偏远山区，交通不便，过去金阳青花椒"藏在深闺无人识"，十多年前青花椒在川菜行业悄然兴起，它才逐渐为外人知晓并接受。

▍阿斯牛牛

我对西昌的四家中餐馆印象不错。航天路的"裕丰园"，以鹅为卖点，板鹅、凉拌鹅、凉拌鹅肝、暴腌鹅等，还有用鹅肉炸的酥肉，这在其他地方不容易吃到。海滨中路的"明华餐馆"，院落式建筑，环境不错。以鱼鲜为特色，进门的左手边就是养鱼池，可以自主地挑选。鳝鱼没有去骨，去内脏后直接剖刀剁成段，再跟腊肉一起烧制，这组合很合理，鳝鱼的鲜香味与腊肉的腊香和油脂香结合后，分外好吃。嫩南瓜鱼头汤也是必点，汤异常鲜美，鱼头无腥味，南瓜粉糯清香，这组合不多见。凉菜当中有一道水豆豉拌折耳根有特色，这两种食物都相当挑人，喜欢的不能错过。"尔舞饭店"开在西昌城外的304省道边，是一家卖野生菌为主的农家乐，开了三十多年，当地人公认吃菌子的老店，土鸡熬汤，煮各种新鲜菌子，无比鲜美。

西昌城里最具民族风情的餐馆，非"阿斯牛牛"莫属，它还在北京和成都开有分店。"阿斯牛牛"是彝语，翻译成汉语为"我们欢乐地在一起玩耍"。穿斗挑梁的木质结构，梁枋和拱架上面刻有牛羊头、鸟兽、花草等线脚装饰，墙壁上面张贴有象形符号，随处摆有彝族的特色陈设。

该店大部分原料来自凉山的各县市，金阳的青花椒、邛海的鱼虾、昭觉的土鸡、会理的黑山羊、木里的牦牛肉、冕宁的火腿、西昌的土猪肉和黄牛肉……

彝家菜风格粗犷，讲究原汁原味，坨坨肉、坨坨鸡、泉水鸡等是招牌菜。彝家泉水鸡是一道凉菜，做法跟重庆南山泉水鸡完全不同。过去因为交通不便，经济不发达，大家平时舍不得吃肉，家里来了贵客才杀鸡待客，人多肉少，迫于无奈，他们把煮熟的鸡肉斩成小块，放盆里加盐、煳辣椒面、木姜子油等调料拌匀，掺入山泉水，这样上桌后可以多搛几筷，吃完鸡肉还可以分点汤喝。这个做法延续下来，现在反而成了彝家的一道特色凉菜。清爽不腻，突出的是鸡本身的鲜味，以及煳辣椒面的辣香和木姜子油的异香。餐厅做法当然更讲究，夏天会加冰块，以图冰爽，冬天则带火炉上桌，边煮边吃。

冻肉，彝语称"衡狄"，是布拖彝族过年时给长辈拜年的最佳礼物。冻肉用富含胶质的猪蹄制作，明火燎烧猪蹄表面，直至起泡，刮洗干净，斩成大块，放进清水锅，烧开转微火，炖至肉酥烂脱骨时，拣出骨头。将肉全部舀进保鲜盒，晾凉后放冰箱，冷藏待用。出菜时，取出来切成条装盘，配用盐、糊辣椒面、花椒面、木姜子油、葱花等调成的味碟蘸食。晶莹剔透、肥而不腻。

用攀枝花的花蕊做菜在攀西地区也是日常，"阿斯牛牛"甚至还有石榴花菜肴。西昌会理盛产石榴，当地人采集其花，晒干备用。做菜时，用清水把石榴花泡好（去除其涩味），再与蒸熟并切成片的腊肉或火腿炒制，口味独特。

野菜腊味火锅

野菜火锅是西昌的一大特色，我第一次吃是在一家叫"野菜海鲜馆"的店。它开在邛海边海滨路的一处山坡上，满墙的炮仗花开得极其招摇，楼房前面有一处四面敞开的凉棚就餐区，空气流通，视野开阔。

野菜火锅的锅具为黄铜材质，样式和北京涮羊肉的铜锅相近，中间的烟囱更为粗大。上桌时，锅里就已经装满了各种食材，垫底的是干豇豆、青笋、土豆、折耳根等素料，上边是腊鸡、腊猪蹄等腊味。吃完锅里的料，再涮烫野菜，叫腊味火锅更贴切。

·野菜腊味火锅·

锅底咸鲜中带着腊香，腊鸡和腊猪蹄煨出来的味道比较浓郁，鸡肉软韧耐嚼，应该是用土鸡做成的，腊猪蹄的皮是脆的，蘸着店家自制的阴豆瓣吃，别有一番风味。

最后涮烫的野菜，有淡竹叶、野芝麻、水芹菜、马头兰、灰灰菜等品种，既能减腊味的油腻，又有感受田野的清香，荤素搭配，吃着不累，这样的组合形式合理。

西昌烧烤

西昌烧烤凭借鱼片、小猪儿肉、小肠等特别食材，大签网烤等形式，在川内烧烤界享有盛誉，与乐山烧烤、宜宾烧烤、安岳烧烤齐名。

烤小猪儿肉是西昌烧烤最闪耀的招牌，评判一家西昌烧烤是否正宗，关键就看其材料品质。云、贵、川交界的乌蒙山区，以及金沙江畔，都产一种高原良种乌金猪，它是中国高原生态系统唯一自由放养驯化的猪种，也是生活习惯和吃食最接近野猪的猪种。养3个月以上，重量25千克左右宰杀，就是最适合烤制的小猪儿肉。把小猪儿肉斩大块，稍加腌渍（只加少许底味和红油增色，绝不加孜然），然后用一米多长的大竹签穿起来，放到圆形的火盆上烤制。高

· 烤小猪儿肉 ·

温炙烤下，滋滋冒油，外表金黄、皮焦内熟之时，再取下来蘸花生粉、黄豆粉和辣椒面调成的干碟吃，皮糯肉嫩，鲜香无比。现在穿大签的方式已经不多见，一般是直接网烤，形式感差了些，但味道口感没有啥变化。

小肠是西昌烧烤的另一特色，绵韧耐嚼，口感和味道都很特殊，和猪大肠有着完全不同的口感和味道。有些店甚至单独以其为招牌开店，"李小肠"就是西昌城里有名的品牌。

西昌烧烤除了干碟子，一般还配有水碟子，用泡菜水、小米辣、姜米、醋等调成，酸辣刺激，适合蘸烤牛肉。牛肉得用里脊、黄瓜条等细嫩部分，切大薄片，加盐等腌底味，最后加些生菜油，烤熟后有股特殊的香味儿。小猪儿肉一定要烤透烤香，宜蘸干碟，牛肉断生即可，宜蘸水碟，吃起来软嫩酸辣，当地人尤其喜欢卷在生菜叶里吃。

烤小瓜是西昌烧烤的素菜代表，清香脆爽，回甜。最后还可以烤饵块当主食，洁白的饵块在木炭炙烤下慢慢地膨胀，就像纪录片里春笋破土而出的特效一般，两面烤黄后，蘸着炼乳吃，完美。

西昌的烧烤店，一般还会卖醉虾。邛海里的虾是20世纪70年代从日本引进的沼虾，肉质紧实鲜甜，制作醉虾一定要选活蹦乱跳的，浸在由醋、酒、小米辣等调成的汁水里面，端上桌时还在不停地弹跳，等它们吸足酸辣汁水，就该进食客肚子了。

·冕宁·

安宁河和楠桠河发源于冕宁境内，雅砻江从其西南蜿蜒而过，因此冕宁被誉为安宁河畔米粮仓，是产粮和生猪调出大县。从成都出发，经雅西高速前往西昌，进入凉山的第一站就是冕宁，大家一般会在灵山寺前歇脚吃顿饭。灵山寺被称为攀西第一寺，前往朝拜的人不少，更多人是冲豆花而去的。前往山门的公路两边，所有餐馆都打出了豆花的招牌，最有名的叫"好又来石磨豆花庄"。店里的人熟知来客全都饥肠辘辘，不用催，上菜极快，价钱也便宜。

灵山豆花之所以出名，是因为当地水质好，点豆花的方法和四川别处不同，不是呈絮状，而是凝结成一块，像蒸嫩蛋。用筷子挑起一块，在红艳艳的味碟一裹便送入嘴里，鲜辣与柔嫩便在口腔里散开来……

据说20世纪末，这家店的老板就在此卖豆花，最初只是搭了一个篱笆棚，现在已经建起了两幢高的楼房，这全是过客们一碗碗豆花吃出来的。没有什么高超的厨艺，调味料也很简单，菜做得也粗糙，但占据地理优势，所以生意红火。

除了豆花，必点的还有农家香肠和冕宁火腿。冕宁火腿是凉山著名土特产之一，颜色红润、香味浓郁、咸淡适中。就连那一钵用火腿火膛部位炖出来的青菜汤都出彩，浓郁的腊味与清香的青菜相得益彰。不能错过的还有野菜，拌核桃花、炒蕨菜、炒青杠薹等都可以一尝。青杠薹是凉山特有的一种野菜，比蕨菜粗壮硬挺，口感滑脆。

·冕宁火腿·

· 会 理 ·

会理因"川原并会，政平颂理"而得名，古称会无、会川，地处攀西腹心地带。会理是四川的第八个国家级历史文化名城，古城始建于元末明初，现仍保留着大量完整的明清建筑——穿城三里三，围城九里九，以南北中轴线为主的四街三关二十三巷的棋盘式格局。清雍正、乾隆年间修建的钟鼓楼是标志性建筑。

会理气候宜人，四季如春，有小春城之誉。独特的地理位置，千年的历史沉淀，多民族聚居的人文环境，造就了会理多样化的饮食风味。在攀西地区，会理饮食以小吃品种多而出名，有鸡火丝、抓酥包子、苦荞粑、熨斗糕、砂锅米线……

鸡火丝，是鸡肉丝、火腿丝和饵块丝的合称，我吃过会理的"廖记"，一家号称百年老店的小馆子。满满一大碗端出来，红、白、黄、灰各色丝相间，很有视觉冲击力。饵块是会理的特产，选香味浓、黏性强的优质大米，泡涨后入笼蒸至六七成熟，取出来晾至温热，捣烂成泥，

·鸡火丝·

搓揉成砖状。做好的饵块可以切成片煎食或炒食，切粗丝做鸡火丝，是最常见的吃法。

制作鸡火丝的关键在于熬汤料，把土鸡、火腿、猪棒子骨等放入清水锅，大火烧开再转中火熬煮几小时。熬好的汤汁留在桶里，调成咸鲜味，保温待用。鸡肉捞出来晾凉，用手撕成丝，火腿捞出来晾凉，切粗丝。鸡蛋搅匀，摊成蛋皮，亦切粗丝。饵块丝放清水锅里煮热后，捞出来放碗里，浇入调好味的鲜汤，另把鸡肉丝、火腿丝、蛋皮丝放在表面。咸鲜味美，口感各异，饵块丝能吃出本身的米香味，又沾染浓汤的鲜和火腿的咸香以及蛋皮的鲜香，柔软而有嚼劲。

抓酥包子也是会理名小吃，城里有家"黄果树抓酥包子店"，自称是绝无分号的老店。抓酥包子跟一般的包子制法不同，需要提前制作油酥，把猪板油（也可以用猪肥肉）切成小块，放锅里炼出油，油渣捞出来剁碎，跟适量晾凉的猪油搅匀。发好的面团擀成大薄片，抹上油酥，卷成长条，切成小剂子，竖放，压扁，擀薄，包馅。饧发一段时间，再上笼蒸熟。成品面皮分层，上面蜂窝头孔隙，口感酥软，香而不腻。

会理黑山羊

会理黑山羊是四川六大山羊品种之一，又名建昌黑山羊，以肉质细嫩、膻膛味轻、肥而不腻而著称。会理人在"六月六"和"冬至"必吃羊肉，此风俗已流传上百年，平时也是羊肉不断，烤羊腿、烤全羊、全羊宴、羊肉米粉、羊肉汤锅……换着花样地吃。

·抓酥包子·

·豆花羊柳·

·羊肺片·

　　羊肉米粉多见于街头巷尾的小吃店，做法和米易的牛肉米线类似，羊肉汤锅则多为大店。县城里的羊肉汤锅有两百多家，我吃过开在滨河路北段的"羊伯佬生态羊肉餐厅"，它以红色文化为装修主题（1935年5月中央红军巧渡金沙江，曾在会理召开过政治局扩大会议）。和川内其他地方的羊肉汤馆一样，厨房里面有两口熬汤的大铁锅。羊肉和羊杂煮至软熟就捞出来，刀工处理后称重出售，而羊骨则一直在微沸的大铁锅里煮着。

　　会理羊肉汤介于简阳羊肉汤和威远羊肉汤之间，汁浓洁白，稠度适中，有油气，又不显油腻。羊肉带皮，软韧适中，嚼劲十足。自选调料有葱花、香菜末、蒜泥、姜米、豆腐乳、阴豆瓣、小米椒碎、煳辣椒面等，可根据口味自行调配。

　　店里也卖豆花羊柳、火爆羊肝、红烧羊血、孜然羊排等系列菜，最让我记忆深刻的是借鉴夫妻肺片方法做的羊肺片。大家都知道，肺片原来是叫做废片，主要用料为牛头皮、牛肚、牛肉等部件，并没有肺，只不过是后来因谐音讹传为"肺片"而将错就错。厨师用羊身上的部件代替牛肉、牛头皮等，煮至软熟并晾凉后，切薄片，加入盐、酱油、白糖、味精、花椒面、鲜汤和红油拌匀，装盘后撒香菜末和葱花。制法和传统的夫妻肺片相同，口感和味道却有差异，下面垫的面条尤其好吃。

攀枝花

攀枝花，位于四川最南端，地处攀西裂谷中南段、川滇接合部，我国唯一以花命名的城市，有"花是一座城，城是一朵花"之美誉，辖东区、西区、仁和三区，米易、盐边两县。

　　攀西地区属亚热带湿润气候，夏季长，昼夜温差变化大，四季不分明，日照多，气候垂直差异显著。攀西的冬季尤其令人向往，暖阳、鲜花、水果，是理想的过冬胜地。独特的地理和气候，成就其丰富之物产，餐饮老板和大厨常把寻找新原料、新口味、新创意的目光定格在攀西。我也多次前往攀枝花采访美食，顺道采购松露、鸡枞、松茸、牛肝菌、白参菌、羊肚菌、刷把菌、青头菌等菌类，石花、树皮、攀枝花、石榴花等野菜，枇杷、樱桃、杧果等优质水果，油底肉、干酸菜等特产，每次都是满载而归。

　　攀西大裂谷江河纵横，流经该区域的金沙江和雅砻江属于长江水系，另外还有安宁河、三源河、大河等支流，二滩这样的大型水库。攀西江河出产的鱼鲜，主要有细甲鱼、白条鱼、罗非鱼、银鱼等品种，还有号称水中人参的爬沙虫。

　　攀枝花的前身为名不见经传的渡口，是因开发矿产而兴起的一座移民城市，因此饮食呈现出了多样化的特点。"川惠大酒店"楼下的巷道里，有打"成都面馆"招牌的小吃店，热卖的却是鸡火丝，旁边的"重庆风味"，卖的却是攀西风味的肥肠米线。我每到攀枝花，必吃二街坊巷山坡上的"实惠香"，该店的羊肉米线特别粗，有弹性，口感好，分量大，价格实惠。宵夜则少不了吃盐边烧烤，临江的攀钢文体广场就有不少烧烤摊档。大而方正的烤炉上面铺一层铁网，围坐在四周，自己动手烤小猪儿肉、羊腿、牛肉、五花肉等，蘸碟是用花生末、熟芝麻、花椒、辣椒、苏麻子面、盐、味精等调制，很有特色。

　　攀西地区独有的美食，则有坨坨肉、油底肉、彝家酸菜等。

▌坨坨肉

坨坨肉是攀西彝族菜里知名度最高的一道菜，彝语称"乌色色脚"，猪肉块块之意，每块肉的重量在二两到半斤之间。

攀枝花俚濮文化研究会会长王永森先生曾告诉我，坨坨肉是过去彝家在长期逃亡的路程中发明的，制法简单、吃法粗犷，现在反而成了名菜。攀西多数餐厅都在卖坨坨肉，还演变出了坨坨鸡、坨坨羊排等系列菜。

攀枝花仁和区的"桥尚人家"开在廊桥上面，主营盐边风味菜，其中坨坨系列菜最受欢迎。当年该店的谭成国师傅给我分享了制作坨坨菜的三大诀窍。

第一是选料。坨坨系列菜对原料本身的品质要求极高。猪宜用当地的小香猪，羊宜选散养的黑山羊。鸡则用高山土鸡，方能鸡皮脆爽，鲜香味足。

第二是煮制。把猪肉、鸡肉、羊肉等斩成大坨，放入冷水锅，撒少许盐使之有底味，腥膻味较重的羊肉，还可以加点姜、葱。火候很关键，烧开后转中小火，煮至刚熟就捞出来。久煮肉质老韧，本身的鲜香味也会过多流失。第三是拌制。调辅料不复杂，盐定咸，青红小米椒增辣，鲜青花椒赋麻味和清香味，小葱节和香菜提辛香味，木姜子油供异香味。彝家的传统拌法，是把煮熟的肉块放进簸箕，趁热加入所有调辅料，上下簸动拌味，便于其均匀地黏附在肉块上。现在餐馆后厨没有竹制簸箕，可以把煮熟的肉块放锅里，加入所有调辅料后颠翻，也能达到均匀入味的效果。

彝族支系俚濮人的坨坨肉做法又不同，我在俚濮九大碗和松毛席上都吃过，口感迥异。大块的猪五花肉炙皮刮洗净，先加姜、葱、花椒、干辣椒、盐、白酒等拌匀腌渍一段时间，上笼蒸四小时，投入热油锅小火浸炸，炸出大部分油脂且表面金黄。晾凉，切成小块，放锅里并加鲜汤，小火煮一小时，再加入萝卜、青笋等配料煮熟。经过腌、蒸、炸、烧等多道工序加工后，猪肉的油脂基本被除掉，吃起来口感微脆，不腻。

油底肉

攀西地区气候干燥，年平均气温比川内其他地区高。过去保鲜技术欠缺，鲜肉无法存放，在长期的生活实践中，当地人发明用油来保存鲜肉，从而衍生出风味独特的油底肉。

油底肉一年四季都可以制作，选上等猪五花肉，用明火燎黄肉皮，刮洗干净，切成重半斤的大块，加盐、醪糟、香料粉、料酒、辣椒面、花椒面等腌渍三五天。把化猪油和菜油烧至五成热，下肉块，小火浸炸，炸约1小时，熟透后连油带肉装进坛。油温不能过高，否则肉皮会炸焦，肉质也会变得像干柴。

装油底肉的陶制大坛可装50千克左右。先把炸好的肉码在坛底，再倒进降温后的炸油，让油漫过肉块，以隔绝空气，油底肉也因此而得名。油底肉存储时间短，香味差，以放置半年左右为宜。

油底肉香味醇厚，可蒸热切片直接上桌，也可与其他原料搭配炒制。攀枝花城区的"宋艳华餐厅"主营盐边菜，店名即老板姓名，油底肉是其招牌。我还去该店负一楼的储存室参观过，几十坛油底肉一字排开，壮观。

攀西还有一种暴腌肉，用盐、香料将五花肉腌两天，晾晒一两天就用来做菜。暴腌肉兼有腊肉与鲜肉两者的优点，直接煮熟切片，蘸小米椒蘸水或煳辣椒蘸水吃，别有一番风味。

·茶树菇蒸油底肉·

彝家酸菜

彝家有句俗话："八月野菜四月粮，酸菜圆根不可少。" 酸菜在彝家人的生活中有重要的地位。

常见的川式酸菜有两种，一种是洗澡泡菜，泡制时间较短，主要用于下饭；另一种泡制时间长，主要用于烹菜。彝家人的酸菜也有两种，湿酸菜和干酸菜。用料和制作工艺与众不同，主要选用圆根萝卜的茎叶，稍晾晒，放进开水锅煮透，捞出来放桶里，加入调好的老酸菜水，腌渍一周，即成湿酸菜。湿酸菜捞出来挤干水分，切成小节，加煳辣椒面、姜米、蒜泥、葱花和红油拌着吃，别具风味。腌好的酸菜捞出来晒干，即成干酸菜。干酸菜更容易保存和运输，酸味轻，回味香，常用于煮汤、炖鸡和煮鱼。干酸菜汤是攀西地区夏天提

神解暑的良方，酷热难耐时喝一碗，能缓解暑热。彝家酸菜鱼，用的是干酸菜，风味跟平时吃的酸菜鱼完全不同。

攀西人还喜欢用泡莲白来做泡菜鱼，我几年前在攀枝花市区的"二滩打鱼匠"采访时，主厨王继兵师傅告诉我，泡莲白和泡青菜的方法差不多，把莲白洗净晾干，剖成两半，放入泡菜坛，加老盐水泡一周，捞出来切成粗丝就可以做菜。除了泡莲白，攀西人烹鱼还爱加鲜辣椒和鲜青花椒，鲜青花椒不但能提供麻味，还能除异增鲜。"二滩打鱼匠"除了传统的泡菜鱼，还在其基础上开发出了子姜泡菜鱼和软烧泡菜鱼。

莲白泡菜鱼做法不难，先在鳊鱼两侧肉厚处剞十字花刀，刀口处撒少许干生粉抹匀，放入七成热的油锅炸至表面硬挺紧皮。锅里放熟菜油和熟猪油烧热，依次下泡椒酱、郫县豆瓣、蒜米和姜米炒香，下泡莲白炒至亮油出味时，放入炸好的鳊鱼，掺鲜汤淹过鱼身，大火烧沸后改小火烧3分钟，放入鲜花椒翻匀即成。

在泡菜鱼的基础上还可以添加子姜丝、鲜小米椒节，做成酸香鲜辣的子姜泡菜鱼。还可以不油炸，直接在鱼身两侧剞细密花刀，直接软烧，同时添加大量泡萝卜，增加酸香味，做成软烧泡菜鱼。

▎攀西野生菌

云南是中国的野生菌大观园，毗邻的攀西地区，则是四川的菌类宝库。谭新培先生是我认识多年的朋友，攀枝花人，他近年致力于推广攀西松露，常年跟采菌人打交道。有一年七月去攀枝花，他开着越野车带我到仁和乡一处僻静的山林里体验采菌。

陈元章是跟谭新培长期打交道的松露猎人，平时忙地里的农活，七八月份就和妻子陈亚丽、弟弟陈伟上山采菌，他们家那幢两层新楼房，就是靠卖菌子挣的钱修的。

进入茂密的山林，看到随处可见的菌子，控制不住兴奋之情，什么都想摘。陈元章却说，采菌子是力气活，也是技术活。不是所有的品种都能吃，在攀西地区和云南，经常发生吃野菌中毒躺板板的事，轻者产幻，重者致死。他们带领我往陡峭的山坡上爬，一路上介绍菌子的种类和采菌子的诀窍。不管是松露，还是鸡枞，都有固定的塘子，今年在某处采过，明年一定还会出现。每个采菌人都有自己熟知的菌塘，并不是漫山遍野去碰运气。鸡枞非常娇气，凡是有农药化肥的地方都长不出来。它和白蚁伴生，凡是长鸡枞的地方，地下必定有白蚁窝。攀西鸡枞大量出产是在火把节前后（7月底），当地人称其为火把鸡枞（火把节是攀西彝族最隆重的节日），品质上乘。鸡枞生长快，一般大雨过后的次日清晨最容易碰到。刚冒出土的叫鸡枞菇菇，品质最好。菌盖完全张开时，品质已经下降。采鸡枞有讲究，用手握住菌把轻轻往上提，就能拔出整根鸡枞，拔不出来的也不能用铁器挖，而是用竹片将四周的泥土撬松再拔。

鸡枞在四川各地都出产，还算熟悉，在山林中看到其他形状和颜色各异的野生菌时，我却懵了。幸亏有陈大姐在旁边讲解：青色菌盖的叫青头菌，口感细嫩。金黄色的是鸡油菌，鲜香味美。红色菌盖的叫红李子菌。菌盖窄小、菌把肥大的是牛肝菌。菌背上有土的叫背土菌，要先用清水煮一段时间，漂洗后才能做菜。背土菌泥腥味重，不易清洗，当地人并不愿采……

陈大姐还分享了如何安全吃野生菌：大多数野生菌都是有毒的，不认识的菌子千万别尝试；有些野生菌有一定毒素，比如青头菌，经过加工处理方可食用，但一次也不能多吃；野生菌千万别凉拌，也不宜急火快炒，最好是先用开水煮透，漂净再下锅烹制；野生菌最好是分开烹制，别混煮。野生菌味道鲜美，不需要放复杂的调料，加少许盐调底味即可。另外，煮野生菌离不开蒜……这些都是他们一辈辈传下来的经验。

攀枝花仁和区平地镇的街边有不少野生菌出售，单个重达一斤的大牛肝菌、颜色鲜艳的黄罗伞、模样乖巧的白罗伞……品种之多，让人眼花缭乱，每一样都想尝尝味道。然而，为了安全起见，当地餐馆卖的野生菌只有牛肝菌等少数品种。鸡枞是最安全的一种野生菌，它无需开水余煮即可入锅烹制，因为味道鲜美、口感滑爽而广受好评。

攀西人烹菌，一般有三种做法，一是跟火腿搭配蒸或炒，最常见的是火腿鸡枞；二是干辣椒炒，先用少许油把干辣椒和花椒焓香，再下切成片的野生菌翻炒，加水并放盐调味，煮几分钟后勾芡出锅；三是青椒炒，先用少许油把青椒节和蒜片炒香，再下切成片的野生菌翻炒。

攀枝花仁和区平地镇的街边有不少野生菌出售，单个重达一斤的大牛肝菌、颜色鲜艳的黄罗伞、模样乖巧的白罗伞……品种之多。

2012年11月底，我曾专程去攀枝花采挖松露。松露，在国际上被列为与鱼子酱、鹅肝齐名的顶级食材。以前，人们认为松露仅产于法国、意大利等地中海沿岸国家，却不知道我国西南地区也出产。

攀西地区早就在吃松露，当地人称其为块菌或猪拱菌，价格便宜。直到某年有外国专家去攀西考察，被桌上大碗大盘的块菌菜惊得目瞪口呆！从那以后，当地人才认识到其商业价值。2008年，攀枝花被命名为中国松露之乡。调查数据表明，在以攀枝花为中心方圆200千米的区域，是亚洲松露最大最集中的产区。2010年，当地举办了第一届中国攀枝花国际松露节。

每年的11月至次年1月，是攀西松露的集中出产期。第二届攀枝花国际松露节举行时，我参与了由多家媒体记者、美食达人、酒楼老总和大厨组成的松露采挖体验团，采挖地点在距离攀枝花市区60千米外的仁和区大龙潭乡。

向导带领大家往山上爬的路程中，介绍了松露的分布特性。松露无根无藤，无迹可寻，故当地人又称它为无娘果。过去采挖主要靠山民长期积累的经验，一是观山形，松露多生长在山坳处，如这边的松林茂盛，那么对面山上必定多松露，因此松露在当地还俗称"隔山撬"。二是松露只生长在松软的石灰石土质的土壤里，有松露的地方，飞机草（学名紫茎泽兰）等杂草就少有生长。有的松露可能会隐藏在深达70厘米的土壤下面，有的则可能散布在土壤表面，只需要扒开松针就可以找到。松露还有公母之分——那种表面有孔洞的为母松露，没有食用价值。

进入茂密的松林后，众人散开寻找，手脚并用向山上爬了一小时，也没人挖到松露。临近中午，大家被迫返回，经过一处平坦的松树林时，有人不服输，继续找寻。当他轻轻扒开松树根部厚厚的松针，几颗松露便滚了出来。

近年来松露身价飙升，导致过度采挖，野生松露也呈逐年减少之势。如今相关部门已经采取了一些措施以控制胡乱采挖，比如训练狗和猪来帮助人们寻找，从而避免滥采滥挖，而一些专家也在努力培育人工松露。

松露炖鸡、松露蒸蛋是当地最常见的吃法，也有切成薄片，做成松露刺身直接食用的。目前四川省内各大宾馆酒店用的松露，大都来自攀西地区。

俚濮九大碗与松毛席

攀西是一个多民族聚居的地区，以汉族、彝族、纳西族为主，当地饮食也融合了多个民族的风味，尤以彝族饮食影响最大。彝族饮食偏好酸、辣、咸，至今仍大量使用木器和竹器为餐具。

"啊莫莫森林农庄"，一家开在仁和区平地镇的深山农家乐，我在那深入了解讨彝族支系俚濮人的九大碗。"啊莫莫"在彝语里表示惊叹的意思，走进老君山腹地那片郁郁葱葱的森林，当我看到长相独特的香猪、乖巧的麂子、胆小的豪猪，以及那些在树上生蛋的杜仲鸡时，不禁大喊一声"啊莫莫"。

王永森是农庄的主人，搞林下有机种植和养殖已近十年。他是彝族俚濮人，据他说，其先祖是南诏国贵族，一千多年前因宫廷政变逃难至老君山。他除了创办有这座农庄，还担任攀枝花俚濮文化研究会会长一职，多年来致力研究俚濮文化和饮食风俗，对彝族饮食有较为全面的了解。

彝族是西南地区的古老民族，分布较广，不过大都居住在交通不便的山区，彼此间的交流少，因为语言、生活习惯、服饰等都有所不同，再加上各地出产食材不同，因此各个支系就形成了不同的饮食风味。

以前对彝族菜知之甚少，仅了解坨坨肉、羊皮煮羊肉这类做法粗犷的菜。古代不同部落和民族之间纷争不断，为了在战乱当中求生存，节约逃生时间，彝族人常将动物宰杀后按人分成大坨，放锅里煮断生就捞出来，加盐、辣椒和花椒简单拌一拌，随身携带，边走边吃。吃不完的，下一顿还可以在火上烤着吃，这就是现今彝家坨坨肉和火盆烤肉的源头。

从王永森那里了解到，彝族菜并非全都做法粗犷，也有一些用料讲究、制作精良的菜，这主要是指从南诏国（位于现川滇交界范围）彝族皇宫里流传下来的俚濮菜，比如肝生菜、骨生、坛坛肉、腊肚么、烤乳猪、洋芋酥、酸肉等等。

俚濮人重视饮食礼仪，接待贵客的最高礼仪是杀生见血煮火腿，而且必须当着客人的面宰杀。俚濮人有冬天自制火腿的习惯，瘦肉红亮、肥肉透明，是招待贵客必不可少的大菜。在重大的喜事、丧事或祭祀活动中，吃什么菜，摆多少碗，怎样摆，都有规定和要求。俚濮人认为九是数字中最大的数，也是吉利的数字，九碗菜再加上酒碗，代表了十全十美。

根据喜事、丧事、祭祀或其他不同活动，九大碗的种类也有变化。办喜事的九大碗，必须有香碗、扣碗、髈碗、鸡蒸碗、整鱼碗、飘汤碗、豆腐碗、酥肉碗、肝生碗等八荤一素，不能有腊肉，但豆腐必不可少。办丧事的九大碗，则不能摆香碗、鱼碗、扣碗等。祭祀的九大碗最为隆重，必须有整猪头或整头乳猪。

　　松毛席也是俚濮饮食文化的重要表现形式，即在地上铺满松毛，据说此风俗源于先秦。松树是俚濮人的本主崇拜，是他们的保护神，也是吉祥的象征，因此有贵客上门，他们会以青翠松毛铺地，以示对客人的尊重，传递吉祥平安的意愿。

　　"俚濮菜看似简单，但在家却做不出这种味道，原因在于原料！"王永森再次重点说明俚濮菜的制作秘密。他在这片山林里扎根了多年，培育君山香猪，养殖杜仲鸡、豪猪、野兔和麂子，严格按照有机的标准栽种蔬菜……杜仲鸡是当地土乌鸡与其他鸡杂交出来的新鸡种，在散养的基础上，又喂以杜仲功能饲料。杜仲是一种天然的中药材，有高效降压的作用，还是良好的蜜源植物。从雏鸡开始，他们就喂杜仲叶、杜仲皮、杜仲枝等磨成的粉，再配合苞谷等杂粮，连鸡喝的水，也是用杜仲皮、杜仲叶等熬出来的，能明显提高鸡的免疫力、改善风味。

　　鸡又有阉公鸡（当地又叫献鸡）和阉母鸡（当地又叫土司鸡）之分，阉割后的公鸡和母鸡，改变了原有的生理特性，母鸡不再下蛋，鸡冠变大、羽毛鲜亮，肉质和味道远远超过一般的鸡肉。清水杜仲鸡做法简单，把宰杀治净的杜仲鸡肉斩成块，放锅里，加入山泉水，再放两个草果和几片姜。鸡肉细嫩，无需久炖，烧开后煨20分钟，加少许盐调味，汤味十分鲜美。

君山香猪是适应攀枝花高寒地区生长的一种优良品种，因为两头黑中间白，所以有的地方又称其为"两头乌"。这是一种特殊的小型猪种，成年猪也只能长到二三十千克重，有一小、二纯、三香、四净之特征。洋芋酥、香猪圆子等菜肴，就是用这种香猪制作而成的。

王永森的夫人罗姐是烹制傈濮菜的行家里手，她说制作诀窍得练"五功"、过"四关"。"五功"指的是凭手计量功（指用手估计主配料和调料的重量）、刀功、火功、炒功和心功（指用心程度）。而"四关"则是责任关、卫生关、质量关等方面，因为有些傈濮菜制作工序烦琐、对卫生的要求高，比如坨坨肉、肝生菜、酸肉等菜，稍不注意，就会前功尽弃，因此必须把好关。

攀西高原盛产洋芋，它算是傈濮人的主食之一。洋芋莲白，是把洋芋切成薄片，用清水稍泡后，再与当地特有的泡莲白，以及花椒、泡椒、姜片、蒜片等同炒。做法非常简单，也不用放其他调料，入口酸香脆爽，非常好吃。

傈濮人烹制洋芋可谓是得心应手，除了跟莲白同炒，他们还把煮熟的洋芋捶成糍粑状，然后制作洋芋粑粑。炸酥肉也用的是洋芋淀粉。酥肉是四川民间广泛流行的一道美食，通常做法是把挂上红苕淀粉糊的猪肉入油锅，炸至金黄酥脆后食用。傈濮人制作的洋芋酥肉，表面挂的却是用洋芋淀粉和盐、水和鸡蛋调成的糊，这样炸出来的酥肉，颜色没那么金黄，但更有韧性。

有些傈濮菜的制作工序也烦琐，每一步都不能马虎，比如坨坨肉、酸肉等。傈濮酸肉皮脆肉鲜，用猪头肉制作而成的，工艺独特，工序复杂。先点燃稻草炙烧猪头，将外皮烧至焦黄，用刀刮洗干净，煮至七分熟，捞出来剔去骨头，切成大块。在煮肉的原汤里加入辣椒、花椒、盐、酒和干萝卜丝等，放入猪头肉揉搓好，装坛放阴凉干燥处，腌渍半年即可开坛取用。

·傈濮酸肉·

腌好的猪头肉酸味纯正、色泽鲜亮，肥肉呈乳白色，瘦肉呈暗红色。猪肉吸收了萝卜丝的鲜香，萝卜丝吸收了肉的油气和鲜味。酸肉可以取出来直接切片，加调辅料拌食，也可以切片炒着吃或蒸着吃。

腌渍酸肉也不能马虎，装肉的坛子要先坛口向下，点燃稻草烟熏，当有浓烟冒出来时，再坛口向上放入猪头肉，压紧，使坛口有一定的空间，放入一块烧红的木炭，马上盖上坛盖，加坛沿水密封。在封坛腌渍的过程中，不能揭开坛盖，一旦进了空气，肉就会发霉。即便猪肉腌好后开坛取食，也需要及时盖好坛盖并灌满坛沿水，保持密封状态。

我还在攀枝花的迤沙拉村吃过松毛席。迤沙拉位于金沙江边上，青瓦飞檐、透雕木窗，典型的江南建筑风格。该村建于明朝洪武年间，据说最早是远征至此的江苏、安徽、江西人修建的，这里也曾是古代南丝绸之路上的一站。迤沙拉为彝语读音，迤，译作汉语为水；沙，意思是洒或漏；拉，则有下去之意；迤沙拉即"水漏下去的地方"。该村的彝族人占到了96%，也属俚濮支系。如今的迤沙拉已经开发成为旅游村落，村里有不少农家餐馆。2012年底到攀枝花采挖松露时，我们去了该村一家叫"郑家阿妹"的彝家小院。当时，几位身着民族服装的彝族老人站在门口迎客，有的用树枝洒水，有的吹着牛角号，有的手摇铜铃，以彝家独有的方式欢迎我们。

按照俚濮人的习俗，他们在进门的道路及院内都撒满了松针。松毛铺路表示对客人的尊重；将松毛铺地上再摆宴席，则是为表达主客吉祥平安的美好祝愿。大家在稻草编成的矮凳坐下，主人斟上一碗苦荞茶，接着端出苦荞饼，然后再上一道蜂蜜甜茶，喻示生活要先苦后甜。"撤了茶席摆酒席！"男主人一声令下，只见数位村民从屋里搬出十几个竹簸箕，放在地上，再逐一撒满松针，正式摆出松毛席。

热情好客的俚濮人在款待贵客时都要杀猪宰羊、煮火腿磨豆腐，即所谓的"见血亲、四脚贵"。最先端上来的菜叫仙果树皮猪血拌肝生。仙果，即松露，俚濮土语称作"阿么末遮给昧噻"。猪肝煮熟后切成丁，再加松露粒、鲜猪血和磨碎的橄榄树皮拌制，乍一看，不敢下箸，麻起胆子尝试，入口细嫩，松露和树皮的滋味在嘴里跌宕起伏。

野菜、野菌是俚濮人三餐常吃的原料，因此他们积累了不少独特的做法。锅烧炖蕨菜，当地又叫坨坨肉炖蕨菜，肉皮和蕨菜入口脆爽，一点不觉得油腻。陆续端上来的拌树皮、炒野菌、炸酥肉、松露蒸土鸡蛋、松露蒸排骨……虽然做工粗糙，器皿简陋，可对于经常进出都市酒楼宾馆的我来说，反而更觉得新奇。

俚濮人的泡菜与川西民间的泡菜差别较大，像泡莲白炒洋芋、酸菜京豆汤等家常小菜，味道就非常特别。俚濮的全羊汤也与众不同，他们在制作时，是把羊肉、羊杂、羊油、羊头和羊蹄全放在一起炖，汤味浓酽。在盛羊肉汤的碗里，他们还专门放了韭菜末和松露粉，异香扑鼻。当压轴的松露炖土鸡端上来时，大家眼里都闪着光。汤面黄澄澄的，隐约可见当中乌黑的土鸡肉和松露片，勺子稍一搅动，味道就随着热气飘逸出来，香呀！

吃肉喝汤间，俚濮人还在院内载歌载舞，这顿别开生面的土风原味餐，映入了眼里，进到了胃里，更刻在了心里。

君山香猪是适应攀枝花高寒地区生长的一种优良品种，因为两头黑中间白，所以有的地方又称其为"两头乌"。

<h1 style="text-align:center">· 米 易 ·</h1>

米易是攀枝花的北大门，旅游资源丰富，被誉为攀西第一洞的龙潭溶洞、二滩库区森林公园、白坡山原始森林、龙肘山杜鹃花和盘松、马鹿寨高山草甸、月川海、拌榜紫霄洞、何家坝新石器时代遗址，等等。还有灯会节、普威三花节、龙舟节、花会节、傈僳族约德节、黄草樱桃节，每年都会吸引成都、西昌、攀枝花等地的大量游客。

米易境内居住着汉、彝、傈僳、回、白等24个民族，因此当地的饮食风俗呈现多样化的特点。牛羊肉米线、二滩鱼、夜烧烤、铜火锅、烤全羊，以及普威的山萝卜汤、挂榜彭冰粉、撒莲曾凉粉、垭口周建排骨、块菌酒、羊皮煮羊汤、油底肉等，各种独具民风野趣的特色美食，可以从早吃到晚。

▌黄牛肉米线

以往途经米易站的列车，大都是在早上停站，当你饥肠辘辘下车，想找个地方填填肚子、暖暖身子时，路人大都会推荐"杨大姐"。

十年前第一次去时，它开在火车站附近的，店面不大，灶台就设在店门口，一口大铁锅随时咕嘟咕嘟地翻滚着，里面煮着的是带皮牛肉和牛杂。铁锅上方，挂满了一条条粘满调料的牛干巴。

店里清一色的娘子军，这些"杨门女将"分工合作，有的烫粉，有的切牛肉和牛杂，有的端菜，忙得不亦乐乎。米易多山地，当地人喜欢养黄牛。她们选取新鲜的牛杂和牛肉，炖煮时还要加桂皮、茴香、姜、葱等料。煮熟的牛肉和牛杂先捞出来切成片，牛骨头则一直在锅里熬汤。有客人点食，再放到锅里冒热了上桌。

煮牛肉和牛杂的火候掌握得好，软韧有嚼头，牛肉汤鲜浓中又有一股清香。米线也是在这口牛肉汤锅里冒热的，加的也是牛肉汤，异常鲜香。

据说米线是专门定制的，较粗，不烩汤，爽滑筋道。每张桌子上都放有若干装着盐、味精、青花椒面、煳辣椒面、鲜小米辣碎、阴豆瓣等调

·黄牛肉米线·

料的小碗。热腾腾的牛肉牛杂和牛肉米线端上桌时，她们会另外配一个放有葱花、香菜和蒜泥的小碗，各人根据口味调味碟，用来蘸牛肉和牛杂。

阴豆瓣醇厚、小米椒鲜辣、青花椒幽麻，这三者是米易人吃米线必不可少的调料。阴豆瓣与川西的郫县豆瓣不一样，不经日晒。豆瓣酥脆化渣，酱香浓郁，辣而不燥，味道醇厚，颜色暗红，黏稠适中。

2020年前再次去米易，这家米线店已经搬到清桐路，店名变成了"杨大姐私房牛肉馆"。店面进行了全面升级，店堂整洁清爽，设施先进，就连装自助调料的器皿也提高了档次；还借鉴了潮汕牛肉的明档方式，由专人在店门口分解新鲜牛肉，除了自用，还可以向外出售。除了招牌的牛肉米线，还增加了红烧牛肉、鲜烫牛肉、鲜烫毛肚、火爆牛肝、薄荷牛干巴等系列牛肉菜。

鲜烤黄牛肉

米易人喜欢吃黄牛肉，一是煮米线，二是烧烤。开在大坪北路的"坤姐特色鲜烤"在米易知名度很高，店面不大，人气极高。招牌菜就是鲜烤黄牛肉，选用的是黄牛里脊肉，将其切成长薄片，不经腌渍，直接放烤网上快速翻烤，就如在炒锅里面火爆一般。烤至刚断生，夹出来蘸黄豆面和辣椒面吃，汁多柔嫩，牛肉鲜香味足。烤鲜毛肚也有特色，清洗干净的毛肚顺底板切成相连的丝，直接放烤网上烤制，时间比烤牛肉更短，稍微烤一下即可，口感脆爽。

米易铜火锅

米易宵夜丰富，在烤鱼、烤兔、烤牛肉、烤全羊和铜火锅之间，你需要做出艰难的选择。

米易铜火锅在攀西地区的名气相当大，以前米易属会川府（今会理），会川产铜，因此当地人普遍喜欢使用铜制的锅缸盆壶。米易铜火锅为黄铜纯手工打制，锅中间有一根突出的烟囱，中空，可加入木炭。边上的凹槽盛装食物，外形与老北京涮羊肉火锅相近。

"滨江壹号"开在安宁河畔，既有宽敞的户内区，也有开阔的园林式户外区。这家大型综合餐饮环境好，品类齐全，分为了全牛宴、鱼鲜馆、烧烤、铜火锅四个区域，最受欢迎的要数铜火锅。

米易铜火锅在用料、搭配、装锅等方面也与其他火锅品种不一样。上桌前就预先装好了料，每种原料摆放的位置都有讲究。最底层为素料，以红苕、山药、棒菜、佛手瓜等根茎、瓜果类为主，第二层是土鸡块、排骨块、猪蹄块等新鲜荤料；第三层是腊肉片、腊火腿片、腊板鸭块等腊荤料；最上面一层则放

米易宵夜丰富，在烤鱼、烤兔、烤牛肉、烤全羊和铜火锅之间，你需要做出艰难的选择。

五色香菜圆子。这样的搭配和摆法很有道理，煮制时底层清新的蔬菜味和第三层的腊味会相互渗透，从而使第二层的鲜荤料能吸收到多种味道。

　　铜火锅会在后厨焖上半个小时才端上桌，桌上一般需放一个盛水的大搪瓷盘，以免烫伤桌面。揭开铜制的盖子，整个房间顿时热气腾腾、香味四溢。鲜嫩的、粉面的、脆爽的、软糯的……可各取所爱。蘸上由鲜小米辣碎、花椒面、煳辣椒面、葱花、香菜等调制的麻辣料碟，妙不可言。若吃完锅中料仍意犹未尽，还可以烫野茼蒿、野薄荷、竹叶菜、灰灰菜、斑鸠菜、豌豆苗等蔬菜，和西昌的野菜火锅吃法相近。